面向设计师的编程设计知识系统PADKS
Programming Aided Design Knowledge System(PADKS)

ArcGIS下的Python编程

Python Scripting for ArcGIS

包瑞清 著

江苏凤凰科学技术出版社

图书在版编目（CIP）数据

ArcGIS 下的 Python 编程 / 包瑞清著. -- 南京：江苏凤凰科学技术出版社，2015.6
（面向设计师的编程设计知识系统 PADKS）
ISBN 978-7-5537-4538-1

Ⅰ．①A… Ⅱ．①包… Ⅲ．①地理信息系统－应用软件－程序设计 Ⅳ．①P208

中国版本图书馆 CIP 数据核字（2015）第 103371 号

面向设计师的编程设计知识系统PADKS
ArcGIS下的Python编程

著　　　者	包瑞清
项 目 策 划	凤凰空间/郑亚男
责 任 编 辑	刘屹立
特 约 编 辑	郑亚男　　田　静
出 版 发 行	凤凰出版传媒股份有限公司
	江苏凤凰科学技术出版社
出版社地址	南京市湖南路1号A楼，邮编：210009
出版社网址	http://www.pspress.cn
总 经 销	天津凤凰空间文化传媒有限公司
总经销网址	http://www.ifengspace.cn
经　　　销	全国新华书店
印　　　刷	深圳市新视线印务有限公司
开　　　本	710 mm×1000 mm　1/16
印　　　张	17.5
字　　　数	140 000
版　　　次	2015年6月第1版
印　　　次	2024年1月第2次印刷
标 准 书 号	ISBN 978-7-5537-4538-1
定　　　价	128.00元

图书如有印装质量问题，可随时向销售部调换（电话：022-87893668）。

Foreword
前言

　　面向设计师的编程设计知识系统旨在建立面向设计师（建筑、风景园林、城乡规划）编程辅助设计方法的知识体系，使之能够辅助设计者步入编程设计领域，实现设计方法的创造性改变和设计的创造性。编程设计强调以编程的思维方式处理设计，探索未来设计的手段，并不限制编程语言的种类，但是以面向设计者，具有设计应用价值和发展潜力的语言为切入点，包括节点可视化编程语言 Grasshopper，面向对象、解释型计算机程序设计语言 Python 和多智能体系统 NetLogo 等。

　　编程设计知识系统具有无限扩展的能力，从参数化设计、基于地理信息系统 ArcGIS 的 Python 脚本、生态分析技术，到多智能体自下而上涌现宏观形式复杂系统的研究，都是以编程的思维方式切入问题与解决问题。

　　编程设计知识系统不断发展与完善，发布和出版课程与研究内容，逐步深入探索与研究编程设计方法。

Infinite Way for GIS Aided Plan and Design to Expand
GIS 辅助规划设计无限拓展的途径

GIS(Geographic Information System) 地理信息系统在城市规划、生态规划、风景园林规划行业中占有举足轻重的地位。但是 GIS 应用领域的广泛性与无限拓展的知识领域使得规划设计者在开始地理信息领域探索时总是无所适从，往往被淹没在浩瀚的知识领域中。实际上对于不同的专业领域，在使用 GIS 协助规划设计时，会根据自身的需求选择适合的知识方向和内容，从而找对方向点便于顺利切入。GIS 技术不应该仅仅成为专业 GIS 开发者的工具，更应该是规划设计者需要掌握的基础知识。在实际规划设计过程中，将传统的规划设计方法向地理信息系统方向转化，从地理信息的角度管理、分析、研究、规划设计项目，在一定程度上地理信息系统成为规划整个流程的基础框架，所有的规划内容从地理信息数据的录入与管理、对于地理信息数据的分析研究开始，从基于数据的本质内容规划。

从地理信息系统角度切入规划设计的方法主要是使用 ArcGIS，由 ESRI 出品的一个地理信息系统系列软件的总称。ArcGIS 提供了丰富的地理信息数据管理和分析的工具，同时在不断地拓展，并可以在地理处理中构建地理处理信息模型，流程化处理地理信息数据，然而当需要批处理地理信息数据，或者现有的 ArcGIS 中的地理处理工具不能够满足分析研究的需求时，最直接的方式是使用程序语言自行编写工具达到分析研究的目的。ArcGIS 已经开始支持并不断拓展 Python 支持的力度，鉴于 Python 语言自身发展的历程和针对建筑、规划设计行业三维软件平台越来越多的支持，Python 必然会成为针对规划设计者的程序语言。ArcGIS 逐步地发展了 ArcPy 站点包，提供使用 Python 语言操作所有地理处理工具(包括扩展模块)的入口，并提供多种有用的函数和类，以用于处理和询问 GIS 数据。使用 Python 和 ArcPy，可以开发出大量用于处理地理数据的实用程序。

程序语言在辅助规划设计领域的优势逐渐凸显，对于规划设计方法更高级技术的追求必然对规划设计者提出新的具有挑战性的要求。编程语言的逐步发展和成熟为相关专业学科的发展奠定了坚实的基础，然而由于编程语言发展阶段的历史原因，大部分规划设计专业的院校并没有开设编程语言课程和针对规划设计领域的编程语言课程，因此大部分规划设计者并不具有通过编程处理问题的能力。具备编程能力并不只是针对专业开发人员的基本要求，规划设计者应该成为具有编程能力的规划设计者，从而更加自由并从全新的视角审视与解决问题，而不必求助于专业开发人员。具有编程能力的规划设计者将具有更强解决问题的能力以及拓展无限的创造力，自身的专业知识为如何编写程序解决问题提供了最为直接的基础，这是专业开发人员力所不能及的。针对 Python 编写程序处理地理信息系统，不仅提高了处理地理信息数据的效率，更是可以针对需要解决的问题构建处理问题的程序，从程序编写的角度思考解决问题的方法。

本书对于 ArcGIS 下 Python 脚本使用方法的阐述是从 Python 语言本身和基于 ArcGIS 的 Python 两个方面同时着手，因此在阅读本书时不需要预先具备 Python 基础知识。本书包括七个部分：Python 与 ArcGIS，ArcGIS 下的地理数据与 Python 数据结构，Python 的基本语句与使用 Python 访问地理数据，创建函数与使用 Python 处理栅格数据，创建类与网络分析，异常与错误，以及程序的魅力。主要阐述的逻辑线存在并行的两条线，一条是针对 Python 的，从对于 Python 介绍、数据结构、基本语句到创建函数、创建类和异常；另一条是针对 ArcGIS 下的 Python，从 ArcPy 站点包、访问以及管理地理信息数据的方法、处理要素类、处理栅格数据到网络分析和与地理处理模型结合的方法。两条线同时推进阐述，互相支持印证，并结合实际解决问题的应用方法，例如如何转化 KML 文件和 .dwg 格式文件并增加字段数据，以及适宜性分析栅格计算重分类的方法和寻找最近设施点的网络分析，遗传算法应用等。

结合规划设计专业阐述 ArcGIS 下 Python 编写处理地理信息数据方法的专著也许本书是国内第一本，难免存在不妥之处，敬请批评指正，以便逐步修正和完善。

CONTENTS 目录

- 9 ■ Python 与 ArcGIS
  - 10 ● 1 Python
  - 12 ● 2 将地理信息系统作为过程的空间分析
    - 12 ● 2.1 区位与网络结构
    - 14 ● 2.2 调研者路线
    - 16 ● 2.3 场地现状信息录入与基本分析
    - 18 ● 2.4 基础的数据地理信息化辅助规划设计分析
    - 21 ● 2.5 专题地图叠合的方法
    - 21 ● 2.6 作为过程的空间分析
  - 23 ● 3 Python 与 ArcGIS
    - 25 ● 3.1 .kml 文件格式
    - 41 ● 3.2 通过 Python 使用工具箱里的工具
    - 44 ● 3.3 通过 Python 使用环境设置
    - 46 ● 3.4 通过 Python 使用函数
    - 47 ● 3.5 通过 Python 使用类
    - 51 ● 3.6 获取和设置参数

- 57 ■ ArcGIS 下的地理数据与 Python 数据结构
  - 58 ● 1 ArcGIS 下的地理数据
    - 62 ● 1.1 文件地理数据库和个人地理数据库
    - 62 ● 1.2 ArcSDE 地理数据库
    - 67 ● 1.3 创建地理数据列表
  - 74 ● 2 Python 数据结构 -List 列表、Tuple 元组与 Dictionary 字典
    - 75 ● 2.1 列表 (List)
    - 85 ● 2.2 元组 (Tuple)
    - 85 ● 2.3 字典 (Dictionary)
  - 94 ● 3 Python 数据结构 -String 字符串
    - 94 ● 3.1 字符串格式化
    - 96 ● 3.2 re(regular expression) 正则表达式

—109 Python 的基本语句与使用 Python 访问地理数据

- 110 1 描述数据
- 112 2 Python 的基本语句
- 112   2.1 print() 与 import
- 113   2.2 赋值的方法
- 114   2.3 循环语句
- 117   2.4 条件语句
- 119 3 Table 属性表与 Cursor 游标
- 123   3.1 读取几何、写入几何与几何标记（geometry tokens）
- 126   3.2 游标和锁定
- 127   3.3 在 Python 脚本中使用 SQL 结构化查询语
- 129   3.4 数据存在判断与在 Python 脚本中验证表和字段名称

—135 创建函数与使用 Python 处理栅格数据

- 136 1 创建函数
- 145 2 形式参数的传递
- 147 3 Raster 栅格数据
- 148   3.1 栅格数据（Mesh 面 Quad 类型）
- 148   3.2 专题数据
- 148   3.3 影像数据
- 152   3.4 栅格函数
- 153   3.5 TIN 表面模型（Mesh 面 Triangle 类型）
- 155 4 使用 Python 处理栅格数据
- 155   4.1 栅格计算（地图代数运算）
- 159   4.2 重分类
- 171   4.3 条件分析工具集

—175 创建类与网络分析

- 177 1 创建类
- 179 2 网络分析
- 180   2.1 从 Google Earth 中调入路径以及服务设施和源点
- 185   2.2 建立文件地理数据库、要素数据集并导入用于网络分析的基础数据
- 187   2.3 最近设施点分析

193 ■ 异常与错误

- 194　1 异常
  - 196　Python 内置异常
- 197　2 错误

199 ■ 程序的魅力

- 201　1 课题探讨 _A_ 自然村落选址因子权重评定的遗传算法
  - 201　1.1 准备数据
  - 204　1.2 确定研究区域
  - 205　1.3 确定影响因子
  - 209　1.4 假设权重，叠合相加各个影响因子的成本栅格
  - 211　1.5 遗传算法
  - 218　1.6 将计算结果应用于类似场地
- 219　2 课题探讨 _B_ 基于景观感知敏感度的生态旅游地观光线路自动选址
  - 220　2.1 技术线路与基础数据
  - 223　2.2 视域感知因子 _ 可视区域计算
  - 231　2.3 视域感知因子 _ 最佳观赏距离计算
  - 242　2.4 视域感知因子 _ 最佳观赏方位
  - 249　2.5 视域感知因子 _ 栅格叠加求和
  - 249　2.6 生态感知因子 _ 景观类型
  - 251　2.7 生态感知因子 _ 资源价值
  - 252　2.8 生态感知因子 _ 栅格叠加求和
  - 252　2.9 景观感知敏感度
  - 254　2.10 地形因子
  - 256　2.11 观光线路适宜性成本栅格计算
  - 256　2.12 观光线路自动获取
- 260　3 课题探讨 _C_ 解读蚁群算法与 TSP 问题
  - 260　3.1 蚁群算法与 TSP 问题概述
  - 263　3.2 蚁群算法程序解读
  - 271　3.3 蚁群算法在 ArcGIS 下的应用
- 274　4 分享程序

Python and ArcGIS
Python 与 ArcGIS

1

Python 编程语言在城市规划、建筑与风景园林等专业领域辅助规划设计的优势不断提升，为了能够更好地辅助规划设计，越来越多的规划设计者不断地补充编程的知识。编程语言辅助规划设计肯定是基于计算机辅助设计的软件平台，随着地理信息技术的发展，当其在规划设计领域占据的地位变得愈加重要的时候，规划设计的方法也随之发生改变，基于地理信息系统规划设计的方法被重视并持续地发展成为规划学科重要的分支。规划设计过程中需要解决的问题总是层出不穷，对于已经有很好解决策略的问题，人们也在探索更加便捷的方法，而编程语言辅助规划设计成为解决问题的根本途径。

学习什么样的编程语言由地理信息系统软件平台支持的语言所决定，到目前为止，Python 已经成为众多规划设计软件都能够支持的语言类型，这个趋势也在不断加强，因此对于规划设计者而言，现在是开始掌握编程语言辅助规划设计的最好时机。虽然在 Python 被嵌入 ArcGIS 之前也有其他语言例如 Perl 和 VBScript 支持，但是仅当 Python 被嵌入时，才是真正面对规划设计者而不仅是专业开发人员的语言，因为更多的软件平台支持 Python 语言，从而极大避免了不得不耗费规划设计者更多的宝贵时间学习更多语言，而 Python 语言本身类似于英语语言的特质，也使得任何人尤其非程序开发人员更容易接受与学习，从而有效地辅助规划设计。

1 Python

"Python（英式发音：/ˈpaɪθən/，美式发音：/ˈpaɪθɑːn/），是一种面向对象、直译式电脑编程语言。它包含了一组完善而且容易理解的标准库，能够轻松完成很多常见的任务。它的语法简洁清晰，尽量使用无异义的英语单词，与其他大多数程序设计语言使用大括号不一样，它使用缩进来定义语句块。"—Wikipedia

Python 语言被用于各类领域，十分广泛，例如编程语言、数据库、Windows 编程、多媒体、科学计算、网络编程、游戏编程、嵌入和扩展、企业与政务应用等。在过去几十年中，大量的编程语言被发明、被取代，并修改或者组合在一起，2012 年 4 月编程语言排行榜前 20 名的依次为：C、Java、C++、Objective-C、C#、PHP、(Visual)Basic、Python、JavaScript、Perl、Ruby、PL/SQL、Delphi/Object Pascal、Visual Basic.NET、Lisp、Pascal、Ada、Transact-SQL、Logo、NXT-G，众多的编程语言并不是对设计行业都适用的，具体选择哪种语言由行业使用软件平台支持的脚本语言来确定。对于建筑、景观与城市规划设计行业，Python 语言也起到越来越重要的作用，Python 往往被嵌入到设计行业的软件平台作为脚本使用。MAYA 是 MEL，自 8.5 之后支持 Python 语言。Rhinoceros 是 RhinoScript，自 5.0 版本之后嵌入 IronPython 脚本，Houdini 使用的是 HScript，自 9.0 后使用 HOM（Houdini Object Mode），支持 Python 语言。地理信息软件，ArcGis8 基于地理视图的脚本语言开始引入，9.0 开始支持 Python。VUE 自然景观生成软件与 FME 地理数据转化平台同样支持 Python 语言，可见 Python 程序语言逐渐被更广泛的三维图形软件所支持，成为众望所归的脚本语言。

Python 是"一种解释型的、面向对象的、带有动态语义的高级程序设计语言"，已经具有 20 年的发展历史，成熟且稳定，在 2012 年之前它是 2007 年、2010 年的年度编程语言，众多三维图形软件选择 Python 作为脚本语言是未来图形程序软件发展的趋势。Python 的设计语言"优美"、"明确"、"简单"，在面对多种选择时，Python 开发者会拒绝花哨的语法，而选择明确的没有或者很少有歧义的语言，因此 Python 不像 C++、Java 等语言那样难以学习，其语言优美与英语语法结构类似，这正是 Python 语言最早设计指导思想之一，提高了代码的可读性。

在 Python 成为绝大部分图形程序的脚本语言后，对于设计师个人来说有莫大的好处。

在项目中，经常使用 ArcGIS 处理地理数据，FME 转换数据格式，使用 Rhinoceros 与 Grasshopper 来构建几何模型，在深入进一步拓展软件的设计能力，解决诸多软件本身模块无法解决的现实问题时，就要求助于脚本语言，如果各软件的脚本语言不统一，在脚本语言的学习上，就要耗费设计师过多的时间。然而编程也只是协助设计师处理设计问题的手段，当这个手段变得越来越重要时，所有图形化设计软件自然将脚本语言转向 Python 一种语言形式，减轻设计师的负担。

Python 官方网站
http://www.python.org/

规划设计者恐怕从来没有想过建筑等设计行业会与编程发生关联，对设计的传统方法提出调整，甚至变革。实际上自从计算机辅助设计开始，编程就已经渗入设计行业，只是各类功能的开发都是由软件科技公司处理提供给设计者使用，例如 AutoDesk 公司的各类辅助设计的产品。然而随着计算机辅助设计软件平台的发展，为了适应设计无限的创造力，仅仅依靠开发者提供的功能不足以满足设计的要求，必须为设计者提供一套设计者本人根据设计的目的，可以进一步通过程序编写达到要求的方法，那就是在各类三维图形设计软件中嵌入编程语言，例如最为广泛使用的 Python。

编程语言通过图形程序与规划设计构建了最为直接的联系，使得设计的过程更加智能化，例如利用语言的魔力实现更复杂设计形式的创造和相关设计以及分析问题的解决途径。同时也对设计者提出了新的要求，那就是只有在掌握编程语言的基础上，才能够应用这一具有魔力的技术，实现设计过程的创造性改变。设计技术的发展趋势也使得设计者不得不面临这一种情况，然而任何人都应该学会编程，编程不仅是一门语言，它也改变着人们思考问题的方式，更何况充满创造力的设计行业。当设计者开始用编程语言的逻辑思维方式思考设计形式的时候，这个过程是一种与直观的设计关照截然不同的思维方式。一个在理性逻辑思维与感性设计思维之间不断跳跃的过程，两者之间不断影响与融合，这正是使用编程语言辅助设计带来的影响，更是一种令设计者乐此不疲的具有创造性的设计过程因为编程让设计过程，更具有创造力。

2 将地理信息系统作为过程的空间分析

开始一个项目的时候，不是一开始就勾画规划设计草图，而是要对场地有个彻底的理解，这包括实际的调研，身临其境地体悟场地的特点，以及回到工作室后的案头工作，整理上位规划，收集与场地设计相关的任何资料，例如人文、地理、经济、历史、自然等，任何对场地规划设计有所贡献的内容都不应该轻易放过。对于能够录入地理信息数据库的内容都应该建立起基本的地理信息数据，将各种图纸的图形信息、表格文字的属性信息在地理信息系统中进行规整，并处理相关数据分析获得对场地的进一步理解，例如现有道路系统的特点、水系关系、基本设施的分布以及服务区范围，生物栖息地的适宜性评价、水安全格局、乡土人文的分布与安全格局的建立等。

以对数据的地理信息化辅助规划设计过程梳理是提出基于编程的逻辑构建过程设计方法的基础性研究。在逻辑构建过程研究中将会结合地理信息数据探索不同平台数据的结合应用，以及从既有的地理信息辅助规划设计的方法中探索数据动态化的设计过程。在梳理地理信息化辅助规划设计过程中，以风景园林规划设计阜阳西湖规划项目为基础，探索目前基于地理信息化辅助规划设计的一般流程以及内容，本文主要目的是阐述 ArcGIS 下的 Python 编程，因此对于基于 ArcGIS 地理信息系统辅助规划设计的基本方法仅作简要概述，具体的内容可以参考"面向设计师的编程设计知识系统"《地理信息系统 (GIS) 在风景园林和城市规划中的应用》部分。

2.1 区位与网络结构

在具体深入场地区域范围前，需要定位设计区域在国家版图上省市范围，以及区县范围的地理位置。对于该区域的定位可以使用国家基础地理信息数据。在 GIS 中定位了阜阳在国家级区域中的基本位置后，首先最想知道的是从阜阳出发，或者说从其他地区出发到达阜阳的基本距离或者时间成本（包括飞行时间、铁路运营时间或者驾车时间），传统的方式往往是单纯地构建各地区到阜阳点位的连线再计算连线长度（距离），并根据采取交通手段的不同计算时间成本。然而当点位很多时，逐一构建各点之间的连线就相当繁琐，ArcGIS 提供了网络分析的手段，可以使用其扩展模块 Network Analyst 完成有关交通方面的各项分析。对于此处的分析需要建立地理数据库（Personal Geodatabase）－要素数据集（Feature datasets）－要素类（Feature classes）的数据结构，依据成本字段计算概念距离分析图以及服务区分析和查找最近路径等。

成本字段
Cost field

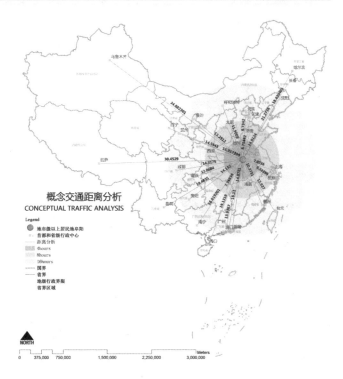

概念交通距离分析
Conceptual traffic analysis

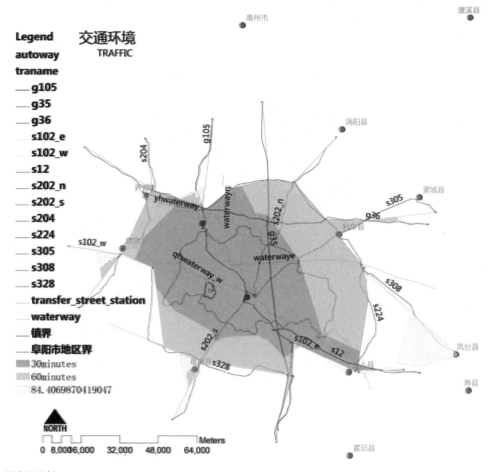

服务区分析
Service Area Analysis

2.2 调研者路线

对于较大尺度区域，传统调研的方法基本是拿着地形图沿预计的路线行走获得对规划环境的了解，到目前则可以使用全球卫星定位系统（Global Positioning System,GPS）获得实际调研路线和兴趣点坐标，并结合 Google Earth，在 GIS 中核实路线以及坐标点，有效地辅助设计师了解和掌控场地属性。

在阜阳西湖项目研究中使用 GPS，精度 3~15 米，内置电子罗盘，查看目前的方向、方位角、面积测量并初步获得野外调查的目标区域面积，根据实际航线的记录，在 ArcGIS 下加载航线（KMZ）文件格式，例如 2012/02/19 和 2012/02/20 两天调研的路线，为进一步规划设计提供最为直接的基础数据。

GPS Track

航线记录
Route record

2.3 场地现状信息录入与基本分析

当区位分析完之后，对设计场地的地理位置已经有了基本的理解，接下来需要对场地本身现状进行深入的分析。目前所拿到的现状图一般为基于 AutoCAD 的 DWG 格式矢量文件，测绘部分通常按照图层对地物进行分类绘制，例如河流、农田、建筑、绿地、道路等。但是传统的 DWG 格式文件因为不包含地理信息数据，通常无法使用该格式进一步进行地理分析，而对于其本身的图纸表达方式，如果希望能获得表达清晰的地图，在绘制过程中不仅费力也不易修改，更不能时刻跟踪地理信息数据的变化。

DWG 格式的图纸各种信息叠加在一起后，不能够清晰地获得各地理信息之间的关系，例如水系、建筑、道路、农田等地物等本身的分布，更不易分辨出各地物之间的信息关系。因此拿到现状图并已经进行了实际调研之后，最好将基于 DWG 格式的地物信息转化为 GIS 的地理信息数据。根据地物表达的方式和最终分析的目的将水体以 Polygon 格式处理，而水的流向需要建立 Geometric Networks 几何网络（以线为主），道路系统因为需要建立 Network Analyst 网络数据集，因此需要以线的方式处理，建筑一般是 Polygon 的方式，可以辅助部分线 Line 的方式，对于地形部分需要结合高程点和等高线以及特征线进行处理。

水环境特征分析
WATER CHARACTER ANALYSIS

水环境特征分析
Water environment analysis

道路特征分析
Analysis of the road

村落格局
Village pattern

高程分析
Elevation analysis

2.4 基础的数据地理信息化辅助规划设计分析

在将基础数据录入到地理信息平台下，即获取了由设计者可以控制的数据建立的图形关系，可以基于数据的分析计算进行各类的分析研究，例如使用概念性的步行距离分析获取乡村居民点的分布特征，步行速度以每分钟 60 米计算，可以看到以村落几何中心计算的覆盖范围的分析结果，也就是说农田围绕村落的步行距离，使得村民农耕劳作的工作距离处于一个适度的范围，适宜目前国内的农业生产方式；或者更方便的统计计算区域各类地物的面积，使用属性表 Table 下的 Create Graph Wizard 创建图表，统计分析斑块、廊道与基质之间的面积关系；并且当涉及大量数据的时候，如果没有统计分析的方法，往往很难发现数据间的联系，可以借助平均值、方差、标准差等进一步揭示事物的特征和模式；再者按地理学的一般原理，事物之间的相互联系受到距离远近的影响，对依靠网络设施而实现相互联系的事物，用直线长度表示距离往往是近似而粗略的，用网络表示则相对精确；同时在规划设计阶段，可以有目的地根据设计团队分析的要求尽量优化景点分布，例如哪种游览方式可以有效地串联起所有景点，或者根据游览目的不同进行分析（例如湿地科普旅游路线、水文化旅游路线、休闲度假游览路线或者游览车路线）。

步行距离分析
Walking distance analysis

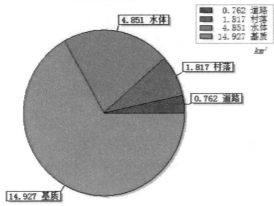

面积统计
Area statistics

优化路径查询
Optimal path queries

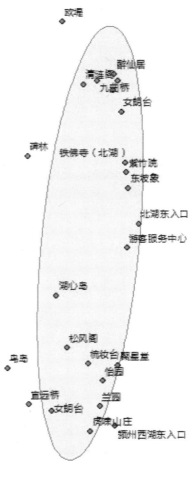

标准差椭圆
Standard Deviational Ellipse

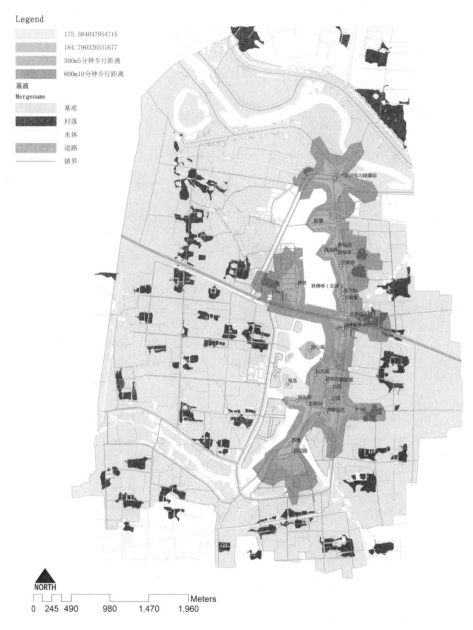

景点服务区分析
ttraction service area analysis

2.5 专题地图叠合的方法

在规划领域系统化地使用专题地图叠合方法进行土地适宜性评价或者生物栖息地适宜性评价可以追溯到 20 世纪 60 年代 Ian Lennox McHarg(1969) 的著作《设计结合自然》(Design With Nature)。McHarg 将影响土地用途的各种因素，如地质、植被、社会等条件细分为多个因子，每个因子形成单一专题图，再将多张专题图一层层叠起来得出最佳选址。例如将地质条件细分为：坡度、地表排水、土壤排水、基岩地基、土壤地基、易侵蚀程度；将社会条件细分为：历史价值、风景价值、休憩价值等。每一因子划分成若干评分等级，采用不同深浅颜色，将该因子的评分结果绘制在一张透明图片上，因子评分较高的位置颜色较浅。随后将所有的透明图片叠合在一起覆盖在灯光桌面上观察，其中最亮、最透明的范围就是综合了所有因子的最佳选址区域。后来很多学者在专题地图上画方格网，根据相关资料或在地图上量算对格网的每个单元赋值，对多个专题位置相同的格网单元之间作逻辑或算数运算，将结果记录在另一个格网单元中进一步分类、统计并绘制成专题地图。

McHarg 的方法可以看成是矢量叠合方法，手工画方格网的方法可看成是栅格叠合的方法，都是根据专题地图叠合实现土地适宜性评价。一般认为早期 GIS 叠合分析方法从手工叠合获得启发借助计算机，不但减轻工作量，而且增强灵活性，提高精确性，至今采用叠合分析的方法是规划类典型的应用之一。

2.6 作为过程的空间分析

对数据的地理信息化辅助规划设计的过程是作为过程的空间分析，一般都遵循一系列明确定义的阶段：问题的形式化、编制计划、数据收集、探索性分析、假设表示、建模和测试、验证和评价以及结论的报告和地图制作。

完成了问题定义形式化表达并拟定初步计划后，首先通常是获取分析必须的数据。随即带来许多对后续阶段有重要影响的问题：为了表达"现实世界"引入了什么假设，以及这些假设对以后的分析意味着什么？数据在空间上和时间上的完整性如何？数据在空间、时间及量测的属性方面的准确性如何？所有数据集相互之间是否兼容一致，这些数据源自何处？它们的比例尺、投影、精度、模型、方位、数据采集日期和属性定义方面如何比较？数据是否足以解决当前的问题？

一旦获得数据且能够满足目的，接下来往往是探索性的分析，这可能包括：数据、点、线、区域、格网、表面的简单制图，比率、指数、密度、坡度等的计算，方向趋势、级别设置、分类等。

第三个阶段取决于分析的目标。在许多情况下，以注释、地图、描述性统计、相关文件的形式表达的探索性分析的结果可以完成这一个过程。也可能涉及观测模式和数据建模的假设检验，实现一些预测和优化任务。

规划的过程不仅仅是将数据的地理信息化方法用于最终目标的分析，这应该是一个以地理信息化的方式进行数据录入、管理、制图、分析辅助规划设计的过程，是对以 AutoCAD 纯粹图形制图方式深刻的变革，这时所关注的不再仅仅是图形本身，更是隐藏于其后的数据属性。由传统的规划方法向数据管理方式转变过程中往往存在很多难点和误读。一是地理信息系统作为一门学科涉及的方向非常广泛，是一门集地理学、计算机、遥感技术和地图学于一体的学科，涉及城市、区域、资源、环境、交通、人口、住房、土地、灾害、基础设施和规划管理等领域，那么针对风景园林规划和城市规划如何选择软件工具以及如何应用，需要首先明确一些这样的问题,例如"地理空间分析技术意味着什么?""一般需要考虑GIS软件的什么功能?""分析规划设计过程中以什么样的方式协助?"。那么对于如何使用GIS辅助规划设计,通过有针对性的提问就会有一个较为清晰的概念,从而摆脱面对GIS应用广阔的知识领域茫然不知所措的困境;二是过去往往仅仅关注使用GIS处理基本的空间问题,例如高程、坡度、坡向和水文等,将其作为单一成果的分析工具,这种做法是局限的,并没有从根本上改变规划的方法,没有从数据地理信息化数据管理的角度渗入规划的过程中;同时另一种误读是对某些GIS处理的结果与使用传统处理的结果是一致的、没有什么不同的认知判断,例如现状分析的制图,因此没有必要转向新的设计策略,对于这种认知往往强调了分析的结果,完全忽略了形成结果所依靠的不同方法,数据管理的方法存在更大的发展潜力,例如在获得基本制图的同时,自身的数据可以应用得更广泛,如适宜性评价、遗传算法求取最优解或者网络结构分析等。这样构建出的一个整体流程,是传统方法无法实现的。

地理信息系统的应用层面可以整合更多的资源,例如除了使用基本的遥感影像提供地物识别、动态监测、各类基本的空间分析外,一些最近设计的工具不断被整合到GIS软件平台内,例如元胞自动机、基于智能体的模型、神经网络、遗传算法等在一系列空间分析问题中的应用,可以处理行人移动模拟、城市蔓延预测、森林火灾研究、热带雨林动态和城市系统等问题。

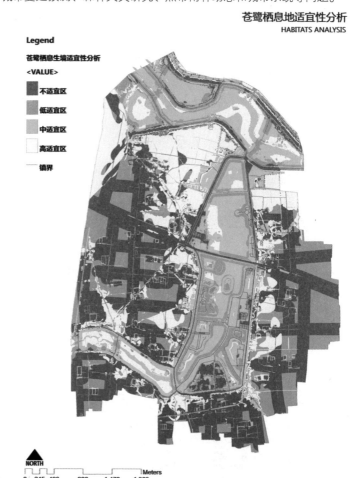

苍鹭栖息地适宜性分析
Heron habitat suitability

3 Python 与 ArcGIS

　　Python 编程语言与基于 ArcGIS 的地理信息系统是两大不同的专业领域，然而设计者核心的专业领域是城市规划、风景园林规划或者是建筑专业，这样就存在三个方向的不同专业领域，规划设计为核心拓展地理信息系统辅助规划设计的方法，并通过 Python 编程语言强化这一方法，使之更加智能化地处理规划设计过程中的问题。

　　学习一门新的知识最重要的是获取开始如何学习的途径，知道如何学习之后，就可以自行查找知识并开始实践。作为过程的空间分析，需要明确待解决的问题是什么？如何获取基础数据？采取怎样的手段解决问题？

　　设定问题： 将 Google Earth 中获取的路径与地标数据加载到 ArcMap 中，并同时加载该区域的 DEM 高程数据；

　　基础数据： Google Earth 以及地理空间数据云（原国家科学数据服务平台）http://www.gscloud.cn/；

　　解决策略： 将 Google Earth 获取的路径以及地标保存为 KML 数据格式，使用 Python 编写程序完成在 ArcGIS 下的加载。

　　为了能够更好地管理地理信息数据，一般建议建立单独用于存储地理信息数据的文件夹，并以英文或者拼音命名。本次研究案例新建文件夹并命名为 KMLDataLoading。

　　打开 Google Earth，首先根据查询路径的起始点和目的地添加两个地标，并分别根据实际地名命名为 WanFoTang 和 BeiChanFang。

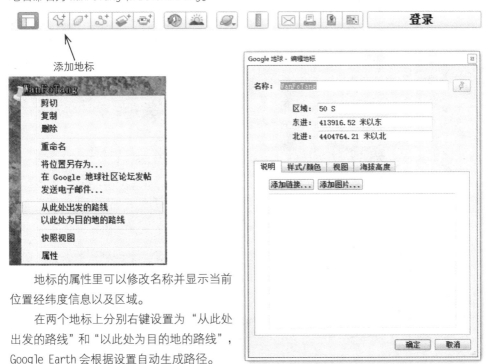

　　地标的属性里可以修改名称并显示当前位置经纬度信息以及区域。

　　在两个地标上分别右键设置为"从此处出发的路线"和"以此处为目的地的路线"，Google Earth 会根据设置自动生成路径。

A 未知道路

B 108国道

可打印的视图

108国道　　　　　100公里, 2小时 19 分钟

A 未知道路

1. 向**西北**方向, 前往**东万路**
   240 米
2. 向右转, 进入**东万路**
   150 米
3. 在第 1 个路口向左转, 进入**208省道**/**阎东路**
   继续沿**208省道**前行
   6.1 公里
4. 在**东庄子**路口向左转, 进入**108国道**
   14.0 公里
5. 在**红煤厂**路口稍微向右转, 进入**军红路**
   270 米
6. 在**红煤厂北**口向左转, 进入**209县道**
   180 米
7. 向右转, 前往**108国道复线**
   160 米
8. 在**红煤厂北**口向急转, 进入**108国道复线**
   7.5 公里
9. 在**贾峪口**路口向左转, 进入**108国道**
   71.4 公里

B 108国道

生成路径之后点击"将路线保存到我的地点",并重新命名,此处为"BWRoute"。

至此获取了两个地标以及根据两个地标计算出的路径。分别在各个地点上右键"将位置另存为".kml 格式文件放置于最初新建立的文件夹内。

什么是KML？

KML全称：Keyhole Markup Language，是基于XML(eXtensible Markup Language，可扩展标记语言)语法标准的一种标记语言（markup language），采用标记结构，含有嵌套的元素和属性。由Google(谷歌)旗下的Keyhole公司发展并维护，用来表达地理标记。根据KML语言编写的文件则为KML文件，格式同样采用的XML文件格式，应用于Google地球相关软件中(Google Earth, Google Map, Google Maps for mobile...)，用于显示地理数据（包括点、线、面、多边形、多面体以及模型等）。而现在很多GIS相关企业也追随Google开始采用此种格式进行地理数据的交换。

如果直接单击.kml文件会直接打开Google Earth显示其位置而无法查看.kml文件具体的格式内容，一般可以右键选择打开方式为记事本，即.txt文件方式打开。

使用.txt文件打开可以看到内部的代码，但是不能很好地显示换行信息，因此可以将其复制于Word文档中更好地观察。

3.1 .kml文件格式

```
<?xml version="1.0" encoding="UTF-8"?>
<kml xmlns="http://www.opengis.net/kml/2.2" xmlns:gx="http://www.google.com/kml/ext/2.2" xmlns:kml="http://www.opengis.net/kml/2.2" xmlns:atom="http://www.w3.org/2005/Atom">
<Document>
    <name>BeiChanFang.kml</name>
    <Style id="s_ylw-pushpin5">
        <IconStyle>
            <scale>1.1</scale>
            <Icon>
                <href>http://maps.google.com/mapfiles/kml/pushpin/ylw-pushpin.png</href>
            </Icon>
            <hotSpot x="20" y="2" xunits="pixels" yunits="pixels"/>
        </IconStyle>
    </Style>
```

```xml
<StyleMap id="m_ylw-pushpin">
    <Pair>
        <key>normal</key>
        <styleUrl>#s_ylw-pushpin5</styleUrl>
    </Pair>
    <Pair>
        <key>highlight</key>
        <styleUrl>#s_ylw-pushpin_hl4</styleUrl>
    </Pair>
</StyleMap>
<Style id="s_ylw-pushpin_hl4">
    <IconStyle>
        <scale>1.3</scale>
        <Icon>
            <href>http://maps.google.com/mapfiles/kml/pushpin/ylw-pushpin.png</href>
        </Icon>
        <hotSpot x="20" y="2" xunits="pixels" yunits="pixels"/>
    </IconStyle>
</Style>
<Placemark>
    <name>BeiChanFang</name>
    <Camera>
        <longitude>115.4051542323338</longitude>
        <latitude>39.79335161876751</latitude>
        <altitude>5690.835194576221</altitude>
        <heading>-93.67381989351074</heading>
        <tilt>0.02056026943744043</tilt>
        <roll>-87.58375487417378</roll>
        <gx:altitudeMode>relativeToSeaFloor</gx:altitudeMode>
    </Camera>
    <styleUrl>#m_ylw-pushpin</styleUrl>
    <Point>
        <gx:drawOrder>1</gx:drawOrder>
        <coordinates>115.3964147947172,39.77678012118199,0</coordinates>
    </Point>
</Placemark>
</Document>
</kml>
```

.kml 文件格式一般由三部分组成：

1.xml header，出现在每一个 .kml 文件的第一行，显示 XML 文件的版本和采取的编码；

2.KML 命名空间，出现在每一个 KML 文件的第二行；

3.主体对象，位于标志符 <Document> 与 </Document> 之间。在主体对象中记录了关于地标文件的所有信息，位于 <name></name> 之间的名称，<longitude></longitude> 之间的经度，<latitude></latitude> 之间的纬度，<altitude></altitude> 之间的海拔，以及加载到 ArcMap 中需要的基本数据 <coordinates></coordinates> 之间的坐标，该坐标系采用目前国际上统一采用的大地坐标系 WGS1984。

可以直接在 Python 中读取文件，为了阐述批量处理文件的过程，将 .kml 格式文件的后缀名修改为 .txt 再进行读取，可以手工逐一修改后缀名，但是如果文件很多逐一修改费时费力，可以考虑使用 Python 编写程序智能化地批处理这个过程。

在开始学习 Python 时，需要安装 Python 的交互式解释器，一般建议使用 Python 官方网站提供的 Python 安装，根据自身电脑安装的系统，下载最新版本之后进行安装，对于设计行业最常用的 Windows 系统直接双击安装。安装完成后打开 IDLE(Python GUI) 进入 Python 的交互界面。

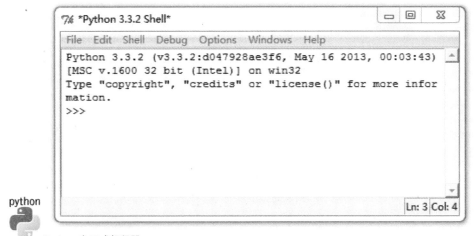

Python 交互式解释器

Python Shell 即 Python 的交互式解释器，可以通过输入语句并时刻返回语句的结果，使程序编写验证更加直观。

>>> print('Hello,world!') #print() 是在屏幕上输出结果的函数，对于字符串一般都需要加单引号或者双引号

Hello,world!

>>> x='Hello,' #x 称之为变量，使用等号即赋值符号，将字符串 'Hello,' 赋值给变量 x

>>> y='world!' # 将字符串 'world!' 赋值给变量 y

>>> x+y # 对于字符串来讲，加号相当于连接符

'Hello,world!'

```
>>> 'Hello,'+'World!' # 可以直接使用加号连接两个字符串
'Hello,World!'
>>> x=6 # 给变量 x 赋值为数字
>>> y=3 # 给变量 y 赋值为数字
>>> x+y # 对于数值，加号相当于运算符
9
>>> input('What is your name?') # 可以使用 input() 函数，提示输入内容
What is your name?Python # 根据设定的提示，输入相应内容
'Python'
>>> answer=input('What is your name?') # 可以把 input() 函数的输入内容赋值给变量 answer
What is your name?Python
>>> answer # 变量 answer 具有了值 'Python'
>>> import math #math 为 Python 内置的模块，使用 import 语句导入模块
>>> math.floor(32.98) # 通过使用 module.function() 的方式调用模块 math 的函数
32
>>> from math import sqrt # 使用 from module import function 语句直接导入模块 math 的 sqrt 方法
>>> sqrt(36) # 可以直接使用导入的函数
6.0
```

Python Shell 可以逐行打入语句，并实时地反馈语句的运行结果，也可以从 Python Shell/File/New Window 打开新的解释器窗口，输入成段的语句，再单击 Run/Run Module 或者按 F5 执行程序。

```
x=input('Enter a value for x')
y=input('Enter a value for y')
x=float(x)
y=float(y)
from math import sqrt
z=x+sqrt(y)
print(z)
# 按 F5 执行上述程序，Python Shell 会执行程序，并打印结果
>>>
Enter a value for x12
Enter a value for y9
15.0
```

使用Python编写将.kml格式文件的后缀名修改为.txt的过程代码如下：

import os # 调入 os 模块，os 模块提供常用操作系统服务的可移植接口
dirname='E:/PythonScriptForArcGIS/KMLDataLoading/' # 路径名字符串赋值给新定义变量
li=os.listdir(dirname) # 返回包含目录路径中各项名称的列表
for filename in li: # 使用 for 语句循环遍历文件名列表
    newname=filename # 将每次循环的文件名赋值给新的变量
    newname=newname.split('.') # 使用字符串的方法 str.split() 按照 '.' 点号切分，并返回列表
    if newname[-1]=='kml': # 判断后缀是否为 kml
        newname[-1]='txt' # 如果后缀为 kml 则将其修改为 txt
        newname=newname[-2]+'.'+newname[-1] # 重新构建文件名字符串
        filename=dirname+filename # 修改后缀前文件路径字符串
        newname=dirname+newname # 修改后缀后文件路径字符串
        os.rename(filename,newname) # 重新命名路径（即修改后缀后文件名）
        print(newname,'Updated Successfully') # 打印显示新路径名并指示更新成功字样

可以直接按F5，保存执行脚本，或者保存关闭后双击直接执行，直到路径下所有后缀为.kml的文件转变为后缀为.txt的文件。

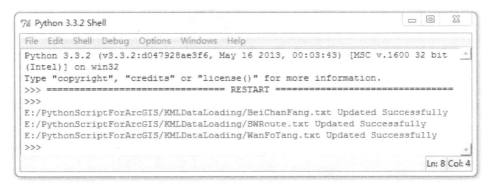

可以直接按 F5 执行脚本后在 shell 窗口打印显示结果，并检查文件是否已经被修改。

名称	修改日期	类型	大小
BeiChanFang.txt	2014/1/2 10:08	文本文档	2 KB
BWRoute.txt	2014/1/2 10:08	文本文档	38 KB
KMLtoTxt.py	2014/1/2 10:55	Python File	1 KB
WanFoTang.txt	2014/1/2 10:08	文本文档	2 KB

修改文件后缀名之后，欲在 ArcGIS 下使用 Python 编写加载地标文件的脚本。打开 ArcMap 之后首先需要做的事是在 Catalog 中设置 Connect To Folder，能够更加方便地从 Folder Connections 中加载文件。

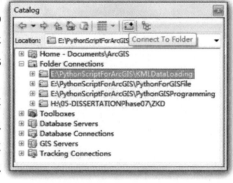

ArcGIS 下使用 Python 编写程序脚本主要有两个途径，一个是 Python 窗口，可以快捷地在 ArcGIS 内部使用 Python，从而以交互方式运行地理处理工具和功能，以及充分利用其他 Python 模块和库。

Python 窗口可用于执行单行 Python 代码，并将由此生成的消息输出到窗口。借助此窗口可以对语法进行试验和处理短代码，并可以在大型脚本范围之外对程序进行检验。调出 Python 交互窗口可以单击菜单栏 Geoprocessing/Python，或者直接在工具栏单击 Python Window 图标调出。

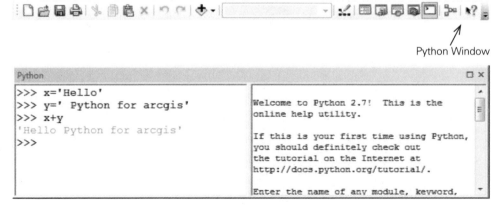

ArcGIS 下的 Python Window 类似于 PYTHON GUI，可以实时地观察程序结果，更好地提高程序编写交互的环境，同时 Python Window 内置了 ArcGIS 的 ArcPy（通常称为 ArcPy 站点包），提供了使用 Python 语言操作所有地理处理工具（包括扩展模块）的入口，并提供了多种有用的函数和类，用于处理和询问 GIS 数据。使用 Python 和 ArcPy，可以开发出大量用于处理地理数据的实用程序。

另外在 ArcGIS 下使用 Python 的途径是，在地理处理中作为工具序列中的一环，在地理处理中使用Python脚本是ArcGIS中编写程序主要的方式。地理处理的基本目的是提供用于执行分析和管理地理数据的工具和框架。地理处理所提供的建模和分析功能使得ArcGIS成为一个完整的地理信息系统。地理处理提供了大量成套工具，这些工具可以从ArcToolbox中获取。

地理处理以数据变换的框架为基础。典型的地理处理工具会针对某一ArcGIS数据集（如要素类、栅格或表）执行操作，并最终生成一个新的数据集。每个地理处理工具都会对地理数据执行一项小但是非常重要的操作。

通过地理处理，可将一系列工具按顺序串联在一起，将其中一个工具的输出作为下一个工具的输入。利用这种功能，可将无数个地理处理工具（工具序列）组合在一起，从而自动执行任务和解决一些复杂的问题。通过将工作流打包成一个易于共享的地理处理包，可以与他人共享工作，并可以从地理处理工作流中创建Web服务。

在ArcGIS下的Python脚本作为地理处理工具序列的一个部分，可以像ArcToolbox工具箱中的各个工具一样被加载使用，而事实上ArcToolbox里相当数量的工具实际上都是脚本。为了能够在地理处理中使用Python编写程序，首先需要建立自己的Toolbox工具箱，在Catalog/Folder Connections下找到最初建立的文件夹右键点击/New/Toolbox图标，建立自定义名称的工具箱PythonP.tbx。

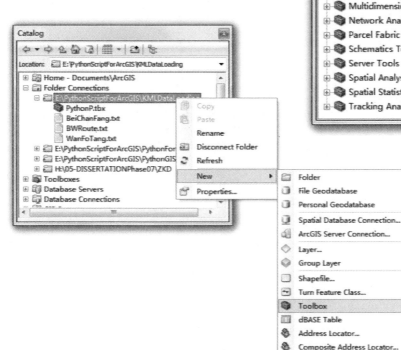

建立 Toolbox 工具箱之后，在其上右键点击 /New/Model，建立空的 Model 地理处理模型，可以根据分析的目的将 ArcToolbox 中地理处理工具拖拽到 Model 窗口内，也可以拖拽 Python 脚本程序。在开始编写脚本之前，先在 Model 窗口菜单栏单击 /Model/Model Properties，修改 Generl 下 name 名称和 label 标签，这里将其均修改为 ImportKMLData，同时也可以在 Catalog 下的 Model 地理处理模型上右键点击 Properties 属性修改相关参数。

接下来需要在自定义工具箱中建立 Python 脚本文件，在建立之前一般需要在指定文件夹内由 PythonWin 即广泛使用针对 Python 的第三方 Windows 接口，这里使用直接从 Python 官方网站下载的 GUI（Graphical User Interface）图形用户界面 IDLE(Python GUI)，单击 File/New Window 建立空的 .py 文件并命名，因为在 Google Earth 中建立了点地标和线路径的 .kml 文件，首先编写处理点地标 .kml 的加载 Python 程序，因此命名为 KMLPointLoad。

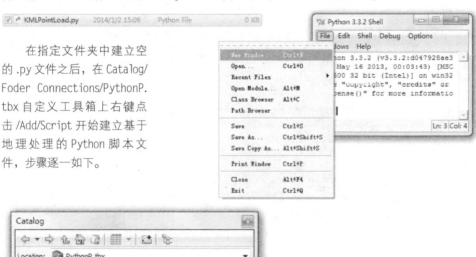

在指定文件夹中建立空的 .py 文件之后，在 Catalog/Foder Connections/PythonP.tbx 自定义工具箱上右键点击 /Add/Script 开始建立基于地理处理的 Python 脚本文件，步骤逐一如下。

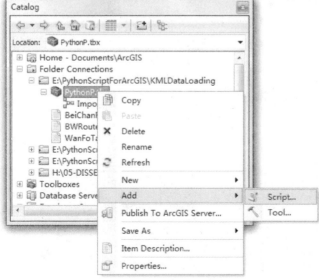

第一步是根据指定设置参数，主要设置 Name 名称和 Label 标签，可以加入简短的 Description 程序目的描述等。

第二步是指定.py 文件，这里链接为上一步建立的 KMLPointLoad.py 文件。

第三步是设置输入输出参数，输入参数一个是前文将 .kml 转化为 .txt 后缀的点地标文本文件，将 Display Name 显示名设置为 Txt，Data Type 数据类型选择 Text File 文本类型；另外一个是坐标空间参考，只有正确地设置空间参考，才能够正确地在 ArcGIS 下加载数据。定义名为 SpatialRef，数据类型选择为 Spatial Reference。输出参数肯定是点文件，数据类型为 .shp，指定名称为 PointShp，数据类型为 Shapefile。在设置输入输出参数时，需要在 Parameter Properties 栏中，确定 Direction 为输入参数还是输出参数。

至此完成了基于地理处理的 Python 脚本文件的设置，将建立的 Script 脚本文件可以直接拖拽到地理处理模型 Model 中。

在 Model 拖拽的脚本文件中，已经根据最初的输出设置自动连接了一个输出节点，但是没有显示输入节点，一般输入节点是根据地理处理模型工具序列从上一个工具的结果使用工具栏中 Connect 工具往下连接。KMLPointLoad 脚本的输入参数分别为文本文件和空间参考，可以在其节点上右键 /Make Variable/From Parameter 下选择输入参数获取节点。

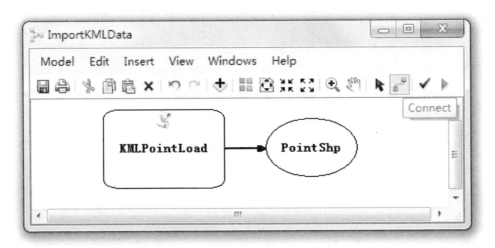

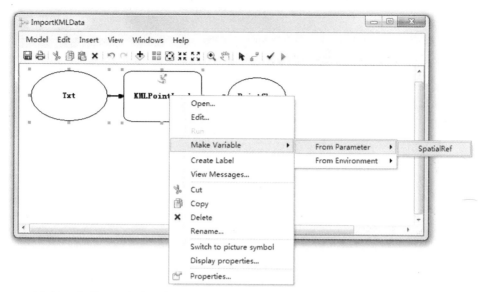

对于输入参数可以直接双击根据提示输入参数,其中文本文件选择一个点地标文件。空间参考根据Google Earth的经纬度为WGS1984,从Spatial ReferenceProperties/Select/Geographic Coordinate Systems/World/ WGS 1984.prj里选择。

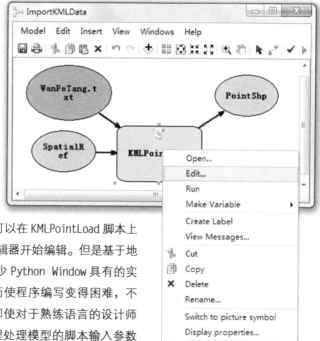

编辑Python脚本文件,可以在KMLPointLoad脚本上右键选择Edit打开Python编辑器开始编辑。但是基于地理处理模型的Python程序缺少Python Window具有的实时观察运行结果的互动,从而使程序编写变得困难,不能够实时检查程序的正误,即使对于熟练语言的设计师也会感觉不适。因为基于地理处理模型的脚本输入参数方式与Python Window获取输入参数的方式不同,但是又希望能够采取互动的编写方式,可以考虑先在PythonWin(不是Python Window,Python Window是基于ArcGIS的

Python 窗口，PythonWin 是广泛使用的针对 Python 的第三方 Windows 接口）中编写，涉及使用 ArcPy 站点包时，再将代码拷贝到 Python Window 中测试，当完成编写后，将其再拷贝到地理处理模型中的脚本下修改输入参数语句，运行测试，直至没有错误正确运行为止。在开始编写时，最好能够捋清楚一个程序编写即解决问题的思路，这里的关键几点分别是：

1. 确定提取点地标文本文件的哪部分字符串，这里需要提取点坐标即 <coordinates>115.99462556818 6,39.78847865021524,0</coordinates> 之间的部分，使用字符串方法和 re 正则表达式处理；

2. 使用 ArcPy 站点包里的工具（函数、类），在 ArcGIS 下根据坐标建立点，并生成 .shp 文件保存；

3. 构建 workspace 工作平台环境，指定平台路径；

4. 最终 .shp 文件名的命名；

5. 对 .shp 文件增加新字段 Name 并以文件名作为值；

6. 在地理处理模型中调整输入输出参数的语句并测试。

具体最终的代码及解释如下：

import re # 调入 re 正则表达式

import arcpy # 调入 arcpy 站点包

from arcpy import env # 从 arcpy 站点包中调入类 env，地理处理环境设置

env.workspace = "C:\PythonScriptForArcGIS\KMLDataLoading" # 给类 env 的 workspace 属性即工作空间赋值

#reader=open('E:\PythonScriptForArcGIS\KMLDataLoading\WanFoTang.txt','r') # 使用 '#' 字符标示为注释，原语句用于在 Python Window 下打开指定文件的语句，地理处理模型中调整输入参数的方法

s=arcpy.GetParameterAsText(0) # 从输入参数列表中，根据索引值的位置提取参数，索引值为 0 时为 .txt 文本文件，顺序由在地理处理模型中建立 Script 脚本时提供的输入输出参数的顺序决定

s=s.split('\\')[-1] # 使用字符串方法 str.split()，用 '\' 切分字符串，并返回索引值为 -1 的值赋值给变量 s，其中第一个 '\' 反斜线为转义字符，对后面的字符进行转义，即第二个 '\' 为实际的字符串反斜线

inputname=s.split('.')[0] # 将提取的字符串 s（s=WanFoTang.txt）再按照 '.' 进行切分，提取索引值为 0 位置的值即 inputname=WanFoTang

reader=open(arcpy.GetParameterAsText(0)) # 使用 open(name[,mode[,buffering]]) 函数打开 .txt 文件，其中 name 为数据文件的完整路径名，mode 为文件模式，例如 'r' 的读模式，'w' 的写模式

prjFile=arcpy.GetParameterAsText(1) # 获取投影参数，并赋值给新的变量 prjFile，用于构建点要素时投影参照

pat=re.compile('<coordinates>.*</coordinates>') #使用 re.compile(pattern[,flags]) 正则表达式函数将以字符串书写的方式转换为模式对象
　　while True: #使用 while True/break 循环语句逐一读取 .txt 文件行
　　　　line=reader.readline() #逐一读取 .txt 文件行并赋值给变量
　　　　if len(line)==0: #使用 if 条件语句判断当前行字符串长度值是否为 0，为 0 时即为空行，停止循环
　　　　　　break
　　　　line=line.strip() #使用字符串 str.strip() 方法去除首位空格
　　　　m=pat.match(line) #使用 pat.match(string) 方法在字符串的开始处匹配模式，pat.match(string) 等同于 re.match(pattern,string[,flags])，只是 re.compile() 将字符串方式转换为模式对象，实现更有效的匹配
　　　　if m: #使用 if 条件语句判断，是否存在根据模式匹配的对象
　　　　　　corstr=line 如果存在则将读取的行字符串赋值给新的变量
　　　　　　corstr=corstr.strip() #使用字符串 str.strip() 方法去除首位空格
　　reader.close() #关闭打开的 .txt 文件
　　corstr=re.sub('<coordinates>(.*?)</coordinates>',r'\1',corstr) #使用 re 正则表达式提取坐标即 <coordinates>115.994625568186,39.78847865021524,0</coordinates> 之间的部分，正则表达式字符串 pattern 模式 '<coordinates>(.*?)</coordinates>' 中圆括号中的内容为一个分组，(.) 点号匹配除换行符之外的任何字符串，但 (.) 点号只匹配一个字母，因此增加 (*?) 字符代表匹配前面表达式的 0 个或多个副本，并匹配尽可能少的副本。使用 re.sub(pattern,rep1,string) 方法用 r'\1' 为使用前面的组编号本例为 1 的文本匹配给定的替换内容，即获取 corstr=115.994625568186,39.78847865021524,0
　　coordilst=corstr.split(',') #切分字符串返回列表
　　coordilst=[float(a) for a in coordilst] #使用列表推导式将字符串转换为浮点数
　　point=arcpy.Point() #将 Point 点对象类实例化，点对象的属性为点坐标值并非几何类，而 arcpy.PointGeometry ( ) 为建立点几何
　　point.X = coordilst[0] #给点对象 X 坐标的属性值（参数）赋值
　　point.Y = coordilst[1] #给点对象 Y 坐标的属性值（参数）赋值
　　pointGeometry=arcpy.PointGeometry(point,prjFile) #根据点对象以及投影文件建立点几何
　　outputname=inputname+".shp" #包含后缀名的输出文件名
　　arcpy.CopyFeatures_management(pointGeometry,outputname) #使用 arcpy.Copy Features_management (in_features, out_feature_class, {config_keyword}, {spatial_grid_1}, {spatial_grid_2}, {spatial_grid_3}) 工具即 ArcToolbox/Data Management Tools/Features/Copy Features 工具箱中数据管理的复制要素工具复制建立的点几何，输出文件名为 outputname

arcpy.AddField_management(outputname,'Name',"TEXT",9,",",'Name',"NULLABLE","REQUIRED") #使用 AddField 工具对点几何要素类 Table 属性表增加新的字段 'Name'，格式为 TEXT 文本

rows=arcpy.UpdateCursor(outputname) #使用 arcpy.UpdateCursor()更新游标函数更新指定的对象，并将返回值赋值给新的变量

for row in rows: #循环遍历更新游标函数返回值

　　row.Name=inputname # 对具有字段 Name 的行赋值

　　rows.updateRow(row) # 使用 updateRow()方法更新游标当前所在位置的行

del row,rows #使用 del 移除变量 row 和 rows

arcpy.SetParameter(2,outputname) #使用 arcpy.SetParameter (index, value)设置输出参数，index 为输出参数索引值，value 为输出的对象

编写完地理处理模型中的 Python 脚本，可以在脚本节点上右键点击 Run 运行脚本，如果运行错误就会有错误提示框，运行正常则提示 Completed.

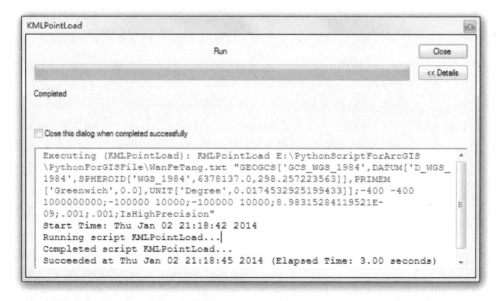

在输出节点上右键单击 Add To Display，将根据点地标文本文件生成的 .shp 格式点几何加载到 ArcGIS 中，为了检查其属性表中是否包含 Name 字段以及值是否为文件名，可以在层中右键点击该对象 Open Attribute Table 打开该对象的属性表查看。

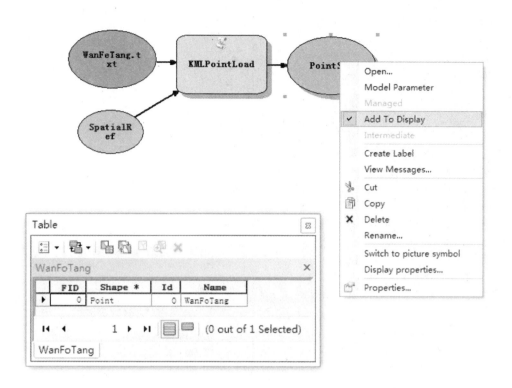

使用Python脚本建立了在ArcGIS中加载.kml点地标的地理处理模型，该模型可以处理任何同种情况下的点地标，只需要重新设置用于输入.txt文本文件的输入参数，在这里双击该输入端节点并更新指定的.txt文件，再次运行并加载。可以在Table of Contents/Layers图层中查看结果，同时打开存储文件的目录，可以看到对应的各个文件。

文件名	日期	类型	大小
WanFeTang.shp.xml	2014/1/2 21:24	XML 文档	6 KB
WanFeTang.shx	2014/1/2 21:24	AutoCAD Compil...	1 KB
WanFoTang.dbf	2014/1/2 21:26	DBF 文件	1 KB
WanFoTang.prj	2014/1/2 21:26	PRJ 文件	1 KB
WanFoTang.sbn	2014/1/2 21:26	SBN 文件	1 KB
WanFoTang.sbx	2014/1/2 21:26	SBX 文件	1 KB
WanFoTang.shp	2014/1/2 21:26	AutoCAD Shape ...	1 KB
WanFoTang.shp.RICHIE-DELL-PC.9484.1816.sr.lock	2014/1/2 21:26	LOCK 文件	0 KB
WanFoTang.shp.xml	2014/1/2 21:26	XML 文档	6 KB
WanFoTang.shx	2014/1/2 21:26	AutoCAD Compil...	1 KB

在ArcGIS下加载了数据之后，一般需要打开菜单栏ArcGIS/Map Document Properites 勾选 Pathnames 存储为相对路径，便于文件的移动，其他内容可以自行填写。

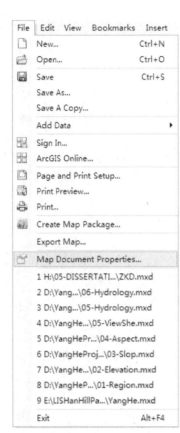
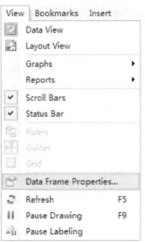

同时打开 ArcGIS/View/Data Frame Properties 对话框，会发现在 Coordinate System 中已经设置了坐标系统为 WGS1984，即 ArcGIS 会默认在没有人为设置坐标系统下，自动以第一个加载的数据文件的坐标系统为默认的坐标系统，设置的坐标系统必须正确，如果为不正确的坐标系统或者由于开始加载的数据文件为其他区域具有不同坐标系统的文件，将会对后来的数据投影坐标系统的设置造成错误影响，需要重视该项的设置。

在编写点 .kml 文件加载的地理处理模型过程中，需要具备基础的 Python 编程知识，同时需要知道如何正确地调用和使用 ArcPy 站点包（类）的函数和方法，其中包括了如何调用 ArcToolbox 工具箱里的工具，对于这两部分知识的了解是在 ArcGIS 下使用 Python 编写程序处理各类问题的基础。

3.2 通过 Python 使用工具箱里的工具

工具箱里的地理处理工具始终在不断发展，目前为止这些工具约有数百种，了解各个工具的用法需要花费不少的时间，一般都是根据具体待解决的问题选择适宜的地理处理工具，对于这些工具大部分都可以通过 Python 调用。在脚本中使用工具时，必须正确设置工具的参数值，用于正确运行脚本工具。每个工具的文档都明确定义了其参数和属性，提供一组有效的参数值后，工具即准备好执行。参数将被指定为字符串或对象，字符串是唯一标识参数值的简单文本，如数据集的路径或关键字。对于大多数工具参数都可以以简单字符串的形式指定，对于某些参数（如空间参考）则可使用对象，而不是字符串。

在 .kml 点地标加载的脚本中，arcpy.CopyFeatures_management(pointGeometry, outputname) 语句即为调用地理处理工具的方法，其中 arcpy 为站点包（类），只有在最初通过 import arcpy 语句调用之后才可以使用 arcpy 类；CopyFeatures 为工具名，可以通过右键单击工具 Properties 打开对话框查看；management 为工具箱的别名，可以以同样的方式打开查看，其中 Alias 项即为别名名称；()括弧内的对象根据不同工具的输入输出参数的不同进行设置。arcpy.toolname.toolboxAlias() 调用工具的方式相当于所有工具均以 ArcPy 中的函数形式提供，但也可以通过匹配工具箱别名的模块调用，例如 arcpy.CopyFeatures_management(pointGeometry, outputname) 等同于 arcpy.management.CopyFeatures()。在大部分情况下，建议使用后一种方式即匹配工具箱别名形式提供，一般符合思考的过程。

有时大量使用一个工具箱中的各类工具可以使用 from arcpy import management as DM 的方式标示模块，再使用工具时，就可使用 DM.CopyFeatures(pointGeometry, outputname) 语句，从而简化程序编写。

在 .kml 点地标加载的脚本中并没有将 CopyFeatures 复制要素工具返回值给变量，如果通过赋值获取结果使用语句 result=arcpy.CopyFeatures_management(pointGeometry, outputname)，将值返给变量 result，那么这个 result 究竟是什么？可以通过 print(result) 打印显示结果，为了能够在 Python Window 中观察结果，调整输入参数语句，调整后代码如下：

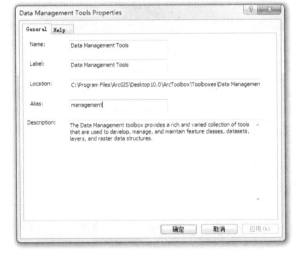

```
import re
import arcpy
from arcpy import env
env.workspace =
"E:\PythonScriptForArcGIS\
KMLDataLoading"
    reader=open('E:\PythonScriptForArcGIS\KMLDataLoading\WanFoTang.txt','r') # 调整输入参
数语句
    s=arcpy.GetParameterAsText(0)
    s=s.split('\\')[-1]
    inputname=s.split('.')[0]
    prjFile=arcpy.GetParameterAsText(1)
    pat=re.compile('<coordinates>.*</coordinates>')
    while True:
        line=reader.readline()
```

```
        if len(line)==0:
            break
        line=line.strip()
        m=pat.match(line)
        if m:
            corstr=line
            corstr=corstr.strip()
reader.close()
corstr=re.sub('<coordinates>(.*?)</coordinates>',r'\1',corstr)
coordilst=corstr.split(',')
coordilst=[float(a) for a in coordilst]

point=arcpy.Point()
point.X = coordilst[0]
point.Y = coordilst[1]
pointGeometry=arcpy.PointGeometry(point,prjFile)
outputname=inputname+".shp"
result=arcpy.CopyFeatures_management(pointGeometry, outputname) #返回值给新的变量
print(result) #打印显示返回值结果，结果为 E:\PythonScriptForArcGIS\KMLDataLoading\BeiChanFang.shp
```

将代码直接复制到 Python Window 窗口运行，反馈打印显示结果。

```
outputname)
... print(result)
...
E:\PythonScriptForArcGIS\KMLDataLoading\BeiChanFang.shp
>>>
```

复制要素工具的返回值为该复制要素的路径名，result 这个返回变量同时具有属性和方法，例如 result.outputCount 返回输出数目。增加部分语句：

```
resultValue=result.outputCount #获取返回值的 outputCount 属性，返回输出数目
print(resultValue) #打印显示返回值结果，结果为 1，即只有一个输出结果
```

当作为结果对象执行时，ArcPy 会返回工具的输出值。结果对象的优点是可以保留工具执行的相关信息，包括消息、参数和输出。即使在运行了多个其他工具后仍可保留这些结果。

结果属性和方法：

属性和方法	说明
inputCount	返回输入数目。
outputCount	返回输出数目。
messageCount	返回消息数目。
maxSeverity	返回最大严重性。返回的严重性可以为 0（未产生错误/警告）、1（产生了警告）或 2（产生了错误）。
resultID	返回唯一结果 ID。如果工具不是地理处理服务，resultID 将返回 ""。
status	返回服务器上作业的状态。 0 – 新建 1 – 提交 2 – 正在等待 3 – 正在执行 4 – 成功 5 – 失败 6 – 超时 7 – 正在取消 8 – 取消 9 – 正在删除 10 – 删除
cancel()	取消服务器上的作业。
getInput(index)	返回给定的输入。如果给定输入是记录集或栅格数据对象，则返回 RecordSet 或 RasterData 对象。
getMapImageURL(ParameterList, Height, Width, Resolution)	获取给定输出的地图服务影像。
getMessage(index)	返回特定消息。
getMessages(severity)	要返回的消息类型。0 = 消息，1 = 警告，2 = 错误。如果未指定值，则返回所有消息类型。
getOutput(index)	返回给定的输出。如果给定输出是记录集或栅格数据对象，则返回 RecordSet 或 RasterData 对象。
getSeverity(index)	返回特定消息的严重性。

3.3 通过 Python 使用环境设置

在 ArcGIS 下设置环境可以单击 Geoprocessing/Environments 打开 Environments Settings 窗口，其中包括 Workspace 设置工作空间路径，OutputCoordinates 输出数据集的空间参考，Processing Extent 感兴趣区域，XY Resolution and Tolerance XY 分辨率与容差等，其中最为常用需要设置的是 Workspace 工作空间路径。

当某个脚本在 ArcGIS 应用程序的工具中运行或通过地理处理脚本运行时，调用该脚本的应用程序或脚本所使用的环境设置将被传递到该脚本。这些设置将成为工具的脚本执行时所使用的默认设置。被调用的脚本可能会更改传递的设置，但这些更改仅用在该脚本内或由该脚本可能调用的任何其他工具所使用。更改不会传递回调用脚本或应用程序。将环境模型描述为层叠形式最为合适，其中值向下流向任何使用地理处理环境设置的过程。

环境设置以 env 类属性的方式公开。这些属性可用于检索或设置当前值，每个环境设置都有一个名称和一个标注。标注显示在 ArcGIS 中的环境设置对话框上，名称用在脚本或 ArcGIS 应用程序的命令行中。环境可作为环境类中的读/写属性进行访问，方法为 arcpy.env.<环境名称>。还可以利用 Python 的 from-import 语句简化代码，而不必为每个环境名称都添加 arcpy.env 前缀使代码更容易阅读。

在 .kml 点地标加载的脚本中使用

from arcpy import env

env.workspace = "E:\PythonScriptForArcGIS\KMLDataLoading"

设置工作空间，也可以通过 env.XYTolerance=2.5 方式设置容差值，对于环境中的各种设置只需要在环境设置窗口 Environment Settings 中查询对应的环境属性名称用于 Python 脚本编写语句中。

在 Python Window 中输入代码时，窗口会自动识别类或者函数，并提示相应的输入参数，其中环境设置 env 类下的各种方法均已列出，可以通过 Print() 函数显示属性值。另外在环境设置类中可以使用 arcpy.ResetEnvironments() 函数恢复默认环境值，或者可以使用 arcpy.ClearEnvironment() 函数重置特定环境。

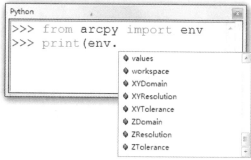

```
>>> from arcpy import env  # 使用 from import 语句调入环境类
>>> print(env.workspace)  # 打印显示工作空间的值
C:\Users\RICHIE-DELL\Documents\ArcGIS\Default.gdb
>>> env.workspace="E:\PythonScriptForArcGIS\KMLDataLoading"  # 在脚本中设置工作空间
>>> print(env.workspace)  # 再次打印显示工作空间的值
E:\PythonScriptForArcGIS\KMLDataLoading  # 工作空间发生了改变
>>> arcpy.ResetEnvironments()  # 使用 arcpy.ResetEnvironments() 函数恢复默认环境值
>>> print(env.workspace)  # 再次打印显示工作空间的值
C:\Users\RICHIE-DELL\Documents\ArcGIS\Default.gdb  # 工作空间恢复为默认值
>>> env.workspace="E:\PythonScriptForArcGIS\KMLDataLoading"  # 再次设置工作空间
>>> arcpy.ClearEnvironment("workspace")  # 使用 arcpy.ClearEnvironment("workspace") 函数重置特定环境
>>> print(env.workspace)  # 再次打印显示工作空间的值
C:\Users\RICHIE-DELL\Documents\ArcGIS\Default.gdb  # 工作空间恢复为默认值
```

3.4 通过 Python 使用函数

在 Python 中可以使用 def function(parameter) 语句定义函数，将处理复杂程序的流程封装，提高程序编写的效率，在 ArcGIS 下函数是用于执行某项特定任务并能够纳入更多程序的已定义功能。

在 ArcPy 中，所有地理处理工具均以函数形式提供，但并非所有函数都是地理处理工具。除工具之外，ArcPy 还提供多个函数更好地支持使用 Python 的地理处理工作流。函数可用于列出某些数据集、检索数据集的属性、在将表添加到地理数据库之前验证表名称或执行其他许多有用的地理处理任务。这些函数只能从 ArcPy 获得，而不能作为 ArcGIS 应用程序中的工具，因为它们专为 Python 工作流所设计。

在 .kml 点地标加载的脚本中 coordilst=[float(a) for a in coordilst] 里 float() 为 Python 自身的函数，可以将字符串和数字转化为浮点数；而 arcpy.CopyFeatures_management(pointGeometry, outputname) 语句中 arcpy.CopyFeatures_management() 函数为 ArcGIS 下地理处理工具的函数形式；prjFile=arcpy.GetParameterAsText(1) 语句中 arcpy.GetParameterAsText() 函数则是 ArcGIS 下 arcpy 站点包自身提供的函数，可以用于在地理处理模型中接收输入参数。

3.5 通过 Python 使用类

在 Python 中可以使用 class 的方式定义类，类似于人类认知世界的分类系统，强调人们对于事物认知分类的要求，使用 class 定义一个类之后，将其具有的属性和方法落实到个体对象上即为类的实例（对象）。ArcPy 站点包中包含多个类，包括 SpatialReference、ValueTable 和 Point 等。类实例化之后，其属性和方法便可使用。类包含一个或多个方法，称为构造函数。构造函数用于初始化类的新实例。

在 .kml 点地标加载的脚本中 point=arcpy.Point() 语句即是将 arcpy.Point() 类实例化为变量 point，那么 point 就具有了 arcpy.Point() 类的属性和方法，其中语句

point.X = coordilst[0]

point.Y = coordilst[1]

表示 point.X 即 point 具有 X 属性，并对其赋值为 coordilst[0]，对 Y 属性赋值为 coordilst[1]。如果想获知类 Point 的属性和方法，可以使用 help(Point) 函数查看。

```
>>> import arcpy
>>> help(arcpy.Point)
Help on class Point in module arcpy.arcobjects.arcobjects:

class Point(arcpy.arcobjects.mixins.PointMixin, arcpy.arcobjects._base._BaseArcObject)
 |  The point object is used frequently with cursors. Point features return a
 |  single point object instead of an array of point objects. All other feature
 |  types—polygon, polyline, and multipoint—return an array of point
 |  objects or an array containing multiple arrays of point objects if the
 |  feature has multiple parts.
 |
 |  Method resolution order:
 |      Point
 |      arcpy.arcobjects.mixins.PointMixin
 |      arcpy.arcobjects._base._BaseArcObject
 |      __builtin__.object
 |
 |  Methods defined here: #类 Point 的方法
 |
 |  clone(self, *args)
 |
 |  contains(self, second_geometry)
 |
```

```
|  crosses(self, second_geometry)
|  
|  disjoint(self, second_geometry)
|  
|  equals(self, second_geometry)
|  
|  overlaps(self, second_geometry)
|  
|  touches(self, second_geometry)
|  
|  within(self, second_geometry)
|  
|  ----------------------------------------------------------------------
|  Data descriptors defined here: # 类 Point 的属性
|  
|  ID
|  
|  M
|  
|  X
|  
|  Y
|  
|  Z
|  
|  ----------------------------------------------------------------------
|  Methods inherited from arcpy.arcobjects.mixins.PointMixin:
|  
|  __init__(self, X=None, Y=None, Z=None, M=None, ID=None)
|      Point({X}, {Y}, {M}, {Z}, {ID})
|  
|        X{Double}:
|      The X coordinate of the point.
|  
|        Y{Double}:
```

```
 |      The Y coordinate of the point.
 |
 |      M{Double}:
 |      The M value of the point.
 |
 |      Z{Double}:
 |      The Z coordinate of the point.
 |
 |      ID{Integer}:
 |      The shape ID of the point.
 |
 |  __repr__(self)
 |
 |  ----------------------------------------------------------------------
 |  Data descriptors inherited from arcpy.arcobjects.mixins.PointMixin:
 |
 |  __dict__
 |      dictionary for instance variables (if defined)
 |
 |  __weakref__
 |      list of weak references to the object (if defined)
 |
 |  ----------------------------------------------------------------------
 |  Methods inherited from arcpy.arcobjects._base._BaseArcObject:
 |
 |  __eq__(self, other)
 |
 |  __str__(self)
```

更多关于 ArcGIS 下 Python 类、函数的查询可以打开 ArcGIS 的帮助文件查找，帮助文件是学习 ArcGIS 以及其 Python 脚本最好的文档，也可以从网络帮助中获得，ArcGIS 的网络帮助会由于 ArcGIS 的版本不同有其各自对应的网络帮助地址，例如针对 ArcGIS 10 的网络帮助 http://help.arcgis.com/zh-cn/arcgisdesktop/10.0/help/，针对 ArcGIS 10.2 的网络帮助 http://resources.arcgis.com/en/help/main/10.2/ 等。

Python and ArcGIS

ArcGIS 自带的帮助文件

ArcGIS 网络帮助文件

3.6 获取和设置参数

在地理处理模型中的脚本需要获取和设置参数，传递值。在.kml点地标加载的脚本中 s=arcpy.GetParameterAsText(0) 语句为使用函数 GetParameterAsText(index) 获取参数，括号内为获取参数的索引值，根据指定的索引值返回参数列表对应的值，并且是作为字符串的返回值。如果希望返回值为 Object 的对象，则使用函数 GetParameter(index)。

在.kml点地标加载的脚本 arcpy.SetParameter(2,outputname) 语句中 SetParameter (index, value) 函数为根据索引值 index 设置输出 value 值，值为 Object 对象。如果希望值作为字符串输出，则使用 SetParameterAsText (index, text) 函数。

除了设置获取和输出参数的函数，ArcPy 站点包还提供了 CopyParameter (to_param, from_param)、GetArgumentCount ()、GetParameterCount (tool_name、GetParameterInfo (tool_name)、GetParameterValue (tool_name, index) 等函数。

函数（获取和设置参数）	摘要	语法		返回值类型
		语句	参数	
CopyParameter	复制指定索引值参数到新指定的索引值位置参数，指定的参数必须为同一种数据类型	CopyParameter (to_param, from_param)	to_param：被复制位置的索引值，整数 from_param：复制位置的索引值，整数	\
GetArgumentCount	返回设置输入输出参数的数量	GetArgumentCount ()	\	Integer
GetParameter	根据指定的索引值返回参数列表对应的值，返回值为 Object 的对象	GetParameter (index)	index：指定的索引值，整数	Object
GetParameterAsText	根据指定的索引值返回参数列表对应的值，返回值为字符串	GetParameterAsText (index)	index：指定的索引值，整数	String
GetParameterCount	返回指定地理处理工具具有参数值的数量	GetParameterCount (tool_name)	tool_name：地理处理工具的名称，字符串	Integer
GetParameterInfo	返回指定地理处理工具参数对象列表	GetParameterInfo (tool_name)	tool_name：地理处理工具的名称，字符串	String
GetParameterValue	从地理处理工具默认列表值中返回指定索引值的参数值	GetParameterValue (tool_name, index)	tool_name：地理处理工具的名称，字符串 index：指定默认参数列表值的索引值，整数	String
SetParameter	根据索引值 index 设置输出 value 值，值为 Object 对象	SetParameter (index, value)	index：指定的索引值，整数 value：输出的值，对象	Object
SetParameterAsText	根据索引值 index 设置输出 value 值，值为字符串	SetParameterAsText (index, text)	index：指定的索引值，整数 text：输出的值，字符串	String

获取和设置输入输出参数只有在地理处理模型中的脚本中才具有该函数，如果希望互动地反馈信息，只能通过对于脚本属性参数设置中增加一个输出参数，将需要反馈的信息由该输出参数输出，点击输出节点查看结果。对于获取地理处理工具信息、参数值、数量的函数，则可以直接在 Python Window 中直接运行查看。

```
>>> import arcpy  # 调入 arcpy 站点包（模块）
... params = arcpy.GetParameterInfo("CopyFeatures_management")  # 使用 GetParameter-Infotool_name, index) 函数返回指定地理处理工具参数对象列表
... for param in params:  # 循环返回值列表
...     print("Name: %s, Type: %s, Value: %s" % (param.name, param.parameterType, param.value))  # 使用字符串格式化组织信息并打印显示
Name: in_features, Type: Required, Value: None
Name: out_feature_class, Type: Required, Value: None
Name: config_keyword, Type: Optional, Value: None
Name: spatial_grid_1, Type: Optional, Value: None
Name: spatial_grid_2, Type: Optional, Value: None
Name: spatial_grid_3, Type: Optional, Value: None
```

通过 .kml 点地标加载的脚本编写阐述了 ArcGIS 下使用 Python 的基本方法。其中涉及在哪里编写 Python 脚本并如何使用和运行代码，主要包括在 Python Window 中互动地编写脚本，和在地理处理模型中使用 Python 脚本的方法。同时阐述了脚本编写过程中需要重点关注的几点，如何通过 Python 使用工具箱里的工具即地理处理工具，如何通过 Python 设置工作环境，如何通过 Python 使用函数，如何通过 Python 使用类，如何获取和设置参数等。

那么可以通过类似的方式编写路径文件加载到 ArcGIS 的脚本，在开始编写前需要查看路径文件 .kml 转换为 .txt 文件之后内部的代码，路径文件是一条折线，由无数的点坐标连线生成，与点地标文件不同。其代码如下：

```xml
<?xml version="1.0" encoding="UTF-8"?>
<kml xmlns="http://www.opengis.net/kml/2.2" xmlns:gx="http://www.google.com/kml/ext/2.2" xmlns:kml="http://www.opengis.net/kml/2.2" xmlns:atom="http://www.w3.org/2005/Atom">
<Document>
    <name>BWRoute.kml</name>
    <StyleMap id="failed0">
        <Pair>
            <key>normal</key>
            <styleUrl>#failed</styleUrl>
        </Pair>
        <Pair>
```

```xml
                <key>highlight</key>
                <styleUrl>#failed1</styleUrl>
            </Pair>
        </StyleMap>
        <Style id="failed">
            <LineStyle>
                <color>ff0000ff</color>
                <width>5</width>
            </LineStyle>
        </Style>
        <Style id="failed1">
            <LineStyle>
                <color>ff0000ff</color>
                <width>5</width>
            </LineStyle>
        </Style>
        <Placemark id="22.4">
            <name>BWRoute</name>
            <styleUrl>#failed0</styleUrl>
            <LineString>
                <coordinates>
                    115.995496,39.789837,0  115.994773,39.79036,0
115.993319,39.791131,0  115.993319,39.791131,0  115.993887,39.791576,0
115.994586,39.792022,0  115.994586,39.792022,0  115.994216,39.792268,0
115.991622,39.793699,0  115.990718,39.794057,0  115.990242,39.794133,0
115.98956,39.794178,0  115.988434,39.794924,0  115.987749,39.795467,0
115.986984,39.796696,0
    ...# 此处省略了大部分坐标点数据
    115.402964,39.777837,0  115.402908,39.777668,0  115.402922,39.777168,0
                </coordinates>
            </LineString>
        </Placemark>
    </Document>
</kml>
```

使用 Python 脚本编写程序时需要提取 <coordinates></coordinates> 之间的内容，即点坐标，路径的 .kml 文件坐标点在 <coordinates> 标志开始时换行，所有坐标位于同一行，列举完之后再换行用 </coordinates> 标志。这与点地标的 .kml 文件点坐标位于 <coordinates></coordinates> 之间并为同一行不同，因此需要改变程序编写的方式提取坐标点，可以直接通过逐一读取行并判断是否为 <coordinates> 字符串，当为真时，读取下一行并赋值给新的变量，即为所有坐标点字符串。可以将脚本加载到同一地理处理模型中，能够各自分别运行执行脚本。

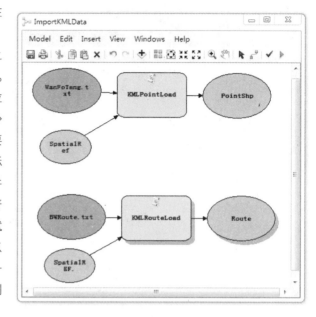

import re # 调入 re 正则表达式

import arcpy # 调入 arcpy 站点包

from arcpy import env # 从 arcpy 站点包中调入类 env，地理处理环境设置

env.workspace = "E:\PythonScriptForArcGIS\KMLDataLoading" # 给类 env 的 workspace 属性即工作空间赋值

#reader=open('E:\PythonScriptForArcGIS\KMLDataLoading\BWRoute.txt','r') # 使用 '#' 字符标示为注释，原语句用于在 Python Window 下打开指定文件的语句，地理处理模型中调整输入参数的方法

s=arcpy.GetParameterAsText(0) # 从输入参数列表中，根据索引值的位置提取参数，索引值为 0 时为 .txt 文本文件，顺序与由在地理处理模型中建立 Script 脚本时提供的输入输出参数的顺序决定

s=s.split('\\')[-1] # 使用字符串方法 str.split()，用 '\' 切分字符串，并返回索引值为 -1 的值赋值给变量 s，其中第一个 '\' 反斜线为转义字符，对后面的字符进行转义，第二个 '\' 为实际的字符串反斜线

inputname=s.split('.')[0] # 将提取的字符串 s（s=WanFoTang.txt）再按照 '.' 进行切分，提取索引值为 0 位置的值即 inputname=WanFoTang

reader=open(arcpy.GetParameterAsText(0)) # 使用 open(name[,mode[.buffering]]) 函数打开 .txt 文件，其中 name 为数据文件的完整路径名，mode 为文件模式，例如 'r' 的读模式，'W' 的写模式

prjFile=arcpy.GetParameterAsText(1) # 获取投影参数，并赋值给新的变量 prjFile，用

于构建点要素时投影参照

　　pat=re.compile("^<coordinates>$") # 使用 re.compile(pattern[,flags]) 正则表达式函数将以字符串书写的方式转换为模式对象

　　while True: # 使用 while True/break 循环语句逐一读取 .txt 文件行

　　　　line=reader.readline() # 逐一读取 .txt 文件行并赋值给变量

　　　　if len(line)==0: # 使用 if 条件语句判断当前行字符串长度值是否为 0，为 0 时即为空行，停止循环

　　　　　　break

　　　　line=line.strip() # 使用字符串 str.strip() 方法去除首位空格

　　　　m=pat.match(line) # 使用 pat.match(string) 方法在字符串的开始处匹配模式

　　　　if m: # 使用 if 条件语句判断是否为真，如果为真执行之后代码

　　　　　　corstr=reader.readline() # 读取下一行并赋值给新的变量

　　　　　　corstr=corstr.strip() # 使用字符串 str.strip() 方法去除首位空格

reader.close() # 关闭打开的 .txt 文件

coordilst=corstr.split(' ') # 使用空格切分字符串返回列表

coordif=[] # 建立空的列表

for s in coordilst: # 使用 for 循环语句遍历坐标值列表

　　xyz=s.split(',') # 使用 ',' 切分字符串返回列表

　　xyz=[float(a) for a in xyz] # 使用列表推导式将字符串转换为浮点数

　　coordif.append(xyz) # 将格式化后的列表逐一追加到之前建立的 coordif 空列表中

point=arcpy.Point() # 将 Point 点对象类实例化

array=arcpy.Array() # 将 Array 数组类实例化

featureList=[] # 建立空的列表

for feature in coordif: # 循环点坐标列表

　　point.X = feature[0] # 给点对象 X 坐标的属性值（参数）赋值

　　point.Y = feature[1] # 给点对象 Y 坐标的属性值（参数）赋值

　　array.add(point) # 使用 array.add(value) 方法逐一将给定属性值的类实例对象增加到实例化数组对象中

polyline = arcpy.Polyline(array,prjFile) # 使用 Polyline() 函数建立折线

featureList.append(polyline) # 将该折线追加到空的列表中，该步骤可以省略直接使用 polyline 变量值

outputname=inputname+".shp" # 包含后缀名的输出文件名

arcpy.CopyFeatures_management(featureList,outputname) # 使用 CopyFeatures_management() 函数复制建立的折线要素类

arcpy.AddField_management(outputname,'Name',"TEXT",9,",",'Name',"NULLABLE","REQUIRED") #

使用 AddField 工具对点几何要素类 Table 属性表增加新的字段 'Name', 格式为 Text 文本
　　rows=arcpy.UpdateCursor(outputname) # 使用 arcpy.UpdateCursor() 更新游标函数更新指定的对象，并将返回值赋值给新的变量
　　for row in rows: # 循环遍历更新游标函数返回值
　　　　row.Name=inputname # 对具有字段 Name 的行赋值
　　　　rows.updateRow(row) # 使用 updateRow() 方法更新游标当前所在位置的行
　　del row,rows # 使用 del 移除变量 row 和 rows
　　arcpy.SetParameter(2,outputname)# 使用 arcpy.SetParameter (index, value) 设置输出参数，index 为输出参数索引值，value 为输出的对象

通过 .kml 路径加载的脚本编写与通过 .kml 点地标加载的脚本编写类似，除了提取坐标值的程序不同之外，大部分代码相同。将生成的点和路径 .shp 即 shapefile 要素类文件在 ArcGIS 中加载，并在各自的 Layer Properties 属性对话框中勾选 Label features in this layer 显示标签，并可以设置标签的样式。在建立一个空的地图即 ArcGIS 文件时，需要保存该地图为 .mxd 格式文件。

☑ LoadKMLData.mxd

至此完成了从 Google Earth 上获取 .kml 文件加载到 ArcGIS 中的程序编写。同时希望能够加载该区域的 DEM 高程文件，可以从地理空间数据云（原国际科学数据服务平台）http://www.gscloud.cn/ 上下载．ASTGTM_N39E115C_DEM_UTM 以及．ASTGTM_N39E116O_DEM_UTM 两个 DEM 高程数据，使用工具 ArcToolbox/Data Managmement Tools/Raster/Raster Dataset/Mosaic To New Dataset 合并两个 DEM 数据。这个过程可以通过编写 Python 脚本完成，但是过程并不复杂，可以直接使用地理处理模型，利用现有的地理处理工具直接处理。

2

ArcGIS Geodata and Python Data Structures
ArcGIS 下的地理数据与 Python 数据结构

地理数据与地理数据的管理是地理信息系统的核心内容，如何有效地管理地理数据需要明确地理数据类型与地理数据库，而如何通过 Python 脚本管理地理数据则需要知道 Python 管理地理数据对应的类或者函数方法，大部分情况下地理数据都以列表的形式返回，例如可以使用 ListFiles(wild_card) 函数以列表的形式返回当前工作空间中的文件。那么使用 Python 管理地理数据就需要具备三个方面的知识内容，一个是 ArcGIS 下地理数据类型与地理数据库，第二个是 ArcGIS 下 ArcPy 站点包（模块）针对地理数据管理提供的函数方法，最后需要具备 Python 语言下数据结构的语法，包括列表、元组、字典和字符串，尤其列表和字符串部分是 ArcGIS 中使用 Python 编写地理处理程序必然需要面对的部分。

能够有效地使用地理数据分析规划设计问题，不仅是直接对地理数据的使用，包括对地理数据的管理，当分析问题变得复杂或者需要较多数据时，地理数据文件会异常增多且类型繁杂，那么对于地理数据文件的管理，使之有条不紊显得尤其重要，同时也会面临对于地理数据库中数据的查询与使用。通过 Python 编程批处理地理数据，要比手工处理更有效率也更加方便，编写的程序也可以重复使用，减少重复劳作。

1 ArcGIS 下的地理数据

在第一章中将 Google Earth 的 KML 数据加载到 ArcGIS 中的地理信息处理过程后，已经增加了大量的地理数据，其中包括将 .kml 文件转化为 .txt 的文本文件、.tif 的栅格文件、.mxd 地图文件、shapefile 要素文件以及对其使用特定文件扩展名定义的地理引用要素的几何和属性文件：

.shp – 用于存储要素几何的主文件；必需文件。

.shx – 用于存储要素几何索引的索引文件；必需文件。

.dbf – 用于存储要素属性信息的 dBASE 表；必需文件。

几何与属性是一对一关系，这种关系基于记录编号。dBASE 文件中的属性记录必须与主文件中的记录采用相同的顺序。

.sbn 和 .sbx – 用于存储要素空间索引的文件。

.fbn 和 .fbx – 用于存储只读 shapefile 的要素空间索引的文件。

.ain 和 .aih – 用于存储某个表中或专题属性表中活动字段属性索引的文件。

.atx – .atx 文件针对各个 shapefile 或在 ArcCatalog 中创建的 dBASE 属性索引而创建。ArcGIS 不使用 shapefile 和 dBASE 文件的 ArcView GIS 3.x 属性索引，已为 shapefile 和 dBASE 文件开发出新的属性索引建立模型。

.ixs – 读/写 shapefile 的地理编码索引。

.mxs – 读/写 shapefile（ODB 格式）的地理编码索引。

.prj – 用于存储坐标系信息的文件；由 ArcGIS 使用。

.xml – ArcGIS 的元数据，用于存储 shapefile 的相关信息。

.cpg – 可选文件，指定用于标识要使用的字符集的代码页。

各文件必须具有相同的前缀，例如，roads.shp、roads.shx 和 roads.dbf。

```
WanFoTang.dbf
WanFoTang.prj
WanFoTang.sbn
WanFoTang.sbx
WanFoTang.shp
WanFoTang.shp.RICHIE-DELL-PC.7692.1076.sr.lock
WanFoTang.shp.xml
WanFoTang.shx
```

ArcGIS下的地理数据与Python数据结构

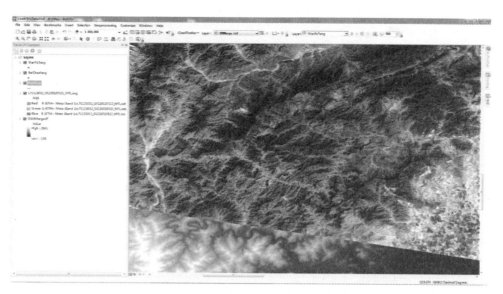

在第一章完成的地理数据基础之上，希望能够加载该区域的遥感卫星图像数据，可以从地理空间数据云（原国际科学数据服务平台）http://www.gscloud.cn/ 上下载希望的遥感影像数据，这里使用了LANDSAT-7SLC-on卫星数字产品（1999-2003），下载后的文件为一个压缩包，文件名为LE71230322002142EDC00.tar.gz，解压之后会有 .tif 多个波段的各个文件以及文本文件，同时可以查看该遥感影像的基本信息。

| ☑ 33 | LE71230322002142EDC00 | 123 | 32 | 2002-05-22 | 116.63 | 40.32 | 0.0 | 有 | | 更多 ▼ |

Landsat 7 ETM SLC-on 卫星数字产品(1999-2003)

基本信息

数据标识	LE71230322002142EDC00	卫星名称	LANDSAT7
数据类型	L7slc-on	传感器	ETM+
接收站	EDC	白天晚上	DAY
条带号	123	行编号	32
太阳高度角	62.5779	太阳方位角	130.2880

日期信息

获取时间	2002-05-22		
开始时间	2002-05-22 02:41:59.0	结束时间	2002-05-22 02:41:59.0

云量信息

平均云量	0.0		
左上角云量	0.01	左下角云量	0.0
右上角云量	0.0	右下角云量	0.0

空间信息

中心经度	116.6384	中心纬度	40.3292
左上角经度	115.7632	左上角纬度	41.3008
右上角经度	118.0023	右上角纬度	40.9756
右下角经度	117.4615	右下角纬度	39.3577
左下角经度	115.2746	左下角纬度	39.6752

对遥感影像需要做辐射校正、图像融合，其中图像融合可以使用 ENVI 的图像融合工具：Tansform/Image Sharpening/ 等进行处理。基本操作流程是对遥感卫星影像做辐射校正后，选择 7、4、3 波段获得模拟真彩色图像的 30m 分辨率影像，融合高分辨率的第 8 波段，具体的处理方法可以参看"面向设计师的编程设计知识系统"中《地理信息系统（GIS）在风景园林和城市规划中的应用》部分。将处理后的文件在 ArcGIS 下直接加载，可以观察到与最初加载的 .kml 数据和 DEM 高程数据的叠合关系。至此用于放置所有地理数据的文件夹文件又有所增加，随着研究问题的深入和不同方向的分析研究，所需要的地理数据以及分析过程中产生的新的数据也会随之增加。

地理数据是以可用于地理信息系统（GIS）格式来存储地理位置的相关信息。而地理数据可存储在数据库、地理数据库、shapefile、coverage、栅格影像甚至是 dbf 表或 Microsoft Excel 电子表格中。对于地理数据库在最基本的层面上，ArcGIS 地理数据库是存储在通用文件系统文件夹、Microsoft Access 数据库或多用户关系 DBMS（如 Oracle、Microsoft SQL Server、PostgreSQL、Informix 或 IBM DB2）中的各种类型地理数据集的集合。地理数据库大小不一且拥有不同数量的用户，可以小到只是基于文件构建的小型单用户数据库，也可以大到成为可由许多用户访问的大型工作组、部门及企业地理数据库。

```
LE71230322002142EDC00                    DEMMerge.tif.vat.dbf.RICHIE-DELL-PC.7692.1076.sr.lock
BeiChanFang.dbf                          KMLPointLoad.py
BeiChanFang.prj                          KMLPointLoadPY.py
BeiChanFang.sbn                          KMLRouteLoad.py
BeiChanFang.sbx                          KMLtoTxt.py
BeiChanFang.shp                          L71123032_03220020522_MTL.hdr
BeiChanFang.shp.RICHIE-DELL-PC.7692.1076.sr.lock    L71123032_03220020522_MTL.img
BeiChanFang.shp.xml                      L71123032_03220020522_MTL.img.aux.xml
BeiChanFang.shx                          L71123032_03220020522_MTL.img.ovr
BeiChanFang.txt                          LE71230322002142EDC00.tar.gz
BWRoute.dbf                              LoadKMLData.mxd
BWRoute.prj                              New Personal Geodatabase.ldb
BWRoute.sbn                              New Personal Geodatabase.mdb
BWRoute.sbx                              PythonP.tbx
BWRoute.shp                              schema.ini
BWRoute.shp.RICHIE-DELL-PC.7692.1076.sr.lock    WanFoTang.dbf
BWRoute.shp.xml                          WanFoTang.prj
BWRoute.shx                              WanFoTang.sbn
BWRoute.txt                              WanFoTang.sbx
DEMMerge.tfw                             WanFoTang.shp
DEMMerge.tif                             WanFoTang.shp.RICHIE-DELL-PC.7692.1076.sr.lock
DEMMerge.tif.aux.xml                     WanFoTang.shp.xml
DEMMerge.tif.ovr                         WanFoTang.shx
DEMMerge.tif.vat.dbf                     WanFoTang.txt
```

在 ArcGIS 下"地理数据库"有多个含义：

• 地理数据库是 ArcGIS 的原生数据结构，并且是用于编辑和数据管理的主要数据格式。当 ArcGIS 使用多个地理信息系统 (GIS) 文件格式的地理信息时，会使用地理数据库功能；

• 地理数据库是地理信息的物理存储，主要使用数据库管理系统 (DBMS, Database Management System) 或文件系统。通过 ArcGIS 或通过使用 SQL 的数据库管理系统，可以访问和使用数据集集合的物理实例。

• 地理数据库具有全面的信息模型，用于表示和管理地理信息。此全面信息模型以一系列用于保存要素类、栅格数据集和属性表的方式来实现。此外高级 GIS 数据对象可添加以下内容：GIS 行为，用于管理空间完整性的规则，以及用于处理核心要素、栅格数据和属性的大量空间关系的工具。

• 地理数据库软件逻辑提供了 ArcGIS 中使用的通用应用程序逻辑，用于访问和处理各种文件中以及各种格式的所有地理数据。该逻辑支持处理地理数据库，包括处理 shapefile、计算机辅助绘图 (CAD) 文件、不规则三角网 (TIN)、格网、CAD 数据、影像、地理标记语言 (GML) 文件和大量其他 GIS 数据源。

• 地理数据库具有用于管理 GIS 数据工作流的事务模型。

地理数据库是用于保存数据集集合的"容器"。在 ArcGIS 中有以下三种类型：

1. 文件地理数据库——在文件系统中以文件夹形式存储。每个数据集都以文件形式保存，该文件大小最多可扩展至 1TB。建议使用文件地理数据库而不是个人地理数据库。

2. 个人地理数据库——所有的数据集都存储于 Microsoft Access 数据文件内，该数据文件的大小最大为 2GB。

3. ArcSDE 地理数据库——也称作多用户地理数据库。这种类型的数据库使用 Oracle、Microsoft SQL Server、IBM DB2、IBM Informix 或 PostgreSQL 存储于关系数据库中。这些地理数据库需要使用 ArcSDE，并且在大小和用户数量方面没有限制。

1.1 文件地理数据库和个人地理数据库

文件地理数据库和个人地理数据库是专为支持地理数据库的完整信息模型而设计，包含拓扑、栅格目录、网络数据集、terrain 数据集、地址定位器等，ArcGIS for Desktop Basic 单用户可以对文件地理数据库和个人地理数据进行编辑，这两种地理数据库不支持地理数据库版本管理。使用文件地理数据库，如果要在不同的要素数据集、独立要素类或表中进行编辑，则可以同时存在多个编辑器。文件地理数据库是 ArcGIS 9.2 发布的新地理数据库类型。其旨在执行以下操作：

- 为所有用户提供可用范围广泛、简单且可扩展的地理数据库解决方案。
- 提供能够跨操作系统工作的可移植地理数据库。
- 通过扩展可处理非常大的数据集。
- 性能和可扩展性极佳。例如，可支持包含超过 3 亿个要素的单个数据集，并支持每个文件可扩展超过 500GB，建立获得极佳性能的数据集。
- 使用性能和存储能力都得到优化的高效数据结构。文件地理数据库所使用的存储空间约为 shapefile 和个人地理数据库所必需的要素几何存储空间的三分之一。文件地理数据库还允许用户将矢量数据压缩为只读格式，进一步降低存储要求。
- 在涉及属性的操作方面优于 shapefile，数据大小限制可进行扩展，可使其超出 shapefile 限制。

个人地理数据库最初在 ArcGIS 8.0 版本中首次发布，该地理数据库使用了 Microsoft Access 数据文件结构（.mdb 文件），支持的地理数据库的大小最大为 2GB。不过在数据库性能开始降低之前，有效的数据库大小会较小（介于 250 和 500 MB 之间）。个人地理数据库只能在 Microsoft Windows 操作系统下使用。

出于很多用途，ArcGIS 将继续支持个人地理数据库。不过多数情况下，Esri 推荐使用文件地理数据库，因为文件地理数据库的大小具有可扩展性，性能也会显著提高，并可跨平台使用。文件地理数据库非常适合处理用于 GIS 投影的基于文件的数据集，非常适合个人使用以及在小型工作组中使用，具有很高的性能，在不需要使用 DBMS 的情况下，能够进行很好地扩展，存储大量数据，另外还可跨多个操作系统对其进行移植。

1.2 ArcSDE 地理数据库

如果需要一种多位用户可同时编辑和使用的大型多用户地理数据库，则 ArcSDE 地理数据库可提供一种极佳的解决方案。新增的功能可用于管理共享式多用户地理数据库和支持多种基于版本的关键性 GIS 工作流，从而使利用组织企业关系数据库的能力成为 ArcSDE 地理数据库的一项重要优势。

ArcSDE 地理数据库适用于多种 DBMS 存储模型（IBM DB2、Informix、Oracle、PostgreSQL 和 SQL Server）。ArcSDE 地理数据库使用范围广泛，主要适用于个人、工作组、部门和企业设置。充分利用 DBMS 的基础架构支持以下内容：

- 超大型连续 GIS 数据库
- 多位同步用户

• 长事务和版本化工作流

• 对 GIS 数据管理的关系数据库支持（为保证可伸缩性、可靠性、安全性、备份以及完整性等提供建立关系数据库的优势）

• 所有支持的 DBMS（Oracle、SQL Server、PostgreSQL、Informix 和 DB2）中的 SQL 空间类型

• 可适应大量用户不同要求的高性能

通过许多大型地理数据库的安装启用，GIS 数据所需的大型二进制对象移入和移出表格时 DBMS 的效率极高。此外与基于文件的 GIS 数据集相比，GIS 数据库的容量更大且支持的用户数量也更多。

关键特征	ArcSDE 地理数据库	文件地理数据库	个人地理数据库
描述	在关系数据库中以表的形式保存各种类型的 GIS 数据集的集合（为在关系数据库中存储和管理的 ArcGIS 建议使用的本机数据格式。）	在文件系统文件夹中保存的各种类型的 GIS 数据集的集合（为在文件系统文件夹中存储和管理的 ArcGIS 建议使用的本机数据格式。）	在 Microsoft Access 数据文件中存储和管理的 ArcGIS 地理数据库的原始数据格式。（此数据格式的大小有限制且仅适用于 Windows 操作系统。）
用户数	多用户：多位读取者和多位写入者	单个用户和较小的工作组：每个要素数据集、独立要素类或表有多位读取者或一位写入者。浮动使用任何特定文件最终都会导致大量读取者的降级	单个用户和较小的工作组（具有较小的数据集）：多位读取者和一位写入者。浮动使用最终会导致大量读取者的降级
存储格式	• Oracle • Microsoft SQL Server • IBM DB2 • IBM Informix • PostgreSQL	每个数据集都是磁盘上的一个单独文件。文件地理数据库是用来保存其数据集文件的文件夹。	每个个人地理数据库中的所有内容都保存在单个 Microsoft Access 文件 (.mdb) 中。
大小限制	可达 DBMS 限制	每个数据集 1 TB。每个文件地理数据库可保存很多数据集。对于超大型影像数据集，可将 1 TB 限值提高到 256 TB。每个要素类最高可扩展至每个数据集数亿个矢量要素。	每个 Access 数据库 2 GB。性能下降前的有效限制通常介于每个 Access 数据库文件 250 到 500 MB 之间。
版本管理支持	完全支持所有的 DBMS。包括交叉数据库复制、使用检出和检入进行更新以及历史存档。	对于使用检出和检入提交更新的客户机和可使用单向复制向其发送更新的客户机，仅支持地理数据库格式。	对于使用检出和检入提交更新的客户机和可使用单向复制向其发送更新的客户机，仅支持地理数据库格式。
平台	Windows、UNIX、Linux 和与 DBMS 的直连，这些 DBMS 可能会在用户的本地网络中的任意平台上运行。	跨平台。	仅适用于 Windows。
安全和权限	由 DBMS 提供	操作文件系统安全。	Windows 文件系统安全。
数据库管理工具	备份、恢复、复制、SQL 支持、安全等的完整 DBMS 功能	文件系统管理。	Windows 文件系统管理。
备注	需要使用 ArcSDE 技术；ArcSDE for SQL Server Express 随以下三项一起提供 ArcGIS for Desktop Standard 和 高级版 ArcGIS Engine ArcGIS for Server Workgroup 所有其他 DBMS 的 ArcSDE 随 ArcGIS for Server 一起提供	还可以以只读的压缩格式存储数据，降低存储要求。	通常用作属性表管理器（通过 Microsoft Access）。用户喜欢针对文本属性的字符串处理。

针对目前文件夹中的地理数据，希望能够通过建立文件地理数据库把需要进一步使用的地理数据转移到文件地理数据库中。

设定问题：建立文件地理数据库并迁移和管理地理数据；

解决策略：使用Python编写整个处理过程，并能够使Python脚本程序应用于类似的问题中。

大部分问题都可以通过调用地理处理工具建立地理处理模型得以解决，地理处理工具一般可以作为Python的函数使用，因此在使用Python编写脚本时可以查找和参考地理处理工具，只是将其用在脚本中使用，例如希望能够将.shp要素类地理数据导入到文件地理数据库中，可以在ArcToolbox中查找是否存在相关的工具，查看其名称，即可以使用arcpy.FeatureClassToGeodatabase_conversion()函数。

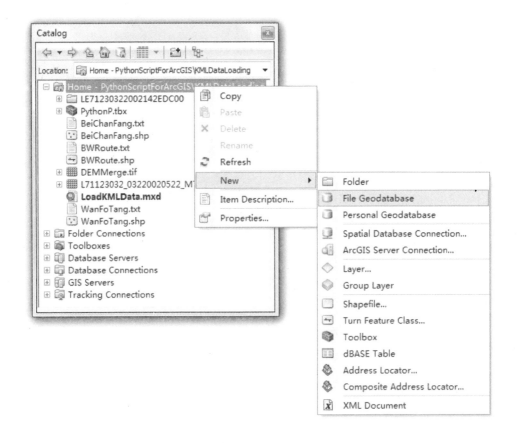

可以通过在Catalog中建立File Geodatabase，并导入需要的地理数据。那么这个建立文件地理数据库以及导入地理数据的过程在Python脚本语言中实现会批处理类似的所有问题。首先编写建立地理数据库的程序，其代码及其解释如下：

```python
import arcpy  # 调入 arcpy 站点包（模块）
import os  # 调入 os 模块，提供常用操作系统服务的可移植接口
from arcpy import env  # 从 arcpy 模块中调入 env 环境设置类
env.overwriteOutput=True  # 可以重写文件地理数据库中的数据，本部分程序该语句可以省略
wspath="E:\PythonScriptForArcGIS\KMLDataLoading"  # 工作空间路径字符串
env.workspace=wspath  # 定义工作空间路径
fgdbname=wspath.split('\\')[-1]  # 提取工作空间文件夹名即 'KMLDataLoading' 作为文件地理数据库名
fgdblst=arcpy.ListWorkspaces("*", "FileGDB")  # 使用 ListWorkspaces ({wild_card}, {workspace_type}) 函数返回工作空间中的地理数据库列表，参数 "FileGDB" 为返回文件地理数据库列表
if fgdblst:  # 如果已经存在文件地理数据库列表的情况执行以下语句
    for fgdb in fgdblst:  # 使用 for 语句循环列表
        fname=os.path.basename(fgdb)  # 使用 os.path.basename(path) 函数返回路径名称 path 的基本名称，即如果存在路径 path="E:\PythonScriptForArcGIS\KMLDataLoading\KMLDataLoading.gdb"，返回 'KMLDataLoading.gdb'
        if fname[:-4]==fgdbname:  # 如果存在的文件地理数据库正是准备建立的文件地理数据库
            print(fgdbname+'.gdb'+' already exists!')  # 打印显示该文件地理数据库已经存在
            fgb=wspath+'\\'+fgdbname+'.gdb'  # 建立已经存在文件地理数据库的路径
        else:  # 如果已经存在的文件地理数据库并不是准备建立的文件地理数据库，则执行以下程序
            fgb=arcpy.CreateFileGDB_management(wspath,fgdbname)  # 使用 CreateFileGDB_management() 函数建立文件地理数据库，文件地理数据库名为 fgdbname，路径为 wspath
else:  # 如果使用 ListWorkspaces() 函数并没有返回任何值，即在工作空间不存在任何文件地理数据库时的情况，执行以下代码
    fgb=arcpy.CreateFileGDB_management(wspath,fgdbname)  # 使用 CreateFileGDB_management() 函数建立文件地理数据库，文件地理数据库名为 fgdbname，路径为 wspath
```

将编写好的程序可以直接复制到 Python Window 交互窗口，执行代码，在第一次运行之后将在指定的工作空间里建立文件地理数据库，地理数据库的名称与工作空间的名称一致，即 KMLDataLoading.gdb。

```
□ 🏠 Home - PythonScriptForArcGIS\KMLDataLoading
  ⊞ 📁 LE71230322002142EDC00
     🗄 KMLDataLoading.gdb
  ⊞ 📦 PythonP.tbx
     📄 BeiChanFang.txt
     🗺 BeiChanFang.shp
     📄 BWRoute.txt
     🗺 BWRoute.shp
  ⊞ 🗻 DEMMerge.tif
  ⊞ 🗻 L71123032_03220020522_MTL.img
     🗺 LoadKMLData.mxd
     📄 WanFoTang.txt
     🗺 WanFoTang.shp
```

再次执行该程序，因为已经存在了与工作空间名一致的文件地理数据库，因此并不再建立，并在窗口打印显示 'KMLDataLoading.gdb already exists!' 字样。

```
Python
...              fgb=arcpy.CreateFileGDB_management(wspath,fgdbname)
... else:
...       fgb=arcpy.CreateFileGDB_management(wspath,fgdbname)
...
KMLDataLoading.gdb already exists!
```

接下来希望首先将 shapefile 要素类数据导入到新建立的文件地理数据库中，首先需要使用 arcpy.ListFiles() 函数以列表的形式返回工作空间中的要素类数据，并判断该数据是否存在于建立的文件地理数据库中，如果存在则打印提示，否则使用 arcpy.FeatureClassToGeodatabase_conversion() 函数将其导入到文件地理数据库中。代码及解释如下：

  env.workspace=wspath # 重申工作空间为最初的工作空间路径

  for fc in arcpy.ListFiles('*.shp'): # 使用 arcpy.ListFiles() 函数以列表的形式返回 shapefile 要素类数据

    env.workspace=fgb # 改变工作空间到文件地理数据库

    fcfgb=arcpy.ListFeatureClasses() # 使用 ListFeatureClasses() 函数以列表的形式返回文件地理数据库中的要素类文件（如果存在）

    fc=fc.split('.')[0] # 去除 shapefile 文件的 .shp 后缀

    if fc in fcfgb: # 如果待导入的 shapefile 数据已经存在于文件地理数据库中，打印存在提示

      print(fc+' already exists!')

    else: # 如果待导入的 shapefile 数据未存在于文件地理数据库中，执行以下程序

      env.workspace=wspath # 重申工作空间为最初的工作空间路径

      arcpy.FeatureClassToGeodatabase_conversion(fc,fgb) # 导入要素类数据到文件地理数据库中

将程序代码复制到 Python Window 中，执行程序将会把指定工作空间中的所有 shapefile 要素类文件一次性导入到文件地理数据库中。

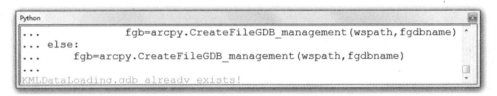

将指定工作空间中的 raster 栅格类数据导入到新建立的文件地理数据库的方法与导入 shapefile 数据的方法基本相同，只是需要改变创建数据列表的函数为 arcpy.ListRasters() 和导入栅格数据到文件地理数据库的函数为 arcpy.RasterToGeodatabase_conversion()，具体代码及其解释如下：

```
env.workspace=wspath
for fc in arcpy.ListRasters():  # 使用 arcpy.ListRasters() 函数以列表的形式返回栅格类数据
    s=fc  # 将代表栅格数据的字符串赋值给新的变量
    env.workspace=fgb
    fcfgb=arcpy.ListRasters()  # 使用 ListRasters() 函数以列表的形式返回文件地理数据库中的栅格文件（如果存在）
    fc=fc.split('.')[0]
    if fc in fcfgb:
        print(fc+' already exists!')
    else:
        env.workspace=wspath
        arcpy.RasterToGeodatabase_conversion(wspath+os.sep+s,fgb)  # 导入栅格类数据到文件地理数据库中，其中 os.sep 是用于分割路径名称组件的字符
```

执行程序后，将把以 .img 和 .tif 为后缀的栅格数据导入到文件地理数据库中。可以将建立文件地理数据库的程序、导入 shapefile 要素类数据到文件地理数据库的程序以及导入栅格类数据到文件地理数据的程序合并在一个 Python 脚本下执行，更大程度地提高地理数据管理的效率。

1.3 创建地理数据列表

在整个程序中关键涉及地理数据列表的创建，其中使用了 ListWorkspaces(wild_card, workspace_type) 函数、ListFiles(wild_card) 函数、ListFeatureClasses(wild_card, feature_type) 函数以及 ListRasters(wild_card, raster_type) 函数。同时 arcgis 模块还提供了 ListFields (dataset, wild_card, field_type)、ListIndexes(dataset, wild_card)、ListDatasets(wild_card, feature_type)、ListTables(wild_card, table_type) 和 ListVersions(sde_workspace) 函数。

ListFields(dataset, wild_card, field_type)	返回在输入值中找到的字段的列表
ListIndexes(dataset, wild_card)	返回在输入值中找到的属性索引的列表
ListDatasets(wild_card, feature_type)	返回当前工作空间中的数据集
ListFeatureClasses(wild_card, feature_type)	返回当前工作空间中的要素类
ListFiles(wild_card)	返回当前工作空间中的文件
ListRasters(wild_card, raster_type)	返回在当前工作空间中找到的栅格数据的列表
ListTables(wild_card, table_type)	返回在当前工作空间中找到的表的列表
ListWorkspaces(wild_card, workspace_type)	返回在当前工作空间中找到的工作空间的列表
ListVersions(sde_workspace)	返回已连接用户有权使用的版本的列表

在创建地理数据列表的函数中，往往包含两个参数，例如 ListWorkspaces(wild_card, workspace_type) 函数，前文程序中为 arcpy.ListWorkspaces("*", "FileGDB") 语句，其中 wild_card 参数为通配符参数，用于限制按名称列出的对象或数据集，相当于一个过滤器，新创建的列表中所有内容都必须通过该过滤器。workspace_type 参数可使用关键字将返回列表限制为特定的类型，不同的创建地理数据列表的函数具有不同的支持类型。

函数	类型
ListFields(dataset, wild_card, field_type)	All、SmallInteger、Integer、Single、Double、String、Date、OID、Geometry、BLOB
ListIndexes(dataset, wild_card)	\
ListDatasets(wild_card, feature_type)	All、Feature、Coverage、RasterCatalog、CAD、VPF、TIN、Topology
ListFeatureClasses(wild_card, feature_type)	All、Point、Label、Node、Line、Arc、Route、Polygon、Region
ListFiles(wild_card)	\
ListRasters(wild_card, raster_type)	All、ADRG、BIL、BIP、BSQ、BMP、CADRG、CIB、ERS、GIF、GIS、GRID、STACK、IMG、JPEG、LAN、SID、SDE、TIFF、RAW、PNG、NITF
ListTables(wild_card, table_type)	All、dBASE、INFO
ListWorkspaces(wild_card, workspace_type)	All、Coverage、Access、SDE、Folder
ListVersions(sde_workspace)	\

指定固定的工作空间可以创建地理数据列表，但是很多时候需要遍历指定的工作空间下包含其他子文件夹或者地理数据库，Python 的 os.walk(top [,topdown[,onerroe[,followlinks]]]) 函数可以实现这一点，该函数创建一个生成器对象来遍历整棵目录树。top 指定目录的顶级，而 topdown 是一个布尔值，用于指示是由上而下（默认值）还是由下而上来遍历目录。返回的生成器将生成元组 (dirpath,dirnames,filenames)，其中 dirpath 是一个字符串，包含通向目录的路径，dirname 是 dirpath 中所有子目录的一个列表，而 filenames 是 dirpath 中文件的一个列表，不包括目录。onerror 参数是一个接受单个参数的函数，如果处理其间出现任何错误，将使用 os.error 的实例来调用此函数。默认的行为是忽略错误。如果由上而下地遍历目录，修改 dirnames 将影响到遍历过程，例如从 dirnames 中删除目录，这些目录将被跳过。默认不会获取符号链接，除非 followlinks 参数设为 True。

到目前为止用于放置地理数据的文件夹中已经包含了相当数量的地理数据文件，同时包含解压缩遥感影像后放置多个波段影像和 .txt 文件的文件夹 LE71230322002142EDC00，以及文件地理数据库 KMLDataLoading.gdb。在 Python window 中编写指定目录以元组形式返回的文件列表。

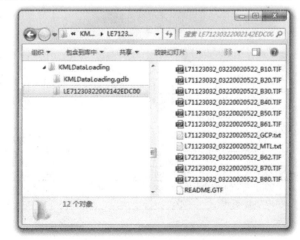

```
>>> wspath="E:\PythonScriptForArcGIS\KMLDataLoading"  # 给定指定的目录路径
>>> import os  # 调入 os 模块
>>> v=os.walk(wspath)  # 执行 os.walk() 函数，返回元组放置文件列表
>>> print(v)  # 打印显示 os.walk() 函数的返回值
<generator object walk at 0x25780EE0>  # 返回值为一个可迭代对象
>>> for i in v:  # 遍历返回的元组
...     print(i)  # 打印显示结果
```

('E:\\PythonScriptForArcGIS\\KMLDataLoading', ['KMLDataLoading.gdb', 'LE71230322002142EDC00'], ['BeiChanFang.dbf', 'BeiChanFang.prj', 'BeiChanFang.sbn', 'BeiChanFang.sbx', 'BeiChanFang.shp', 'BeiChanFang.shp.RICHIE-DELL-PC.7552.6044.sr.lock', 'BeiChanFang.shp.xml', 'BeiChanFang.shx', 'BeiChanFang.txt', 'BWRoute.dbf', 'BWRoute.prj', 'BWRoute.sbn', 'BWRoute.sbx', 'BWRoute.shp', 'BWRoute.shp.RICHIE-DELL-PC.7552.6044.sr.lock', 'BWRoute.shp.xml', 'BWRoute.shx', 'BWRoute.txt', 'DEMMerge.tfw', 'DEMMerge.tif', 'DEMMerge.tif.aux.xml', 'DEMMerge.tif.ovr', 'DEMMerge.tif.vat.dbf', 'DEMMerge.tif.vat.dbf.RICHIE-DELL-PC.7552.6044.sr.lock', 'KMLPointLoad.py', 'KMLPointLoadPY.py', 'KMLRouteLoad.py', 'KMLtoTxt.py', 'L71123032_03220020522_MTL.hdr', 'L71123032_03220020522_MTL.img', 'L71123032_03220020522_MTL.img.aux.xml', 'L71123032_03220020522_MTL.img.ovr', 'LE71230322002142EDC00.tar.gz', 'LoadKMLData.mxd', 'ManagementGeodataimg.py', 'ManagementGeodataraster.py', 'ManagementGeodatashp.py', 'PythonP.tbx', 'schema.ini', 'WanFoTang.dbf', 'WanFoTang.prj', 'WanFoTang.sbn', 'WanFoTang.sbx', 'WanFoTang.shp', 'WanFoTang.shp.RICHIE-DELL-PC.7552.6044.sr.lock', 'WanFoTang.shp.xml', 'WanFoTang.shx', 'WanFoTang.txt']) # 返回指定的目录路径、包含所有子文件夹的列表和所有文件

('E:\\PythonScriptForArcGIS\\KMLDataLoading\\KMLDataLoading.gdb', [], ['a00000001.gdbindexes', 'a00000001.gdbtable', 'a00000001.gdbtablx', 'a00000001.TablesByName.atx', 'a00000002.gdbtable', 'a00000002.gdbtablx', 'a00000003.gdbindexes', 'a00000003.gdbtable', 'a00000003.gdbtablx', 'a00000004.CatItemsByPhysicalName.atx', 'a00000004.CatItemsByType.atx', 'a00000004.FDO_UUID.atx', 'a00000004.freelist', 'a00000004.gdbindexes', 'a00000004.gdbtable', 'a00000004.gdbtablx', 'a00000004.spx', 'a00000005.CatRelsByDestinationID.atx', 'a00000005.CatRelsByOriginID.atx', 'a00000005.CatRelsByType.atx', 'a00000005.FDO_UUID.atx', 'a00000005.gdbindexes', 'a00000005.gdbtable', 'a00000005.gdbtablx', 'a00000006.CatRelTypesByBackwardLabel.atx', 'a00000006.CatRelTypesByDestItemTypeID.atx', 'a00000006.CatRelTypesByForwardLabel.atx', 'a00000006.CatRelTypesByName.atx', 'a00000006.CatRelTypesByOriginItemTypeID.atx', 'a00000006.CatRelTypesByUUID.atx', 'a00000006.gdbindexes', 'a00000006.gdbtable', 'a00000006.gdbtablx', 'a00000007.CatItemTypesByName.atx', 'a00000007.CatItemTypesByParentTypeID.atx', 'a00000007.CatItemTypesByUUID.atx', 'a00000007.gdbindexes', 'a00000007.gdbtable', 'a00000007.gdbtablx', 'a00000009.gdbindexes', 'a00000009.gdbtable', 'a00000009.gdbtablx', 'a00000009.spx', 'a0000000a.gdbindexes', 'a0000000a.gdbtable', 'a0000000a.gdbtablx', 'a0000000a.spx', 'a0000000b.

gdbindexes', 'a0000000b.gdbtable', 'a0000000b.gdbtablx', 'a0000000b.spx', 'a0000000c. gdbindexes', 'a0000000c.gdbtable', 'a0000000c.gdbtablx', 'a0000000c.spx', 'a0000000d. gdbindexes', 'a0000000d.gdbtable', 'a0000000d.gdbtablx', 'a0000000e.freelist', 'a0000000e. gdbindexes', 'a0000000e.gdbtable', 'a0000000e.gdbtablx', 'a0000000f.blk_key_index.atx', 'a0000000f.col_index.atx', 'a0000000f.gdbindexes', 'a0000000f.gdbtable', 'a0000000f.gdbtablx', 'a0000000f.row_index.atx', 'a00000010.gdbindexes', 'a00000010.gdbtable', 'a00000010. gdbtablx', 'a00000011.gdbindexes', 'a00000011.gdbtable', 'a00000011.gdbtablx', 'a00000012. gdbindexes', 'a00000012.gdbtable', 'a00000012.gdbtablx', 'a00000012.spx', 'a00000013. gdbindexes', 'a00000013.gdbtable', 'a00000013.gdbtablx', 'a00000014.gdbindexes', 'a00000014. gdbtable', 'a00000014.gdbtablx', 'a00000015.blk_key_index.atx', 'a00000015.col_index.atx', 'a00000015.gdbindexes', 'a00000015.gdbtable', 'a00000015.gdbtablx', 'a00000015.row_index. atx', 'a00000016.gdbindexes', 'a00000016.gdbtable', 'a00000016.gdbtablx', 'gdb', 'timestamps'])
递归迭代包含所有子文件夹的第一个文件夹即 KMLDataLoading.gdb 文件地理数据库，返回元组包括第一个文件夹的路径，该路径下包含的所有子文件夹，此处为空 [ ] 即不存在子文件夹，以及所有该目录下的所有文件列表

('E:\\PythonScriptForArcGIS\\KMLDataLoading\\LE71230322002142EDC00', [ ], ['L71123032_03220020522_B10.TIF', 'L71123032_03220020522_B20. TIF', 'L71123032_03220020522_B30.TIF', 'L71123032_03220020522_B40. TIF', 'L71123032_03220020522_B50.TIF', 'L71123032_03220020522_B61. TIF', 'L71123032_03220020522_GCP.txt', 'L71123032_03220020522_ MTL.txt', 'L72123032_03220020522_B62.TIF', 'L72123032_03220020522_ B70.TIF', 'L72123032_03220020522_B80.TIF', 'README.GTF'])
递归迭代包含所有子文件夹的第二个文件夹即 LE71230322002142EDC00，返回元组的形式与前次迭代一致

虽然 os.walk() 函数能够递归迭代或遍历文件夹，以找到其他子文件夹和文件，但是 os.walk() 严格基于文件，有时无法识别某些地理数据库和不基于文件的数据类型，因此建议使用 arcpy.da 模块中的 arcpy.da.Walk(top, topdown, onerror, followlinks, datatype, type) 函数。与 List 函数不同，Walk() 并不使用工作空间环境来标识其开始工作空间，相反 Walk 遍历的第一个开始（或 top）工作空间在其第一个参数 top 中指定。arcpy.da 模块即数据访问模块只有在 ArcGIS10.1 及其以后的版本包含，可控制编辑会话、编辑操作、改进的游标支持（包括更快的性能）、表和要素类与 NumPy 数组之间相互转换的函数以及对版本化、复本、属性域和子类型工作流的支持。通过从上至下或从下至上遍历树，在目录树中生成数据名称，树中的每个目录/工作空间都会生成一个三元组（dirpath、dirnames、filenames）

使用 arcpy.da.Walk() 函数再次递归迭代指定的地理数据文件夹，因为 arcpy 的函数是针对地理数据，因此在 arcpy.da.Walk() 函数的参数中可以指定地理数据的类型 datatype 和 type。

```
>>> import arcpy
... import os
... workspace="E:\PythonScriptForArcGIS\KMLDataLoading"
```

... feature_classes=[] #建立空的列表用于追加搜索的地理数据文件路径

... for dirpath, dirnames, filenames in arcpy.da.Walk(workspace,datatype="FeatureClass",type="Point"): #遍历目录搜索点要素类地理数据

...   for filename in filenames: #遍历文件名列表

...   feature_classes.append(os.path.join(dirpath,filename)) #使用 os.path.join(path1[,path2[,...]]) 函数将搜索的路径与文件名智能地连接为一个路径名称，并追加到列表中

... print(feature_classes) #打印列表

[u'E:\\PythonScriptForArcGIS\\KMLDataLoading\\BeiChanFang.shp', u'E:\\PythonScriptForArcGIS\\KMLDataLoading\\WanFoTang.shp', u'E:\\PythonScriptForArcGIS\\KMLDataLoading\\KMLDataLoading.gdb\\BeiChanFang', u'E:\\PythonScriptForArcGIS\\KMLDataLoading\\KMLDataLoading.gdb\\WanFoTang'] #通过显示结果可以看到返回四个值，并分别位于"E:\PythonScriptForArcGIS\KMLDataLoading"文件夹下，以及该文件夹内的文件地理数据库 KMLDataLoading.gdb 中。

很多时候在遍历目录树时可能需要忽略某些子目录，例如备份文件的目录。将 topdown 参数设置为"真"或未指定，则可以修改工作空间，从而避开不需要的工作空间，或在创建时添加其他工作空间。仍然使用 arcpy.da.Walk() 函数再次递归迭代指定的地理数据文件夹，与前述程序一致搜索点要素类地理数据，但是需要排除文件地理数据库中的点要素类数据。

>>> import arcpy

... import os

... workspace="E:\PythonScriptForArcGIS\KMLDataLoading"

... feature_classes=[]

... for dirpath, dirnames, filenames in arcpy.da.Walk(workspace,topdown=True,datatype="FeatureClass",type="Point"): #在参数中增加了 topdown=True，或者使用默认值即为真

...   for i in dirnames: #遍历返回的子目录文件夹

...   if i.split('.')[-1]=='gdb': #如果文件名后缀为 gdb 即为文件地理数据库时，将其移除

...   dirnames.remove(i)

...   for filename in filenames:

...   feature_classes.append(os.path.join(dirpath, filename))

... print(feature_classes)

[u'E:\\PythonScriptForArcGIS\\KMLDataLoading\\BeiChanFang.shp', u'E:\\PythonScriptForArcGIS\\KMLDataLoading\\WanFoTang.shp'] #仅返回了位于"E:\PythonScriptForArcGIS\KMLDataLoading"文件夹下的点要素类地理数据，已经排除了文件地理数据库中的点要素类地理数据。

进一步了解 ArcGIS 下地理数据存储的结构有助于在不同的级别下适宜地放置管理分析所需要的地理数据，例如几何网络和网络要素类都必需放置于要素集中进行分析，而 Feature Dataset 只能在地理数据库中建立。

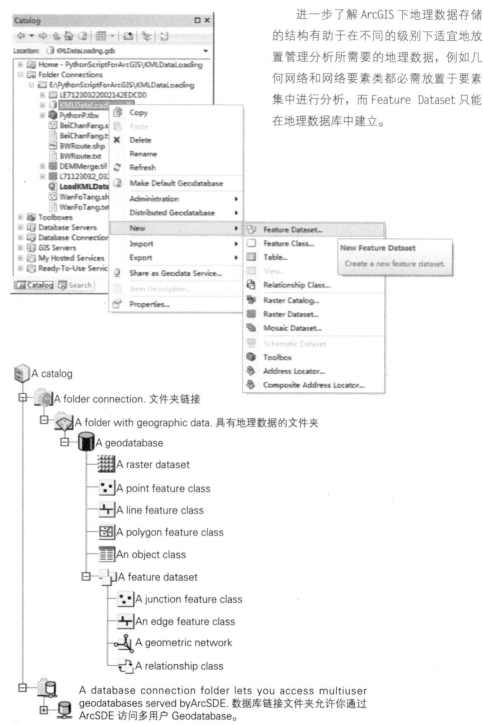

When you expand a database connection that represents a multiuser geodatabase, it contains the same types of datasets and feature classes as a single-user geodatabase.
当展开一个多用户地理数据库时，它将包含与单用户地理数据库相同的数据集和要素类。

Feature classes with simple geometry types and tables can be placed directly under a geodatabase or under a feature dataset.Behavior for feature classes and object classes is implemented by defining rules or extending a class and writing code.

具有简单几何形体类型的要素类和表可以直接写入地理数据库或要素集中。要素类和对象类的行为可以通过定义规则、扩展类或编写代码来实现。

Geometricnetworks and network feature classes must be in a feature dataset. Relationship classes can be placed in a feature dataset or directly in a geodatabase.

几何网络和网络要素类都必须在要素集中。关系类可以直接放到要素集或地理数据库中。

A geodatabase is a store of geographic data organized into geographic datasetsand feature classes. A geodatabase under a folder is a single-user geodatabase.

Geodatabase 地理数据以要素集或要素类的方式来存储，文件夹中的 Geodatabase 是单用户 Geodatabase。

A raster dataset represents imaged or sampled data on a rectangular
grid. It can have one or many raster bands.

栅格数据集表示的是图象或按规则格网采样的数据，它可以是单波段的，也可以是多波段的。

A point feature class is a collection of simple features with point or multipoint geometries.

点要素类是具有点形体或多点形体的简单要素的集合。

A line feature class is a collection of simple features with polyline geometries.

线要素类是具有折线几何形体的简单要素的集合。

A polygon feature class is a collection of simple features with polygon geometries.

多边形要素类是具有多边形形体的简单要素的集合。

An object class is a table with behavior. It is a matrix of rows that represent objects and columns that represent attributes.

对象类是具有一定行为的表，在它的矩阵中行表示对象，列表示属性。

A feature dataset is a collection of feature classes, graphs, and relationship classes that share a common spatial reference.

要素集是具有共同空间参考系的要素类、图表和关系类的集合。

A junction feature class contains simple or complex junction features that participate in a geometric network.

交汇点要素类包含那些参与几何网络的简单或复杂交汇点要素。

An edge feature class contains simple or complex edge features that participate in a geometric network.

边线要素类包括参与几何网络的简单或复杂边线要素。

A geometric network defines a set of junction and edge feature classes that collectively form a one-dimensional network.

几何网络定义那些共同形成一维网络的一组边线和交汇点要素类。

A relationship class is a collection of relationships between features in two feature classes.

关系类是两个要素类中要素间关系的集合。

  Geodatabase 数据模型是一种面向对象的数据模型，通过给要素添加更贴切的"自然"行为，使 GIS 数据库中的要素更加智能化。在地理数据库中，允许在要素之间定义几种类型的关联，而且数据的物理数据模型与逻辑数据模型的概念联系更加紧密。

  Geodatabase 中的数据对象大多都是用户在逻辑数据模型中定义的对象，如业主、建筑物、宗地和道路等。有了 Geodatabase 数据模型，可以在不需要编写任何代码的情况下，轻松实现大量的"自定义"行为——这些所谓的"自定义"行为在以前的数据模型中，都是需要编写代码才可以实现。这些行为可以通过域、验证规则和 ArcGIS 软件框架中为 Geodatabase 提供的其他功能来实现，只有在要素需求特别专业化的行为操作的时候才需要编写代码。

2 Python 数据结构 –List 列表、Tuple 元组与 Dictionary 字典

  在之前的 Python 程序编写过程中，经常使用到的 Python 数据结构是 list 列表，几乎所有的地理数据的处理都会以列表的形式返回值，例如创建地理数据列表的函数，除了可以返回数据集、要素类、栅格数据、地理数据库、表等，也可以以列表的形式返回指定地理数据的属性字段。

```
>>> import arcpy
... from arcpy import env
... workspace="E:\PythonScriptForArcGIS\KMLDataLoading\KMLDataLoading.gdb"
... env.workspace=workspace
... fieldList=arcpy.ListFields('WanFoTang') #使用 ListFields (dataset, {wild_card}, 
{field_type}) 函数返回可以递归遍历的字段列表
... print(lst) # 可以直接打印该列表，但是元组以对象形式返回，即不直接返回元组内的值
[<Field object at 0x32fb7b50[0x313a9230]>, <Field object at 
0x32fb7f10[0x313a9d70]>, <Field object at 0x32fb7e90[0x313a9c08]>, <Field object at 
0x32fb7ed0[0x313a9c38]>]
... for field in fieldList: # 循环遍历列表
...     print("{0} is a type of {1} with a length of {2}".format(field.name, field.type, 
field.length)) # 使用字符串格式化逐一地打印返回值
FID is a type of OID with a length of 4
Shape is a type of Geometry with a length of 0
Id is a type of Integer with a length of 6
Name is a type of String with a length of 254
```

实际上返回的要素类字段列表 fieldList 是可以递归遍历的对象列表，函数列出的项目驻留在特定的对象或数据集中。如果希望仅将字段名称返回在一个列表中，可以通过在遍历列表的过程中提取 .name 的属性，某种程度上可以把返回的列表中各项看作类，修改后的代码如下：

```
>>> import arcpy
... from arcpy import env
... workspace="E:\PythonScriptForArcGIS\KMLDataLoading\KMLDataLoading.gdb"
... env.workspace=workspace
... fieldList=arcpy.ListFields('WanFoTang')
... namelst=[] #建立空的列表用于放置字段名
... for field in fieldList:
...     namelst.append(field.name) #遍历过程中提取字段名并追加到空的列表中
... print(namelst)
[u'FID', u'Shape', u'Id', u'Name'] #字段名以列表的形式返回
```

2.1 列表 (List)

列表是 Python 语言的基础数据结构，在 Python 中通常将列表和元组 (tuple) 统称为序列 (sequence)，但是元组与列表基本一样，只是元组不能够修改，在具体操作上主要只有创建元组和访问元组，因此在提及 Python 数据结构序列时以列表为主。Python 列表用中括号表示，数据之间使用逗号隔开，例如 [0,1,2,3,6,2]。

1 索引

列表中的每一个元素被分配一个序号，即元素的位置，称之为索引 (index)。第一个索引为 0，第二个为 1，以此类推，索引值可以从最后一个元素开始计数，列表中最后一个元素标记为 -1，倒数第二个标记为 -2，以此类推。

如果提取 namelst=[u'FID', u'Shape', u'Id', u'Name'] 列表的第二个元素使用语句 namelst[1] 即可。

```
>>> namelst=[u'FID', u'Shape', u'Id', u'Name']
>>> namelst[1]
u'Shape'
```

长度、最小值、最大值、数列区间

经常在列表处理时需要获知列表的长度，如果列表为数字，则一般会提取最大值和最小值。三个内置函数分别为：len()、min()、max()。通过函数 len() 得知列表长度后，如果遍历循环列表，则需要构建遍历列表的区间，即最大值为列表长度，最小值为 0，这时就可以使用 range() 函数。

```
>>> print(range(5,20,3))
range(5, 20, 3)
>>> lst=list(range(5,20,3))
```

```
>>> print(lst)
[5, 8, 11, 14, 17]
>>> len(lst)
5
>>> max(lst)
17
>>> min(lst)
5
```

2 列表的基本操作

分片

使用索引可以访问单个元素，那么如何快速地访问一定范围内的元素？可以使用python列表分片的方法，分片通过相隔的两个索引来实现，例如：

```
>>> numbers=list(range(10)) # 建立列表
>>> numbers
[0, 1, 2, 3, 4, 5, 6, 7, 8, 9]
>>> numbers[3:6] # 第一个索引是提取第一个元素的编号，直至第二个索引，但并不包含第二个索引元素
[3, 4, 5]
>>> numbers[-3:-1] # 负数是逆向提取，仍然不包含第二个索引元素
[7, 8]
>>> numbers[-3:] # 可以通过省略第二个索引值，获取第一个索引值及其之后的所有元素（项值）
[7, 8, 9]
>>> numbers[:3] # 也可以省略第一个索引值，获取第二个索引值之前的所有元素
[0, 1, 2]
>>> numbers[:] # 两个索引值全部省略，则是复制整个序列
[0, 1, 2, 3, 4, 5, 6, 7, 8, 9]
```

带有步长（step length）参数的分片

Python语言编程的语法非常灵活，在分片语法中可以加入第三个参数即list[a:b:s]，a与b分别为索引值，s为分片的步长，之前阐述的分片的方法在加入步长后同样适用。

```
>>> numbers=list(range(10))
>>> numbers
[0, 1, 2, 3, 4, 5, 6, 7, 8, 9]
>>> numbers[0:10:2] # 提取索引值为0到10，不包含10，步长为2的元素，
[0, 2, 4, 6, 8]
>>> numbers[::3] # 提取整个数列，步长为3的元素
```

[0, 3, 6, 9]

\>>> numbers[10:3:2] # 如果是逆向分片，步长值为正，则不提取任何值

[]

\>>> numbers[10:3:-2] # 对于逆向分片，步长为负值则逆向顺序提取

[9, 7, 5]

\>>> numbers[7::-2] # 步长为负值，则逆向分片

[7, 5, 3, 1]

\>>> numbers[:7:-2] # 步长为负值，则逆向分片，与 numbers[7::-2] 一样由步长正负确定分片方向

[9]

元素赋值 + 分片赋值 + 删除元素 + 列表相加 + 列表的乘法

如果想改变列表中的项值，只需要标记列表的索引值，用新值赋值即可，但是如果标记的索引值超出列表的范围则不能够进行赋值，如果必需对超出列表的索引值进行赋值可以考虑使用 None 空列表。很多时候一个个赋值很繁琐，因此可以使用分片赋值达到同时对多个索引位置赋值。如果需要删除列表中指定索引位置的项值使用 del 直接删除。两个或者多个列表相加相当于逐一在前一个列表之后追加新的对象。如果给一个列表乘以一个倍数，则按照倍数不断复制列表。

\>>> lst=list(range(9)) # 使用 list 函数建立一个列表

\>>> lst

[0, 1, 2, 3, 4, 5, 6, 7, 8]

\>>> lst[5]=99 # 赋值指定索引值为 5 的项值，原项值被替换

\>>> lst

[0, 1, 2, 3, 4, 99, 6, 7, 8]

\>>> lstnone=lst+[None]*6 # 对仅包含一个 Python 内建值 None 的空值列表乘以一个倍数，并与 lst 列表相加

\>>> lstnone

[0, 1, 2, 3, 4, 99, 6, 7, 8, None, None, None, None, None, None]

\>>> lstnone[13]=2013 # 将指定索引值位置为空值的项值赋值

\>>> lstnone

[0, 1, 2, 3, 4, 99, 6, 7, 8, None, None, None, None, 2013, None]

\>>> lstnone[-6:-2]=list(range(100,106,2)) # 分片赋值，可以同时替换多个项值

\>>> lstnone

[0, 1, 2, 3, 4, 99, 6, 7, 8, 100, 102, 104, 2013, None]

\>>> lstnone[:3]=[] # 如果赋值列表为空，相当于删除指定索引值位置的项值

\>>> lstnone

[3, 4, 99, 6, 7, 8, 100, 102, 104, 2013, None]

```
>>> lstnone[1:1]=[0,0,0,12]  # 指定起始与结束索引值相同,则相当于在该位置插入新的项值
>>> lstnone
[3, 0, 0, 0, 12, 4, 99, 6, 7, 8, 100, 102, 104, 2013, None]
>>> del lstnone[-2:]  # 使用 del 方法可以直接删除指定索引值位置的项值
>>> lstnone
[3, 0, 0, 0, 12, 4, 99, 6, 7, 8, 100, 102, 104]
```

3 列表的方法

方法和函数是 Python 语言编程中重要的两个概念,函数的表达方法是 function(object),function 代表着将要执行的动作,object 则是被执行的对象,例如 list() 是构建列表的函数,range() 是构建区间的函数。方法实质上也是一种函数,只是不同对象具有不同的方法,方法表达的方式为 object.method(item),object 为具有 method 方法的对象,可以是列表、字符串、序列等任何 Python 中的对象,item 为在 method 方法下操作的项值。

列表的方法主要有 list.append() 在列表末尾追加新的对象;list.count() 统计某个元素在列表中出现的次数;list.extend() 在列表的末尾一次性追加另一个序列中的多个值;list.index() 从列表中找到某一个值第一个匹配项的索引位置;list.insert() 将对象插入到列表中;list.pop() 根据指定的索引值移除列表中的项值,并返回该项值,在默认无参数的条件下移除最后一个;list.remove() 也是移除项值,但是输入参数为指定的项值而不是索引值;list.sort() 是按一定的顺序重新排序。

```
>>> lst=list(range(6))  # 使用 list 函数建立列表,因为 list 为 Python 内嵌函数,因此不能用 list 作为变量名
>>> lst
[0, 1, 2, 3, 4, 5]
>>> lst.append(99)  # 在列表末尾追加新的对象
>>> lst
[0, 1, 2, 3, 4, 5, 99]
>>> lst.append(list(range(50,80,5)))  # 在末尾追加新的列表作为单独的索引位置项值
>>> lst
[0, 1, 2, 3, 4, 5, 99, [50, 55, 60, 65, 70, 75]]
>>> lstb=[3,5,67]  # 定义列表 lstb
>>> lstb
[3, 5, 67]
>>> lst.extend(lstb)  # 在列表末尾一次性追加另一个列表中的多个值,各自分配单独的索引值
>>> lst
[0, 1, 2, 3, 4, 5, 99, [50, 55, 60, 65, 70, 75], 3, 5, 67]
```

```
>>> lst.count(3)   # 计算指定项值在列表中出现的次数
2
>>> lst.index(3)   # 根据指定的项值，找到该项值在列表中第一次出现的索引值
3
>>> lst.insert(1,list(range(200,210,3)))   # 在现有列表中插入新的项值，本例为一个列表
>>> lst
[0, [200, 203, 206, 209], 1, 2, 3, 4, 5, 99, [50, 55, 60, 65, 70, 75], 3, 5, 67]
>>> lst.insert(1,230)   # 在现有列表中插入新的项值，根据指定索引位置插入
>>> lst
[0, 230, [200, 203, 206, 209], 1, 2, 3, 4, 5, 99, [50, 55, 60, 65, 70, 75], 3, 5, 67]
>>> lst.pop(9)   # 移除指定索引值位置的项值，并返回移除的项值
[50, 55, 60, 65, 70, 75]
>>> lst
[0, 230, [200, 203, 206, 209], 1, 2, 3, 4, 5, 99, 3, 5, 67]
>>> lst.remove(3)   # 根据输入的项值，移除列表中与之匹配的第一个项值
>>> lst
[0, 230, [200, 203, 206, 209], 1, 2, 4, 5, 99, 3, 5, 67]
>>> lst.pop(2)   # 出栈（pop）指定索引值位置的项值
[200, 203, 206, 209]
>>> lst
[0, 230, 1, 2, 4, 5, 99, 3, 5, 67]
>>> lst.reverse()   # 翻转列表
>>> lst
[67, 5, 3, 99, 5, 4, 2, 1, 230, 0]
>>> lst.sort()   # 排序列表
>>> lst
[0, 1, 2, 3, 4, 5, 5, 67, 99, 230]
```

几何.点类（Point(),MultiPoint(),PointGeometry）

ArcGIS 下的几何包括点(Point,PointGeometry,Multipoint)、折线(Polyline)、面(Polygon)，这些几何元素更多地以 shapefile 要素类的.shp 格式存在，当然也可以是 CAD 等格式的文件。点、线、面的几何足够表达地理信息图形元素，在基于 AutoCAD，.dwg 格式文件的规划设计过程中，所有地理信息元素的表达即为点、线、面的表达。在 Python 脚本中如何处理几何要素需要 ArcPy 类即基于点的 Point ({X}, {Y}, {Z}, {M}, {ID}),PointGeometry (inputs, {spatialReference}, {hasZ}, {hasM}) 以及 Multipoint (inputs, {spatialReference}, {hasZ}, {hasM}); 基于折线的 Polyline (inputs, {spatialReference}, {hasZ}, {hasM}); 基于面的 Polygon (inputs, {spatialReference}, {hasZ}, {hasM}),以及 Geometry (geometry, inputs, {spatialReference}, {hasZ}, {hasM})类。

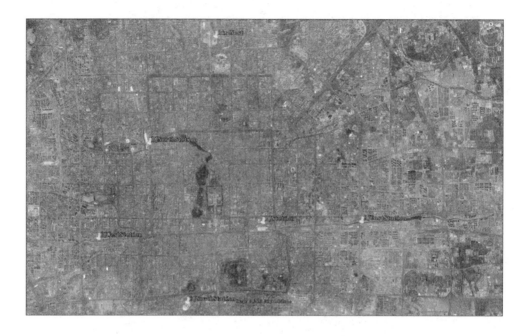

在第一章中阐述了将 .kml 格式文件在 ArcGIS 下加载的程序编写过程，这个过程仍然不够智能化，其中在将 .kml 格式文件转换为 .txt 格式文件时需要每次修改路径名，以便在指定的路径下搜索文件，这个过程是否可以简化？其中一种方式是只需移动该文件到待搜索的文件夹中执行命令即可，这个过程不需要修改代码。首先仍然从 Google Earth 中定位几个地标，并保存在新建立的文件夹中，本次案例选择了北京几个火车站，包括北京站、北京北站、北京南站、北京西站、北京东站以及鸟巢所在的位置。修改的代码如下：

import os,sys # 调入 os、sys 模块，sys 模块包含的变量和函数属于解释器及其环境操作

def cur_file_dir(): # 使用 def 定义函数，该函数可以返回当前 .py 文件所在的目录路径

　　path = sys.path[0] #sys.path() 函数可以指定模块搜索路径的字符串列表，如果值为 0，即第一项为可启动 Python 脚本所在的目录

（判断为脚本文件还是 py2exe 编译后的文件，如果是脚本文件，则返回的是脚本的目录，如果是 py2exe 编译后的文件，则返回的是编译后的文件路径）

　　if os.path.isdir(path): #os.path.isdir(path) 函数可以判断 path 是否为目录，是则返回 True

　　　　return path # 定义函数返回值为 path

　　elif os.path.isfile(path): #os.path.isfile(path) 函数可以判断 path 是否为普通文件，是则返回 True

　　　　return os.path.dirname(path) # 使用 os.path.dirname(path) 函数返回路径名称 path 的目录名称

　　dirname=cur_file_dir() # 执行定义的 cur_file_dir() 函数，返回 .py 文件所在的目录路径

print(dirname) # 可以通过 print () 函数打印显示结果来验证是否为需要的结果

li=os.listdir(dirname) # 使用 os.listdir(path) 函数返回包含目录路径中各项名称的列表

for filename in li: # 循环遍历名称列表，之后的程序与之前第一部分阐述的程序一致，可以参考相关章节的解释

  newname=filename

  newname=newname.split('.')

  if newname[-1]=='kml':

    newname[-1]='txt'

    newname=newname[-2]+'.'+newname[-1]

    filename=dirname+'\\'+filename

    newname=dirname+'\\'+newname

    os.rename(filename,newname)

    print(newname,'Updated Successfully')

重新编写了 .kml 转 .txt 文件的 Python 程序后，那么如何能够将所有的点地标仅通过一次程序以 Shapefile 点要素类加载到 ArcGIS 中，这个过程仍然是基于第一部分的程序进行修改。首先存在多个地标点 .txt 文本文件，可以将其放置于一个列表当中，然而循环遍历分别提取各自的坐标点，这时就会出现一个问题，提取后的坐标点被分别放置于各自的列表文件中，而实际上每个坐标点都应对应该点的文件名以继承最初的文件名称，并能够在 .shp 格式文件中包含该文件名的字段。这时使用 Python 数据结构中的另一种方式——字典能够很好地解决这个问题，即每一个地标点的名称对应一个坐标，从而可以通过地标点的名称获取其对应的坐标点数值。程序修改过程中另外一个关键点是，尝试采用先建立空的要素类文件，再以游标定位的方式修改其 Attribute Table 属性表来添加点的方法，这与之前直接建立点并再通过 arcpy.CopyFeatures_management(pointGeometry, outputname) 函数复制的方式有所不同。这两种方法都可以达到 .kml 文件加载的目的，可以根据自身习惯选择。再者这次程序完全在 Python Window 下执行，并不导入到地理处理模型中，其中如何获取空间参考的数据需要调整，这里直接复制 ArcGIS 提供的投影文件 WGS 1984.prj 到工作空间，通过 arcpy.SpatialReference(prjFile) 函数获取投影文件的空间参考数据用于点要素的建立。

import re # 调入 re 正则表达式

import arcpy # 调入 arcpy 站点包

from arcpy import env # 从 arcpy 站点包中调入类 env，地理处理环境设置

env.overwriteOutput=True # 输出覆盖文件

path="E:\PythonScriptForArcGIS\KMLDataLoading\BJTrainStation" # 工作空间路径

env.workspace=path # 定义工作空间

TXTlst=arcpy.ListFiles('*.txt') # 返回指定路径目录下匹配字符串的文件

coordidic={} # 建立空的字典，用于放置键为点地标文件名，值为点坐标的数据

```
for txt in TXTlst: # 循环遍历点地标的 .txt 文件
    n=txt.split('.')[0] # 去除文件名后缀
    reader=open(path+'\\'+txt) # 打开 .txt 文件
    pat=re.compile('<coordinates>.*</coordinates>') # 使用 re.compile(pattern[,flags]) 正则表达式函数可以把字符串转换为模式对象
    while True: # 使用 while True/break 循环语句逐一读取 .txt 文件行
        line=reader.readline() # 逐一读取 .txt 文件行并赋值给变量
        if len(line)==0: # 使用 if 条件语句判断当前行字符串长度值是否为 0，为 0 时即为空行，停止循环
            break
        line=line.strip() # 使用字符串 str.strip() 方法去除首位空格
        m=pat.match(line) # 使用 pat.match(string) 方法在字符串的开始处匹配模式,pat.match(string) 等同于 re.match(pattern,string[.flags]), 只是 re.compile() 将字符串方式转换为模式对象，实现更有效率的匹配
        if m: # 使用 if 条件语句判断，是否存在根据模式匹配的对象
            corstr=line # 如果存在则将读取的行字符串赋值给新的变量
            corstr=corstr.strip() # 使用字符串 str.strip() 方法去除首位空格
    reader.close() # 关闭打开的 .txt 文件
    corstr=re.sub('<coordinates>(.*?)</coordinates>',r'\1',corstr) # 提取点坐标
    coordilst=corstr.split(',') # 切分字符串返回列表
    coordilst=[float(a) for a in coordilst] # 使用列表推导式将字符串转换为浮点数
    coordidic.setdefault(n,coordilst) # 使用字典 dic.setdefault(key,value) 的方法键值配对放入字典
fc='TrainStation' # 定义空的点要素文件名称
arcpy.CreateFeatureclass_management(path,fc,'Point') # 使用 CreateFeatureclass_management (out_path, out_name, {geometry_type}, {template}, {has_m}, {has_z}, {spatial_reference}, {config_keyword}, {spatial_grid_1}, {spatial_grid_2}, {spatial_grid_3}) 函数建立点要素类，参数中指定了存放目录，文件名以及要素类型为 Point 点要素类
arcpy.AddField_management(fc,'Name',"TEXT",9,"",'Name',"NULLABLE","REQUIRED") # 使用 AddField 工具对点几何要素类 Table 属性表增加新的字段 'Name', 格式为 TEXT 文本
curor=arcpy.da.InsertCursor(fc,['Shape','Name']) # 使用 arcpy.da.inserCursor() 函数向指定数据的属性表中添加数据，参数中可以设置待插入数据的字段，本例中为 ['Shape','Name'] 放置于一个列表当中
prjFile='WGS 1984.prj' # 投影文件
SpatialRef=arcpy.SpatialReference(prjFile) # 获取投影文件的空间参考
```

nlst=coordidic.keys() #返回字典的键列表，即点地标的文件名
for n in nlst: #循环遍历地标的文件名列表
　　point=arcpy.Point() #Point()类的实例化，实例变量 point 具有了 Point 类的属性和方法
　　point.X,point.Y=coordidic[n][0],coordidic[n][1]　#给点对象 X、Y 属性赋值
　　curor.insertRow([point,n]) #将值即点要素以及其对应的文件名插入到建立的空要素类的属性表对应的字段中，值应一一对应
del curor #移出游标

执行程序后，所有点地标文件将一次性被添加到 ArcGIS 中，地理数据格式为点要素类，属性表也根据程序编写的目的增加了新的 Name 字段用于放置文件名称，在 shape 字段中为点几何。

FID	Shape	Id	Name
0	Point	0	BJStation
1	Point	0	BJEastStation
2	Point	0	BJNorthStation
3	Point	0	BirdNest
4	Point	0	BJWestStation
5	Point	0	BJSouthStation

在 ArcGIS 帮助中，可以获取所有几何类的语法、属性及方法，并具有详细的解释。Point ({X}, {Y}, {Z}, {M}, {ID}) 语法中圆括号内为需要的基本参数，包括 X、Y、Z 的点坐标，度量值 M（在线性参考和动态分段中经常用到）以及 ID 号。属性包括 ID、M、X、Y、Z，读取属性的方法与 Python 类的使用方法一样为 class.property，对于 point 读取 X 坐标可以写为

point.X。point 类的方法包括 clone（point_object）、contains（second_geometry）、crosses（second_geometry）、disjoint（second_geometry）、equals（second_geometry）、overlaps（second_geometry）、touches（second_geometry）、within（second_geometry），类方法的使用为 class.method(arguments)，例如判断两点包含关系可以写为 pointA.within(pointB)。Point 点对象并非几何类，但通常可以与 Cursor 游标类设置属性表参数配合，同时可以与 PointGeometry(inputs, {spatialReference}, {hasZ}, {hasM})类，创建点要素配合使用，将 Point 包含坐标属性的对象作为 PointGeometry()的输入参数。

>>> import arcpy
... pointA=arcpy.Point(6,9) #Point 类实例化 pointA，并指定参数
... pointB=arcpy.Point(3,5) #Point 类实例化 pointB，并指定参数
... pointC=arcpy.Point(3,5) #Point 类实例化 pointC，并指定参数，与 pointB 同
... print(pointA,pointB,pointC.X) #打印显示实例化对象，对于 pointC 仅显示其 X 属性值，打印显示为：(<Point (6.0, 9.0, #, #)>, <Point (3.0, 5.0, #, #)>, 3.0)
... print(pointB.within(pointA)) # 用 point.within(arguments)类方法判断 A、B 两点是否包含，返回值为 False
... print(pointB.within(pointC)) # 用 point.within(arguments)类方法判断 B、C 两点是否包含，返回值为 True
... ptGeometry=arcpy.PointGeometry(pointA) # 将 pointA 点对象作为类 PointGeometry()的参数，实例化类几何
... print(ptGeometry) #打印点几何，为几何对象 <geoprocessing describe geometry object object at 0x3A7411C0>

在 Python Window 中执行代码来验证 Point 类及其属性和方法的使用，并可以比较出 Point 类对象和 PointGeometry 类对象的差异以及各自的使用方法。在点类中还包括 Multipoint (inputs, {spatial_reference}, {has_z}, {has_m})，即建立包含多个点的点对象。

>>> dic=[(6,9),(3,5),(3,5)] # 直接建立多个点坐标列表，坐标被成对放置于元组中，也可以再放置于子列表中
... x=arcpy.Multipoint(arcpy.Array([arcpy.Point(*coords) for coords in dic])) # 将多个类复合表达，即首先使用列表推导式建立数组，列表推导式中包含 arcpy.Point()类的使用，并进而使用 arcpy.Multipoint()类建立多点对象
... print(x.firstPoint,x.pointCount,x.lastPoint) # 打印显示多点对象的 .firstPoint 即第一个点，.pointCount 即点的数量以及 .lastPoint 最后一个点的属性，这里点的数量只有 2 个，因为最初的点坐标有两个点重合
(<Point (3.0, 5.0, #, #)>, 2, <Point (6.0, 9.0, #, #)>)

处理完多个点一次同时转化加载的程序，程序中涉及使用到的 Python 数据结构形式除了 list 列表，还有 tuple 元组以及 dictionary 字典。

2.2 元组 (Tuple)

元组和列表类似，只是元组不能够修改，但是可以提取项值。元组的语法为 tuple=(value1,value2,value3,...)，用小括号括起，中间与列表一样由逗号隔开。创建元组的方法很简单，例如：

>>> 2,5,6, # 在建立元组时，只有在最后一项增加一个逗号才可以构建元组数据结构

(2, 5, 6)

>>> tup=2,5,6, # 建立元组并赋值给变量

>>> tup

(2, 5, 6)

>>> 56, # 一个元素也可以建立元组，需要在末尾增加逗号

(56,)

>>> 56 # 末尾没有增加逗号的元素无法构建元组

56

>>> 3*(20*2) # 纯粹的数学计算表达式

120

>>> 3*(20*2,) # 在末尾增加逗号后，即可按照元组的方式运行

(40, 40, 40)

>>> tup2=tuple([5,8,9]) # 使用函数 tuple() 建立元组

>>> tup2

(5, 8, 9)

>>> tup3=tuple((3,5,2)) # 使用函数 tuple 建立元组，参数可以多变

>>> tup3

(3, 5, 2)

元组项值的不可变性，可以作为字典的键使用，而且很多内建的函数和方法返回值为元组。元组在具体编程时实际上很少使用，因为元组就相当于不可更改项值的列表，使用列表处理较之元组更为方便。

2.3 字典 (Dictionary)

字典是 Python 中另一种数据结构，语法结构为 dictionary={key0:value0,key1:value1,key2:value2,...}，由大括号包含的多个键（key）：值（value）对，直接用逗号隔开，键/值对之间用冒号隔开。键和值可以是任何类型的数据，例如数字、字符串、元组，而每一组键/值并没有固定的顺序，这样只需要考虑使用键寻找值的方法，而不用像列表一样计算项值位置的索引值再提取项值。

1 Python 的字典

直接建立字典的方法可以使用 dict() 函数，这与直接使用 list() 函数建立列表的方法类似。例如：

>>> items=[(0,[2,5,8]),(1,[12,15,19]),(2,[100,105,109])] # 建立包含多个元组的列表，用于构建字典的条件

>>> d=dict(items) # 使用 dict() 函数构建字典

>>> d

{0: [2, 5, 8], 1: [12, 15, 19], 2: [100, 105, 109]}

>>> d[2] # 返回键为 2 的值

[100, 105, 109]

字典很多操作的方式与列表类似，例如使用函数 len(d) 获取键/值对的数量，d[k] 返回关联到 k 上的值，d[k]=v 则将值 v 关联到键 k 上，del d[k] 删除键为 k 的项，k in d 检查 d 中是否含有键为 k 的项，这与 v in list 检查 v 项值是否在列表中一样，返回值为 Ture 或者 False。

>>> d

{0: [2, 5, 8], 1: [12, 15, 19], 2: [100, 105, 109]}

>>> len(d) # 使用函数 len() 返回键/值对的数量

3

>>> d[1] # 返回键为 1 的值

[12, 15, 19]

>>> d[3]=[22,33] # 增加键 3，并将值关联到 3 上，增加新的键/值对

>>> d

{0: [2, 5, 8], 1: [12, 15, 19], 2: [100, 105, 109], 3: [22, 33]}

>>> del d[0] # 删除指定键的值

>>> d

{1: [12, 15, 19], 2: [100, 105, 109], 3: [22, 33]}

>>> 0 in d # 判断指定的键是否在字典中，返回 True 或者 False

False

>>> 1 in d # 判断指定的键是否在字典中，返回 True 或者 False

True

2 Python 字典的方法

列表有方法，字典也有自身的方法。使用字典的方法可以处理常用的数据结构问题，例如使用 d.clear() 可以清除字典中所有的键/值项，但是这个方法属于原地操作，并不返回值；d.copy() 可以复制字典，但是属于浅复制，当复制的字典键/值发生改变时，被复制的字典也会随之发生改变；d.get() 可以根据指定的键返回值，但是如果指定的键在被访问的字典中没有，则不返回任何值；d.items() 方法将所有的字典项即键/值以列表方式返回，与此类似的方法还有 d.keys() 仅返回键的列表，而 d.values() 仅返回值的列表；d.pop() 的方法是根据指定的键返

回值，并同时移除字典中的项；d.popitem()类似于d.pop()，但是是随机弹出项；d.setdefault()的方法与d.get()类似，但更强调在不含指定键的条件下，由值参数匹配该键，并放置于字典中；d.update()可以用一个字典更新另一字典，例如键值相同的项将被替换。

```
>>> lstA=list(range(6,20,3)) # 定义列表 lstA
>>> lstA
[6, 9, 12, 15, 18]
>>> lstB=list(range(100,150,15)) # 定义列表 lstB
>>> lstB
[100, 115, 130, 145]
>>> d={0:lstA,1:lstB} # 由定义的两个列表作为值，键分别为 0 和 1
>>> d
{0: [6, 9, 12, 15, 18], 1: [100, 115, 130, 145]}
>>> dcopy=d # 直接将字典 d 赋值给变量 dcopy
>>> dcopy
{0: [6, 9, 12, 15, 18], 1: [100, 115, 130, 145]}
>>> returnedd=d.clear() # 使用 d.clear() 方法清楚字典 d，并将返回值赋值给变量（实际上无返回值）
>>> d
{}
>>> returnedd # 可以证明 d.clear() 方法没有任何返回值
>>> dcopy # 直接赋值方法获取的复制字典，在原字典发生变动时，复制的字典也随之发生变化
{}
>>> d[5]=list(range(1,9,2)) # 可以将值直接赋值给对应字典键的方式建立字典
>>> d
{5: [1, 3, 5, 7]}
>>> dcopy=d.copy() # 使用 d.copy() 的方法复制字典
>>> dcopy
{5: [1, 3, 5, 7]}
>>> d[8]=[5,7] # 增加字典的键/值项
>>> d
{8: [5, 7], 5: [1, 3, 5, 7]}
>>> dcopy # 通过方法 d.copy() 复制的字典，在原字典发生改变时，其本身未发生变动
{5: [1, 3, 5, 7]}
>>> dcopy[5].remove(5) # 移除复制的字典指定键对应值列表中指定的索引值项
>>> dcopy
{5: [1, 3, 7]}
```

```
>>> d # 使用 d.copy() 复制字典发生改变时，原字典相应发生改变
{8: [5, 7], 5: [1, 3, 7]}
>>> d.get(8) # 指定键返回对应的值
[5, 7]
>>> d.get(9) # 如果指定的键不存在，则不返回任何值
>>> d.items() # 以列表的形式返回字典中所有的键/值项
dict_items([(8, [5, 7]), (5, [1, 3, 7])])
>>> d.keys() # 以列表的形式返回键
dict_keys([8, 5])
>>> d.values() # 以列表的形式返回值
dict_values([[5, 7], [1, 3, 7]])
>>> d.setdefault(6,[77,99]) # 返回指定键的值，如果不存在该键，则字典增加新的键/值对
[77, 99]
>>> d
{8: [5, 7], 5: [1, 3, 7], 6: [77, 99]}
>>> d.pop(5) # 移除指定键/值，并返回该值
[1, 3, 7]
>>> d
{8: [5, 7], 6: [77, 99]}
>>> x={8:[5,7,6,3,2],9:[3,2,33,55,66]} # 直接定义一个字典
>>> x
{8: [5, 7, 6, 3, 2], 9: [3, 2, 33, 55, 66]}
>>> d.update(x) # 使用字典 x 更新字典 d
>>> d
{8: [5, 7, 6, 3, 2], 9: [3, 2, 33, 55, 66], 6: [77, 99]}
>>> d.popitem() # 随机弹出一对键/值，并在该字典中移除
(8, [5, 7, 6, 3, 2])
>>> d
{9: [3, 2, 33, 55, 66], 6: [77, 99]}
>>> d={}.fromkeys([0,1,2,3,4]) # 给定键，建立值为空的字典
>>> d
{0: None, 1: None, 2: None, 3: None, 4: None}
```

几何.折线类（Polyline (inputs, {spatial_reference}, {has_z}, {has_m})）

在第一部分编写了加载.kml路径的程序，但是只能一次处理一条路径，如何把存在多个路径文件一次全部转化加载到ArcGIS中，方法与一次转化加载多个点的方法类似。在Google Earth中通过第一部分阐述的方法建立从鸟巢点地标到各个火车站的车形路径，并分别存储为.kml格式文件放置于之前火车站点地标的同一个文件夹中，因为使用.kml转.txt的程序把

所有路径转为文本之后与之前的点坐标文本文件处于一个文件夹中，而编写的程序会提取所有文本文件，因此需要将之前的点坐标文件另行建立一个新的文件夹存储。整个程序的编写综合了多点一次性调入以及第一部分路径调入的程序编写方法，因此大部分程序解释都可以从相关文件中获取，不再作详细的阐述。

```python
import re,arcpy
from arcpy import env
env.overwriteOutput=True
path="E:\PythonScriptForArcGIS\KMLDataLoading\BJTrainStation"
env.workspace=path
TXTlst=arcpy.ListFiles('*.txt')
coordidic={}
for txt in TXTlst:
    n=txt.split('.')[0]
    reader=open(path+'\\'+txt)
    pat=re.compile('^<coordinates>$')
    while True:
        line=reader.readline()
        if len(line)==0:
            break
        line=line.strip()
        m=pat.match(line)
        if m:
            corstr=reader.readline()
            corstr=corstr.strip()
    reader.close()
    coordilst=corstr.split(' ')
    coordif=[]
    for s in coordilst:
        xyz=s.split(',')
        xyz=[float(a) for a in xyz]
        coordif.append(xyz)
    coordidic.setdefault(n,coordif)
fc='BNToStation'
prjFile='WGS 1984.prj'
nlst=coordidic.keys()
array=arcpy.Array()
arcpy.CreateFeatureclass_management(path,fc,'Polyline')
```

```
arcpy.AddField_management(fc,'Name',"TEXT",9,",",'Name',"NULLABLE","REQUIRED")
cursor=arcpy.da.InsertCursor(fc,['SHAPE@','Name'])
for n in nlst:
    dic=coordidic[n]
    pointA=arcpy.Array([arcpy.Point(*coords) for coords in dic])
    pl=arcpy.Polyline(pointA,SpatialRef)
    print(pl.length)
    cursor.insertRow([pl,n])    \n del cursor
```

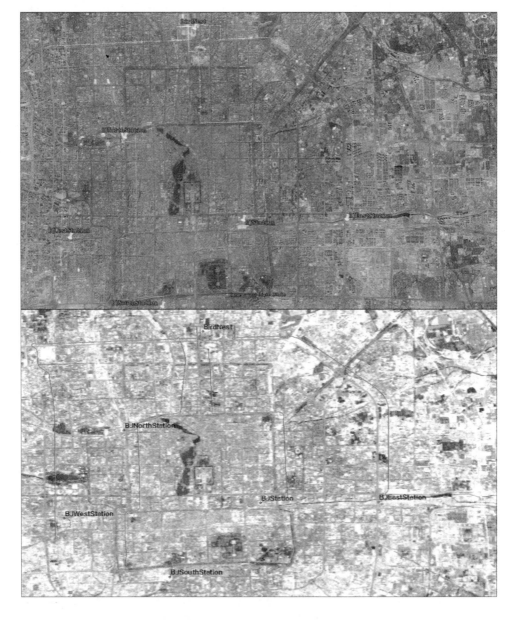

几何折线 Polyline 类与 PointGeometry 类类似，具有属性和方法。由于几何一个为点，一个为折线，属性和方法必然会有所不同，例如 Polyline 的属性包括 JSON、WKB、WKT、area、centroid、extent、firstPoint、hullRectangle、isMultipart、labelPoin、lastPoint、length、length3D、partCount、pointCount、spatialReference、trueCentroid、type 等，其方法包括 boundary ()、buffer (distance)、clip (envelope)、contains (second_geometry)、convexHull ()、crosses (second_geometry)、cut (cutter)、difference (other)、disjoint (second_geometry)、distanceTo (other)、equals (second_geometry)、getArea (type, {units})、getLength (measurement_type, {units})、getPart ({index})、intersect (other, dimension)、measureOnLine (in_point, {as_percentage})、overlaps (second_geometry)、positionAlongLine (value, {use_percentage})、projectAs (spatial_reference, {transformation_name})、queryPointAndDistance (in_point, {as_percentage})、snapToLine (in_point)、symmetricDifference (other)、touches (second_geometry)、union (other)、within (second_geometry) 等，其属性和方法较之 Point 类有较大增加。对于其具体的解释仍然可以从 ArcGIS 帮助文件中获取，各种属性和方法也不需要记住，在实际分析过程中需要时再进行查找即可，使用 Python Window 输入代码时也会有对应的提示。

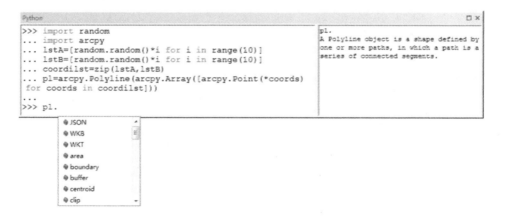

几何.多边面类（Polygon (inputs, {spatial_reference}, {has_z}, {has_m})）

不管是 Polygon 多边面，还是 Polyline 折线，实际上都是以点对象为基本的几何参考对象，因此将多个 Polygon 对象一次转化调入的方式与 Polyline 基本完全一致，只需将所有语句中存在的 Polyline 全部修改为 Polygon，并调整输出文件的名称。

```
import re
import arcpy
from arcpy import env
env.overwriteOutput=True
path="E:\PythonScriptForArcGIS\KMLDataLoading\BJTrainStation"
env.workspace=path
```

```
TXTlst=arcpy.ListFiles('*.txt')
coordidic={}
for txt in TXTlst:
    n=txt.split('.')[0]
    reader=open(path+'\\'+txt)
    pat=re.compile("^<coordinates>$')
    while True:
        line=reader.readline()
        if len(line)==0:
            break
        line=line.strip()
        m=pat.match(line)
        if m:
 corstr=reader.readline()
            corstr=corstr.strip()
    reader.close()
    coordilst=corstr.split(' ')
    coordif=[]
    for s in coordilst:
        xyz=s.split(',')
        xyz=[float(a) for a in xyz]
        coordif.append(xyz)
    coordidic.setdefault(n,coordif)
fc='BJGreen'
prjFile='WGS 1984.prj'
nlst=coordidic.keys()
array=arcpy.Array()
arcpy.CreateFeatureclass_management(path,fc,'Polygon')
arcpy.AddField_management(fc,'Name',"TEXT",9,",",'Name',"NULLABLE","REQUIRED")
cursor=arcpy.da.InsertCursor(fc,['SHAPE@','Name'])
for n in nlst:
    dic=coordidic[n]
    pointA=arcpy.Array([arcpy.Point(*coords) for coords in dic])
    pl=arcpy.Polygon(pointA,SpatialRef)
    print(pl.length)
    cursor.insertRow([pl,n])
del cursor
```

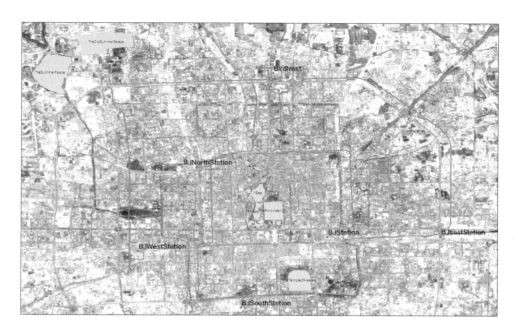

在几何点、线、面类的操作过程中，程序编写的基本思路一致，只是不同的几何自身的属性和方法会有不同，在批量将.kml格式文件转化并调入到 ArcGIS 的过程中，还有一个比较关键的地方就是编写的三组程序都是先建立空的要素类对象，增加字段并使用游标定位指定的字段插入值，一般为几何对象及其名称。为什么这里没有直接使用 arcpy.CopyFeatures_management() 函数，因为在建立几何对象之后都被依次放入到一个列表中，很难用各自的名称标识并放入到字段当中。对于一个没有字段标识位于一个 shapefile 文件中的多个几何元素，如果再区分每个对象的名称不是件容易的事，尤其当包含的几何元素成百上千甚至更多时。合理地编写程序为进一步的分析打好基础，是程序编写重要的一个方面。

在几何类中还有一个类 Geometry (geometry, inputs, {spatial_reference}, {has_z}, {has_m})，几何对象类可以将单个 shaplefile 文件，例如前文建立的多边面 Polygon 要素类内部的所有几何元素都可以返回在一个列表中，并具有属性和方法。

>>> geometries=arcpy.CopyFeatures_management("BJGreen.shp",arcpy.Geometry()) #复制要素到 arcpy.Geometry() 类

... length=0 #设置初始长度

... for geometry in geometries: #循环 geometries 列表

...   length+= geometry.length #逐一获取长度并相加

... print("Total length: {0}".format(length)) #打印显示结果

Total length: 0.378070334034

>>> print(geometries) #查看 geometries 列表，为所有单个的要素列表

[<Polygon object at 0x1ab42eb0[0x5c044e0]>, <Polygon object at 0x1ab42790[0x5bff800]>, <Polygon object at 0x1ab42fd0[0x1ab427a0]>, <Polygon object at

0x1ab42ef0[0x1ab42d00]>, <Polygon object at 0x1ab42f10[0x1ab42860]>, <Polygon object at 0x1ab42dd0[0x1ab42de0]>, <Polygon object at 0x1ab42f50[0x1ab42f20]>, <Polygon object at 0x1ab42fb0[0x1ab42e00]>, <Polygon object at 0x1ab42cd0[0x1ab42c80]>, <Polygon object at 0x1ab42c70[0x1ab42c20]>]

3 Python 数据结构 –String 字符串

在地理信息系统 ArcGIS 下使用 Python 脚本处理地理数据最为常用的 Python 数据结构就是 String 字符串，甚至很多情况下不亚于列表的使用几率。文件信息的提取大部分都需要处理路径目录、文件名，处理文本字段以及属性字段、名称等文本数据，从之前的所有程序的编写过程中能够很真实地体会到字符串的重要性。

3.1 字符串格式化

字符串格式化的方法与 Microsoft Office 中格式化的方法类似，但是这里并不是刷新字体的样式而是建立一种字符串模式，使用字符串格式化操作符即百分号 % 来实现，%s 则称为转换说明符 (conversion specifier) 例如：

>>> formatstr="Hello,%s and %s!" # 通过 % 建立格式化字符串模式

>>> values=("Python","Grasshopper") # 常使用元组放置希望格式化的值

>>> newstr=formatstr % values # 使用格式化值来格式化字符串模式

>>> newstr

'Hello,Python and Grasshopper!'

% 被用来作为格式化的操作符，如果字符串里包含实际的 %，则通过 %% 即两个百分号进行转义。如果希望格式化浮点数，可以使用 f 说明符类型，精度控制由点号 "." 加上希望保留的小数位数确定，例如：

>>> formatstr="Pi with three decimals:%.3f,and enter a value with percent sign:%.2f %%." # 通过 % 建立格式化字符串模式

>>> from math import pi # 从模块 math 中调入 pi

>>> newstr=formatstr % (pi,3.1415926) # 使用格式化值来格式化字符串模式

>>> newstr

'Pi with three decimals:3.142,and enter a value with percent sign:3.14 %.'

除了转换说明符 % 外，可以增加转换标志，- 表示左对齐，+ 表示在转换值之前要加上正负号，""空白字符，表示正数之前保留空格，0 表示转换值若位数不够则用 0 填充；如果格式化字符串中包含 *，那么可以在值元组中设置宽度；点号加数字表示小数点后的位数精度，如果转换的是字符串，那么该数字则表示最大字段宽度。转换类型参看表：

转换类型	含义
d,i	带符号的十进制整数
o	不带符号的八进制
u	不带符号的十进制
x	不带符号的十六进制（小写）
X	不带符号的十六进制（大写）
e	科学计数法表示的浮点数（小写）
E	科学计数法表示的浮点数（大写）
f,F	十进制浮点数
g	如果指数大于-4或者小于精度值则和e相同，其他情况与f相同
G	如果指数大于-4或者小于精度值则和E相同，其他情况与F相同
C	单字符（接受整数或者单字符字符串）
r	字符串（使用repr转换任意Python对象）
s	字符串（使用str转换任意Python对象）

```
>>> formatstr="%10f,%10.2f,%.2f,%.5s,%.*s,$%d,%x,%f"  # 各类转换说明符示例，%10f 代表
```
字段宽为 10 的十进制浮点数，%10.2f 代表字段宽为 10、精度为 2 的十进制浮点数，%.2f 代表精度为 2 的十进制浮点数，%.5s 宽度为 5 的字符串，%.*s 代表从值元组中读取指定宽度的字符串，%d 代表带符号的十进制整数，%x 代表不带符号的十六进制（小写），%f 代表十进制浮点数

```
>>> newstr=formatstr % (pi,pi,pi,"Hello Python!",5,"Hello Python",52,52,pi)
>>> newstr
'  3.141593,       3.14,3.14,Hello,Hello,$52,34,3.141593'
>>> formatstr="%010.2f,%-10.2f,%+5d,%+5d"  # 各类转换说明符示例，%010.2f 代表字
```
符宽度为 10 并用 0 进行填充空位，%-10.2f 代表左对齐，但右侧多出空格，%+5d 代表不管是正数还是负数都标示出正负符号

```
>>> newstr=formatstr % (pi,pi,10,-10)
>>> newstr
'0000003.14,3.14      ,  +10,  -10'
```

string 模块提供了另一种格式化字符串的方法，即 Template() 函数模板字符串，转换操作符为 $ 美元符号，配合使用 st.substitute() 方法格式化模板字符串达到字符串格式化的目的，参数可以直接赋值，也可以使用字典变量提供值/名称对，如果想替换字符串中单词的一部分，那么参数名需要使用括号括起来。

```
>>> from string import Template  # 从 string 模块中调入模板字符串函数 Template()
>>> s=Template('$x,glorious $x!')  # 定义模板字符串，$ 为字符串格式化操作符
>>> s.substitute(x="Python")  # 定义值，并使用 s.substitute() 方法格式化模板字符串
'Python,glorious Python!'
>>> s=Template('${x}thon is amazing!')  # 替换单词的一部分时，需要使用大括号括起
>>> s.substitute(x='py')  # 定义值，并使用 s.substitute() 方法格式化模板字符串
'Python is amazing!'
```

```
s=Template('$x and $y are both amazing!')    # 定义多个需要替换的字符串
>>> d=dict([('x','Python'),('y','Grasshopper')])    # 定义值字典
>>> d
{'x': 'Python', 'y': 'Grasshopper'}
>>> s.substitute(d)    # 使用值字典格式化模板字符串
'Python and Grasshopper are both amazing!'
```

3.2 re(regular expression) 正则表达式

字符串处理常常用到标准库模块中的 re(regular expression) 正则表达式，正则表达式非常强大，可以处理更复杂的字符串，其本质是可以匹配文本片断的模式。最简单的正则表达式是普通字符串，即大多数字母和字符一般都会和自身匹配，例如正则表达式 'python' 可以匹配字符串 'python'。

```
>>> import re   # 调入 re 模块
>>> pat='Python'   # 以字符串书写的方式建立正则表达式模式
>>> text='Hello Python!'   # 定义文本字符串变量
>>> re.findall(pat,text)   # 使用 re.findall() 方法以列表形式返回给定模式的所有匹配项
['Python']
>>> pat='python'   # 再次定义正则表达式模式，将单词 Python 改为 python
>>> re.findall(pat,text)   ## 使用 re.findall() 方法未找到任何匹配项
[]
```

- 字符匹配 – 模式语法

正则表达式可以使用特殊字符的方式匹配一个或者多于一个的字符串，例如使用点号 . ，可以匹配除了换行符之外的任何字符，但是点号只匹配一个字母，多于一个或者零个都不会匹配。

```
>>> import re   # 调入 re 模块
>>> pat='.ython'   # 使用特殊字符点号匹配字符串建立正则表达式模式
>>> textA='Hello Python!'   # 定义文本字符串变量
>>> re.findall(pat,textA)   #'.ython' 的模式匹配 'Python'
['Python']
>>> textB='Hello gython!'   # 定义文本字符串变量
>>> re.findall(pat,textB)   #'.ython' 的模式匹配 'gython'
['gython']
>>> textC='Hello gPython'   # 定义文本字符串变量
>>> re.findall(pat,textC)   #'.ython' 的模式匹配 Python'，仅匹配一个字符
['Python']
>>> textD='Hello Pthon!'   # 定义文本字符串变量
```

>>> re.findall(pat,textD) # 没有找到 '.ython' 的模式匹配项，只有完整的 'ython' 才会继续匹配

点号特殊字符只匹配一个字符，如果希望匹配多个可以使用 * 星号，匹配前面表达式的 0 个或者多个副本，并匹配尽可能多的副本，而 + 加号则匹配至少 1 个或者多个副本，? 问号也是匹配 0 个或者多个副本。如果想确定具体匹配的数量区间，可以使用 {m,n} 的方式，即匹配前面表达式的第 m 到第 n 个副本，如果省略了 m 则默认值为 0，如果省略了 n，则默认设置为无穷大。

>>> import re # 调入 re 模块

>>> pat=r'w?cadesign\.cn,w+\.cadesign\.cn' # 使用特殊字符? 问号和 + 加号建立正则表达式模式

>>> text='cadesign.cn,www.cadesign.cn' # 定义文本字符串变量

>>> re.findall(pat,text) # 使用 re.findall() 方法以列表形式返回给定模式的所有匹配项，? 可以匹配 0 个或者多个字符，因此即使不存在字符 'w'，也会匹配 'cadesign.cn；+ 需要匹配至少一个，并尽可能多地匹配，因此可以提取出 'www.cadesign.cn'

['cadesign.cn,www.cadesign.cn']

>>> pat=r'w{2}\.cadesign\.cn' # 使用 (pattern){m,n} 特殊字符建立正则表达式模式

>>> text='www.cadesign.cn' # 定义文本字符串变量

>>> re.findall(pat,text) #w{2} 模式匹配了两个 'w' 字符

['ww.cadesign.cn']

在建立正则表达式时，使用了 r'string' 原始字符串，因为点号是特殊字符，可以匹配任意一个字符，但是这里则是使用点号作为普通字符使用，如果不使用原始字符串，则需要进行转义，但是转义的过程需要两个级别，一个是解释器层面，另一个是 re 模块的转义，因此就会出现两个右斜杠 "\\."，为了避免双斜线一般使用原始字符串即 r'string' 定义正则表达式的模式。

在使用 *,+,?,{m,n} 时，如果模式为 r'Hello Py*thon!'，则 * 只对它之前的一个字符 y 进行匹配，如果希望同时对 P 也进行匹配，则需要使用 [] 中括号字符集把 Py 括起来即 [Py]，完整的模式为 r'Hell [Py]*thon!'。还可以应用于更加广泛的范围，例如 [a-z] 能够匹配 a 到 z 的任意一个字符，甚至 [a-zA-Z0-9] 的使用方式可以匹配任意大小写字母和数字。同时可以配合使用 "^" 字符放置于字符集的开头反转字符集，例如 [^abc] 则是匹配除了 a，b，c 之外的字符。

>>> pat='[Py]*thon!' # 使用 [] 字符集建立正则表达式的模式

>>> textA='Hello Python!' # 定义文本字符串变量

>>> textB='Hello Pthon!' # 定义文本字符串变量

>>> textC='Hello ython!' # 定义文本字符串变量

>>> textD='Hello thon!' # 定义文本字符串变量

>>> re.findall(pat,textA) #'[Py]*thon!' 模式匹配 'Python!'

['Python!']

>>> re.findall(pat,textB)   #'[Py]*thon!' 模式匹配 'Pthon!'

['Pthon!']

>>> re.findall(pat,textC)   #'[Py]*thon!' 模式匹配 'ython!'

['ython!']

>>> re.findall(pat,textD)   #'[Py]*thon!' 模式匹配 'thon!'

['thon!']

在建立正则表达式时，希望能够选择性地匹配几种不同的情况，例如既匹配字符 'python' 又匹配 'grasshopper' 以及同时匹配 'python' 和 'grasshopper'，那么就需要使用 | 管道符号，正则表达式可以写为 'python|grasshopper'。如果仅是对部分模式使用管道符号即选择符，可以用圆括号括起需要的部分，例如 'p(ython|erl)'。

>>> pat='python|grasshopper' # 使用管道符号建立正则表达式的模式

>>> textA='python' # 定义文本字符串变量

>>> textB='grasshopper' # 定义文本字符串变量

>>> textC='python and grasshopper' # 定义文本字符串变量

>>> re.findall(pat,textA) #'python|grasshopper' 模式匹配 'python'

['python']

>>> re.findall(pat,textB) #'python|grasshopper' 模式匹配 'grasshopper'

['grasshopper']

>>> re.findall(pat,textC) #'python|grasshopper' 模式匹配 'python', 'grasshopper'

['python', 'grasshopper']

在匹配字符串时，有时仅需要在开头或者结尾处匹配，这时可以使用脱字符 "^" 标记开始，使用美元符号 "$" 标记结尾。正则表达式的特殊字符以及特殊字符的组合使用不仅上述这些，列表如下，在使用时可供查询：

字符	描述
text	匹配文字字符串text
.	匹配任何字符串，但换行符除外
^	匹配字符串的开始标志
$	匹配字符串的结束标志
*	匹配前面表达式的0个或多个副本，匹配尽可能多的副本
+	匹配前面表达式的1个或多个副本，匹配尽可能多的副本
?	匹配前面表达式的0个或1个副本
*?	匹配前面表达式的0个或多个副本，匹配尽可能少的副本
+?	匹配前面表达式的1个或多个副本，匹配尽可能少的副本
??	匹配前面表达式的0个或1个副本，匹配尽可能少的副本
{m}	准确匹配前面表达式的m个副本
{m, n}	匹配前面表达式的第m到n个副本，匹配尽可能多的副本。如果省略了m，它将默认设置为0。如果省略了n，它将默认设置为无穷大
{m,n}?	匹配前面表达式的第m到n个副本，匹配尽可能少的副本
[...]	匹配一组字符，如r'[abcdef]' 或r'[a-zA-Z]'。特殊字符（如*）在字符集中是无效的
[^...]	匹配集合中未包含的字符，如r'[^0-9]'
A|B	匹配A或B，其中A和B都是正则表达式
(...)	匹配圆括号中的正则表达式（圆括号中的内容为一个分组）并保存匹配的子字符串。 在匹配时，分组中的内容可以使用所获得的MatchObject对象的group（）方法获取
(?aiLmsux)	将字符'a'，'I'，'L'，'m'，'s'，'u'和'x'解释为与提供给re.compile()的re.A,re.i,re.L,re.M,re.s,re.u,re.x相对应的标志设置。'a'仅在Python3中可用
(?:...)	匹配圆括号中的正则表达式，但丢弃匹配的子字符串
(?P<name>...)	匹配圆括号中的正则表达式并创建一个指定分组。分组名称必须是有效的Python标识符
(?P=name)	匹配一个早期指定的分组所匹配的文本
(?#...)	一个注释。圆括号中的内容将被忽略
(?=...)	只有在括号中的模式匹配时，才匹配前面的表达式。例如，'hello(?!=world)'只有'world'不匹配时才匹配'hello'
(?!...)	只有在括号中的模式不匹配时，才匹配前面的表达式。例如，'hello(?!=world)'只有'world'不匹配时才匹配'hello'
(?<=...)	如果括号后面的表达式前面的值与括号中的模式匹配，则匹配该表达式，例如，只有当'def'前面是'abc'时，r'(?<abc)def'才会与之匹配
(?<!...)	如果括号后面的表达式前面的值与括号中的模式不匹配，则匹配该表达式，例如，只有当'def'前面是'abc'时，r'(?<abc)def'才会与之匹配
(?(id|name)ypat|npat	检查id或name标识的正则表达式组是否存在。如果存在，则匹配正则表达式ypat。否则，匹配可选的表达式npat。例如r'(Hello)?(/(1)World|Howday)' 匹配字符串'Hello World' 或'Howdy'

字符	描述
\number	匹配与前面的组编号匹配的文本。组编号范围为1到99，从左侧开始
\A	仅匹配字符串的开始标志
\b	匹配单词开始或结尾处的空字符串。单词（word）是一个字母数字混合的字符序列，以空格或任何其他非字母数字字符结束
\B	匹配不在单词开始或结尾处的空字符串
\d	匹配任何十进制数。等同于 r'[0-9]'
\D	匹配任何非数字字符，等同于 r'[^0-9]'
\s	匹配任何空格字符。等同于 r'[\t\n\r\f\v]'
\S	匹配任何非空格字符。等同于 r'[^\t\n\r\f\v]'
\w	匹配任何字母数字字符
\W	匹配\w定义的集合中不包含的字符
\z	仅匹配字符串的结束标志
\\	匹配反斜杠本身

一些用 "\" 开始的特殊字符所表示的预定义字符集通常是很有用的，像数字集，字母集，或其他非空字符集。

- re 模块的方法

正则表达式的模式需要配合正则表达式的方法使用，前文在阐述特殊字符串时已经使用了方法 re.findall(pattern,sstring)，以列表形式返回给定模式的所有匹配项；re.search(pattern,string)会在给定字符串中寻找第一个匹配给定正则表达式的子字符串，并返回 MatchObject 布尔值，存在为 True，否则为 False；re.match(pattern,string) 会在给定字符串的开头匹配正则表达式，返回 MatchObject 布尔值；re.split(pattern,string[,maxsplit=0]) 会根据模式的匹配项来分隔字符串，这样可以使用任意长度的分隔符分隔字符串，其中maxsplit 参数为字符串最多可以分隔成的部分数；re.sub(pattern,repl,string) 使用给定的替换内容将匹配模式的子字符串替换掉；re.escape(string) 可以对字符串中所有可能被解释为正则运算符的字符进行转义，避免输入较多的反斜杠；re.compile(pattern) 可以将以字符串书写的正则表达式转换为模式对象，例如转换为模式对象后可以直接使用 pattern.search(string) 的方法，这与 re.search(pattern,string) 方式一样。因为使用 re 模块的方法时，不管是 re.search()还是 re.math() 都会在内部将字符串表示的正则表达式转换为正则表达式模式对象，因此 re.compile() 的方法可以避免每次使用模式时都得重新转化的过程。

>>> import re # 调入正则表达式模块

>>> pat='[a-z]' # 建立模式，匹配 a-z 的所有小写字母

>>> text='python PYTHON' # 建立字符串

>>> re.findall(pat,text) # 以列表形式返回给定模式的所有匹配项

['p', 'y', 't', 'h', 'o', 'n']

>>> pat='[a-z]+' # 建立模式，匹配 a-z 的所有小写字母，同时增加了 + 特殊字符，尽可能多地匹配项

>>> re.findall(pat,text) # 增加 + 特殊字符后，小写字母不再单独返回列表，而是作为紧凑的整体

['python']

>>> re.search(pat,text) # 在字符串中寻找模式，返回 MatchObject

<_sre.SRE_Match object at 0x023F68A8>

>>> if re.search(pat,text): # 使用条件语句判断返回值的真假

```
    print('Found it!')
Found it!
>>> re.match('p','python') # 在给定字符串的开头匹配正则表达式，返回 MatchObject
<_sre.SRE_Match object at 0x023F68A8>
>>> if re.match('p','python'): # 使用条件语句判断返回值的真假
    print('Found it!')
Found it!
>>> text='Hello,,,,,,Python!' # 建立字符串
>>> pat=',' # 建立正则表达式的模式
>>> re.split(pat,text) # 按照模式切分字符串
['Hello', '', '', '', '', '', 'Python!']
>>> pat=',*' # 建立正则表达式的模式，增加了星号，可以尽可能多地匹配逗号
>>> re.split(pat,text) # 再次根据模式分隔字符串，任意长度的逗号都可以作为分隔模式
['Hello', 'Python!']
>>> text='Hello Python' # 建立字符串
>>> pat='Python' # 建立正则表达式的模式
>>> re.sub(pat,'Grasshopper',text) # 由给定的字符串替换匹配模式的字符串
'Hello Grasshopper'
>>> pat=re.compile('Python') # 建立正则表达式的模式对象
>>> pat.findall(text) # 正则表达式的模式对象使用方法，等同于 re.findall(pat,text)
['Python']
```

- 匹配对象和组

　　re.search() 和 re.match() 返回的 MatchObject 实例包含关于分组内容的信息，和匹配值的位置数据。那么什么是组？组就是放置在圆括号内的子模式，例如模式 r'www\.(.*)\..{3}' 中 (.*) 即为组，组可以并行与嵌套多个，并可以通过 m.group() 方法返回组，m.start() 方法获取组的开始索引值，m.end() 则获取结束位置索引值，m.span() 返回区间值。

```
>>> m=re.match(r'www\.(.*)\..{3}','www.python.org') # 对字符串进行模式匹配，返回 MatchObject 对象
>>> m.group(1) # 返回模式中与给定组匹配的字符串
'python'
>>> m.start(1) # 给定组匹配项的开始索引值
4
>>> m.end(1) # 给定组匹配项的结束位置索引值
10
>>> m.span(1) # 给定组匹配项的区间值
(4, 10)
```

文件的打开与读写

在不同平台之间转换数据时,往往需要一个中介的文件类型,最为常用的就是 .txt 文本格式的文件。在 Python 中打开一个文件可以直接使用 open(name[,mode[.buffering]]) 函数,其中 name 为数据文件的完整路径名,mode 文件模式,包括:

值	描述
'r'	读模式
'w'	写模式
'a'	追加模式
'b'	二进制模式(可添加到其他模式中使用)
'+'	读/写模式(可添加到其他模式中使用)

一般 Python 处理的是文本文件,但是也有一些其他类型的文件(二进制文件),例如影音,但是对于建筑设计领域,这些二进制文件几乎很少用到。open() 打开文件函数的第三个参数 buffering 是控制文件的缓冲。如果参数是 0(或者是 False),I/O(输入/输出)就是无缓冲的,即所有读写操作都直接针对硬盘;如果是 1(或者是 True),I/O 就是有缓冲的,即 Python 使用内存来代替硬盘,让程序读写更快,只有在使用 flush 或者 close 时才会更新硬盘上的数据。大于 1 的数字代表缓冲区的大小,单位是字节,-1 或者是任意负数,则代表使用默认的缓冲区大小。

打开文件后即可对文件进行读与写。读取文件的方法可以使用 f.read() 参数为整数,代表读取几个字符;f.readline() 则是读取单独的一行,直到第一个换行符出现,同时也读取该换行符,在不使用任何参数的时候仅读取一行,如果参数为一个非负的整数,则代表可以读取字符数的最大值;f.readlines() 则可以读取一个文件中所有行并将其作为列表返回。

```
>>> f=open('E:\PythonDesign\PythonProgram\elevation.txt','r')  # 以只读方式打开文件
>>> f
<_io.TextIOWrapper name='E:\\PythonDesign\\PythonProgram\\elevation.txt' mode='r' encoding='cp936'>
>>> f.read(10)  # 读取指定数量的字符
'424843.462'
>>> f.readline()  # 读取一行,从上次读取过后的位置开始,可以理解为流。
',3567908.175,247 \n'
>>> f.readline(10)  # 读取指定数量的字符
'424843.462'
>>> f.readlines()  # 读取剩余所有行并返回列表
[',3567858.175,247 \n', '424843.462,3567808.175,247 \n', '424843.462,3567758.175,247 \n', '424843.462,3567708.175,247 \n', '424843.462,3567658.175,247 \n', '424843.462,3567608.175,247 \n', '424843.462,3567558.175,247 \n', '424843.462,3567508.175,247 \n', '424843.462,3567458.175,247 \n', '424843.462,3567408.175,247 \n', '424843.462,3567358.175,247 \n', '424843.462,3567308.175,247 \n', '424843.462,3567258.175,247
```

\n', '424843.462,3567208.175,247 \n', '424843.462,3567158.175,247 \n', '424843.462,3567108.175,247 \n', '424843.462,3567058.175,247 \n', '424843.462,3567008.175,247 \n', '424843.462,3566958.175,247 \n', '424843.462,3566908.175,247 \n', '424843.462,3566858.175,247 \n', '424843.462,3566808.175,247 \n', '424843.462,3566758.175,247 \n', '424843.462,3566708.175,247 \n', '424843.462,3566658.175,247 \n', '424843.462,3566608.175,247 \n', '424843.462,3566558.175,247 \n', '424843.462,3566508.175,247 \n', '424843.462,3566458.175,247 \n', '424843.462,3566408.175,247 \n', '424843.462,3566358.175,247 \n', '424843.462,3566308.175,247 \n', '424843.462,3566258.175,247 \n', '424843.462,3566208.175,247 \n', '424843.462,3566158.175,247 \n', '424843.462,3566108.175,247 \n', '424843.462,3566058.175,247 \n', '424843.462,3566008.175,247 \n', '424843.462,3565958.175,247 \n', '424843.462,3565908.175,247 ']

>>> f.close()   # 使用 f.close() 方法关闭文件

写入文件的方法可以使用 f.write(string)，所提供的参数字符串会被追加到文件中已存在部分的后面；f.writelines() 方法则可以把列表中所有字符串写入文件。另外没有 f.writeline() 的方法，因为可以使用 f.write()。

>>> f=open('E:\PythonDesign\PythonProgram\write.txt','w') # 以写模式打开文件

>>> f

<_io.TextIOWrapper name='E:\\PythonDesign\\PythonProgram\\write.txt' mode='w' encoding='cp936'>

>>> f.write('Hello Python!')   # 使用 f.write() 方法写入字符串

13

>>> lst=['Hello Python! \n','Hello Grasshopper!\n','They are both amazing!'] # 定义列表，'\n' 为换行

>>> f.writelines(lst)   # 把列表写入文件

>>> f.close()   # 使用 f.close() 方法关闭文件

被写入字符串后的 .txt 文件

在实际调整数据文件时，需要对文件内容进行迭代，进行相应的操作并读取所有内容，可以直接使用循环语句即可达到内容迭代的目的，迭代的过程可以使用 f.read() 逐个字符迭代，也可以使用 f.readlines() 逐行迭代；同时可以使用 for 循环语句迭代 for line in f.readlines():，也可以使用 while true/break 语句迭代，两者中 while true/break 语句可以让迭代更加简洁，并且在读取完所有行时结束循环。

将多个 .dwg 格式文件导入到文件地理数据库合并为一个文件并配准

规划设计过程中最为常用的文件格式是基于 AutoCAD 的 .dwg 格式文件，.dwg 格式文件仅是纯粹的图形文件，基本无法存储地理信息数据，因此很多时候需要把 .dwg 格式文件导入到 ArcGIS 中，如果文件数量很多或者不希望每次规划设计过程中都在处理 .dwg 格式文件上花费时间，可以通过编写程序的方式将这个过程智能化。现在有两个 .dwg 格式文件，分别为 BlockA.dwg 和 BlockB.dwg，两个文件的相对位置正确。

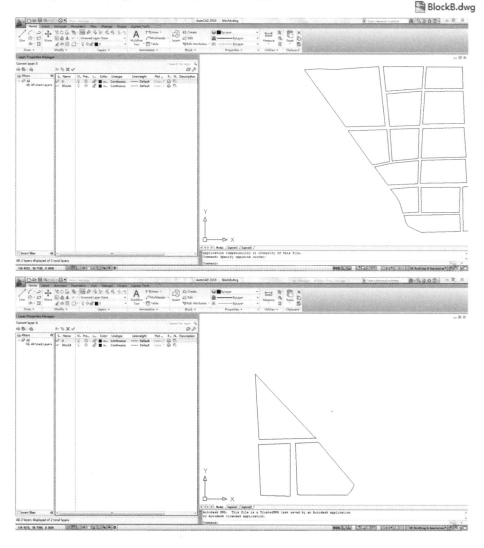

如何编写程序将 .dwg 格式文件导入到 ArcGIS 中？首先需要确定是否 ArcGIS 中存在可以将 .dwg 格式文件导入的方法，CADtoGeodatabase_conversion (input_cad_datasets, out_gdb_path, out_dataset_name, reference_scale, {spatial_reference}) 函数可以将输入的 .dwg 格式文件存储到地理数据库中的要素数据集 Feature Dataset 中，输入的参数包括待转化的 .dwg 格式文件，放置数据的地理数据库，建立新的要素数据集名称，用于注释的参考比例等。因此需要首先建立或者使用已有的地理数据库，返回的结果为各个 .dwg 格式文件转化后的多个要素数据集，如何把多个要素数据集中的 Point、Polygon、Polyline 等由 .dwg 格式文件转化的要素类合并在一个要素类文件中并配准？可以使用在第一部分阐述的 arcpy.da.Walk (top, {topdown}, {onerror}, {followlinks}, {datatype}, {type}) 函数创建一个生成器对象来遍历整棵目录树，从而获取被放置于各个要素数据集中的要素路径列表，并结合使用 arcpy.Geometry() 几何对象函数（临时放置）与 arcpy.CopyFeatures_management() 复制要素函数提取要素放置于一个列表中，并通过自定义的 flatten() 函数递归展平列表获取点对象，根据提取的第一个点位置当前坐标与实际地理位置坐标的差值重新计算所有点的新坐标，放置于列表中使用函数 arcpy.Polygon() 重新构建 Polygon 几何多边面类或者使用 arcpy.Polyline() 重新构建几何折线，以及 arcpy.Point() 点对象等。具体代码和解释如下：

```
import os # 调入 os 模块
import arcpy # 调入 arcpy 模块
from arcpy import env # 从 arcpy 模块中调入 env 类
def flatten(nested): # 使用 yield 语句定义无穷列表生成器
    try: # 使用语句 try/except 捕捉异常
        for sublist in nested: # 循环列表
            for element in flatten(sublist): # 使用递归的方法循环子列表
                yield element # 使用 yield 语句，每次产生多个值，当返回一个值时函数就会被冻结，当再次激活时，从停止的那点开始激活
    except TypeError: # 当函数被告知展开一个元素时，引发 TypeError 异常，生成器返回一个值
        yield nested # 生成器返回一个引发异常的值
env.overwriteOutput=True # 可以重写文件地理数据库中的数据
path="E:\PythonScriptForArcGIS\KMLDataLoading\BJTrainStation" # 用于工作空间的路径
env.workspace=path # 定义工作空间
out_gdb_path="BJData.gdb" # 定义文件地理数据库的文件名
fgdblst=arcpy.ListWorkspaces("*", "FileGDB") # 使用 arcpy.ListWorkspaces() 函数搜寻当前工作空间中的数据库
if fgdblst: # 如果有返回数据，即有至少一个文件数据库时
    for db in arcpy.ListWorkspaces("*", "FileGDB"): # 遍历返回的数据库列表
        fname=os.path.basename(db) # 获取当前数据库的名称
```

```
            if fname==out_gdb_path: #判断欲建立的数据库名与已有的数据库相同时
                print(out_gdb_path+' already exists!') #打印显示该数据库已经存在
            else: #如果不存在与欲建立的数据库名相同的数据库
                arcpy.CreateFileGDB_management(path,out_gdb_path) #建立文件数据库
    else: #如果没有返回数据,即不存在欲建立的数据库
        arcpy.CreateFileGDB_management(path,out_gdb_path) #建立文件数据库
out_dataset_name = "analysisresults" #定义输出数据集的名称
reference_scale="1000" #定义参考比例
for fd in arcpy.ListFiles('*.dwg'): #循环遍历文件,返回 .dwg 格式文件列表
    arcpy.CADToGeodatabase_conversion(fd, out_gdb_path, fd[:-4],reference_scale) #转化 .dwg 格式文件到指定的数据库新建立的要素数据集中
workspace=path+'\\'+out_gdb_path #定义工作空间到文件地理数据库
env.workspace=workspace
polygonlst=[] #建立空的列表
for dirpath, dirnames, filenames in arcpy.da.Walk(workspace,datatype="FeatureClass",type="Polygon"): #使用 arcpy.da.Walk () 函数创建一个生成器对象来遍历整棵目录数,从而能够提取要素数据集中的数据,本次提取的类型为 Polygon 多边面要素类,如果希望提取折线则调整参数为 type="Polyline")
    for filename in filenames: #循环遍历要素类路径名称列表
        geometries=arcpy.CopyFeatures_management(filename,arcpy.Geometry()) #提取要素
        polygonlst.append(geometries) #将要素放置于新的列表中,本例的 polygonlst
```

=[[<Polygon object at 0x4f2a3f0[0x19a9cd00]>, <Polygon object at 0x4f2af30[0x5b89140]>, <Polygon object at 0x4f2aef0[0x4f2ae20]>, <Polygon object at 0x4f2abd0[0x4f2a2a0]>, <Polygon object at 0x4f2a950[0x4f2ab80]>, <Polygon object at 0x4f2ac90[0x4f2a380]>, <Polygon object at 0x4f2a2f0[0x4f2af40]>, <Polygon object at 0x4f2a4b0[0x4f2a5c0]>, <Polygon object at 0x4f2a4d0[0x4f2a760]>, <Polygon object at 0x4f2a9b0[0x4f2a580]>, <Polygon object at 0x4f2a310[0x4f2a320]>, <Polygon object at 0x4f2adf0[0x4f2ac00]>, <Polygon object at 0x4f2a470[0x4f2aec0]>, <Polygon object at 0x4f2a6b0[0x4f2a820]>], [<Polygon object at 0x4f2a7f0[0x4f2aea0]>, <Polygon object at 0x4f2ac50[0x4f2a200]>, <Polygon object at 0x4f2a870[0x4f2af60]>]] 一个父级列表下包含两个子列表,每一个子列表实际上来源于由多个 .dwg 格式文件转化的要素数据集,每一个要素数据集中虽然只有一个 Polygon 要素,但是其中可能包含多个多边面几何,每个几何作为子列表中的值

```
    FPoint=list(flatten(polygonlst))[0] #使用自定义的 flatten 函数展平数据,并提取第一个,一般第一个点为 .dwg 格式文件中,第一个文件下,绘制多个几何对象的第一个点,如果图形比较复杂无法主观判断,建议先提取第一个点并根据第一个点的坐标建立点几何从而观
```

察对应该点

  pointGeometry=arcpy.PointGeometry(FPoint) # 建立第一个点几何，观察点位置，再实际确定该点位置的实际地理坐标

  if arcpy.Exists(workspace+'\\'+'FPoint'): # 如果多次运行脚本，可能第一个点已经存在，因此使用 arcpy.Exists（）函数判断该点是否已经存在

    print "Data exists" # 如果存在打印数据已经存在的结果

  else: # 如果第一个点不存在时

    arcpy.CopyFeatures_management(pointGeometry, workspace+'\\'+'FPoint') # 建立点要素并加载

  CCoordiX=116.369544 # 第一个点的实际地理坐标 X（小数度数，经度）

  CCoordiY=40.005164 # 第一个点的实际地理坐标 Y（小数度数，纬度）

  TCoordiX=FPoint.X-CCoordiX # 计算第一个点当前位置坐标与实际地理位置坐标的差值 X

  TCoordiY=FPoint.Y-CCoordiY # 计算第一个点当前位置坐标与实际地理位置坐标的差值 Y

  S=[] # 建立空的列表用于临时放置每一多边面控制的点对象

  multiP=[] # 建立空的列表，用于放置所有多边面的点对象，每一个多边面的多个点对象放置于一个子列表中

  for pc in polygonlst: # 循环遍历多边面对象列表

    for spc in pc: # 循环遍历子列表

      spcp=list(flatten(spc)) # 展平子列表数据获取多边面的点对象

      for coordis in spcp: # 循环遍历点对象

        point=arcpy.Point() #Point() 类的实例化

        point.X=coordis.X-TCoordiX # 调整坐标差值 X

        point.Y=coordis.Y-TCoordiY # 调整坐标差值 Y

        S.append(point) # 将实例化并修改 XY 属性的点对象追加到空的列表中

      multiP.append(S) # 将每一次点循环追加点对象的列表再次追加到定义的空列表中

      S=[] # 清空定义用于子循环中使用的列表，以便用于下一个循环

  M=[] # 建立空的列表用于放置新建立的多边面对象

  for arrayp in multiP: # 循环遍历调整点坐标后的点对象列表

    New=arcpy.Polygon(arcpy.Array(arrayp),path+'\\'+'WGS 1984.prj') # 建立多边面对象

    M.append(New) # 追加每次的多边面到同一个列表中

  arcpy.CopyFeatures_management(M, workspace+'\\'+'BlockM') # 复制要素类

  运行程序后 .dwg 格式文件被转化并配准加载到 ArcGIS 中，如果需要在程序运行过程中判断第一个点的位置，则需要先运行一部分程序，确定第一个点位置并获取其实际地理位置之后再调整点坐标参数继续运行程序。对于较长的程序建议将其分组成不同运行阶段的定义函数，例如程序中已经定义了 flatten() 函数，还可以继续将程序分组定义函数，例如将建立文件地理数据库作为一个定义函数，将多边面点坐标校正作为一个函数，将根据新的点坐标重新建

立多边面定义为一个函数等。对于函数的建立将在之后的部分阐述。另外需要注意的是，在用新的点对象构建多边面时，并没有增加判断是否已经存在的语句，可以使用 arcpy.Exists() 函数根据前半部分程序使用的方法进行编写，这里不再赘述。

在调整点对象坐标时，需要明确当前点坐标的格式，一般使用经纬度的小数度数。对于第一点的实际地理坐标位置的确定，科学精确的方式是使用 GPS 定位获取数据，或者使用高分辨率的遥感影像获取，本例中在 Google Earth 中粗略获取坐标位置，一方面由于 Google Earth 出于安全考虑已经对真实的坐标做了偏差处理，另外也受到区域遥感影像分辨率的影响。

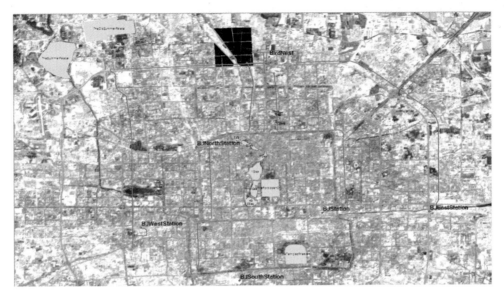

可以在 Google Earth 的 / 工具 / 选项中设置坐标显示方式。

Basic Statements of Python and Accessing Geographic in Python
Python 的基本语句与使用 Python 访问地理数据

3

在之前部分阐述了地理数据与对地理数据的管理，在实际使用地理数据时则需要访问地理数据，地理数据与纯粹几何对象的区别就是具有地理信息的属性，除了可以描述数据基本属性外，还可以访问地理数据的信息核心 Table 属性表处理字段及其值。Table 属性表是 ArcGIS 下地理数据信息的核心，基于地理信息数据的分析一定程度上可以被理解为基于 Table 属性表的分析，Table 属性表的字段及值即为具有标识的地理信息数据，属性表具有基本的字段标识，例如包括唯一标识符数字(对象)ID和Shape 等，并且可以根据分析的需要自由增加和去除字段。访问字段包括读取和写入，往往需要遍历数据，因此需要使用循环语句，同时如果涉及到判断某个字段的值时往往需要条件语句。在前文的程序编写中大部分也都涉及了 Python 的基本语句，程序编写不可能脱离语句存在，基本语句是编写程序的基础。

1 描述数据

地理处理工具可处理所有类型的数据，如地理数据库要素类、shapefile、栅格、表、拓扑和网络。每种数据都具有可访问的特定属性，为进一步用于控制脚本流或用作工具参数。例如相交工具的输出要素类型取决于要相交数据的形状类型——点、线或面。在脚本中对输入数据集列表运行相交工具时，必须能够确定输入数据集的形状类型，以便设置正确的输出形状类型。可以使用 Describe() 函数确定所有输入数据集的形状类型。

如果完成了第一部分与第二部分阐述的内容，则在 ArcGIS 下获取并加载了多个数据，包括要素类的点 Point、折线 Polyline 以及多边面 Polygon，同时还有栅格数据的 .img 遥感影像与 .tif 的 DEM 高程数据。每一类数据都可以使用 Describe()函数直接获取其特定的属性。

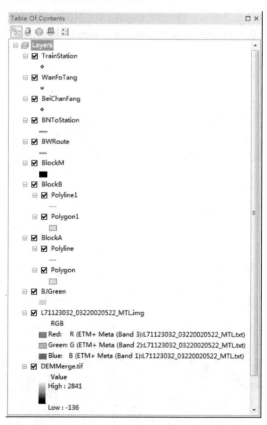

```
>>> import arcpy
... from arcpy import env
... path='E:\PythonScriptForArcGIS\KMLDataLoading\BJTrainStation'
... env.workspace=path
... print(arcpy.ListFeatureClasses()) # 使用 ListFeatureClasses() 函数返回当前工作空间
```
的要素类，返回值为 [u'BJGreen.shp', u'Block.shp', u'BNToStation.shp', u'M.shp', u'TrainStation.shp']

```
... desc=arcpy.Describe('TrainStation.shp') # 根据当前工作空间对要素类的搜索，使用
```
Describe() 函数描述其中的 'TrainStation.shp' 数据

```
... print("Feature Type:  " + desc.featureType) # 提取要素类型，并打印显示
... print("Shape Type :   " + desc.shapeType) # 提取几何类型，并打印显示
... print("Spatial Index: " + str(desc.hasSpatialIndex)) # 判断是否存在空间坐标，并打
```
印显示

...

Feature Type: Simple #Simple 的返回值代表基本的要素类包括 Point、Polyline、Polygon 等

Shape Type :   Point

Spatial Index: False

Describe() 函数返回的 Describe 对象包含多个属性，如数据类型、字段、索引以及许多其他属性。该对象的属性是动态的，根据所描述的数据类型会有不同的描述属性可供使用。Describe 属性被组织成一系列属性组。任何特定数据集都将至少获取其中一个组的属性。例如，如果要描述一个地理数据库要素类，可访问 GDB 要素类、要素类、表和数据集属性组中的属性。所有数据，不管是哪种数据类型，总会获取通用的 Describe 对象属性

对于具有属性表的地理数据也可以返回表属性。

```
>>> fields=desc.fields # 获取返回值的 fields 表属性
... for field in fields:
...     print("%-22s %s %s" % (field.name, ":", field.type))
...
FID                    : OID
Shape                  : Geometry
Id                     : Integer
Name                   : String
```

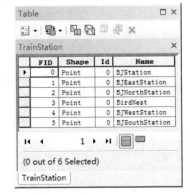

使用 Describe() 函数返回属性表的方法与在第二部分创建地理数据列表 arcpy.ListFields() 类似。

```
>>> fieldslst=arcpy.ListFields('TrainStation.shp')  # 使用 arcpy.ListFields() 函数有直接返回表属性
... for field in fields:
...     print("%-22s %s %s" % (field.name, ":", field.type))
...
FID                   : OID
Shape                 : Geometry
Id                    : Integer
Name                  : String
```

因为 Describe() 函数的返回值会根据描述对象数据类型的不同返回不同的属性值，具体返回有哪些属性可以查询 ArcGIS 相关部分，这里不再赘述。

2 Python 的基本语句

在阐述数据结构的时候已经涉及了基本语句的使用，毕竟无法将数据结构脱离基本语句使用。例如 print() 打印函数、import 导入模块或者函数、for 循环语句以及 while True/Break 循环语句，if 条件语句等。基本语句可以处理大部分设计过程中的问题，从形式到分析，无所不能。Python 的语言优美流畅，基本语句在编写的过程中顺畅自然，与英语表达非常类似，这也是为什么 Python 得以广泛使用的原因之一。

2.1 print() 与 import

1 print()

如果程序编写过程中不能够方便地观察结果，那么这个程序很难进行下去，对于 Python 语言则是使用函数 print() 打印某个变量来观察程序编写对于数据的影响。

Python Window 中编写语句并实时打印显示结果。

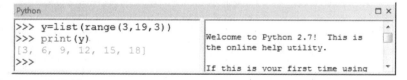

2 使用 import 导入模块或者函数

在使用 Python 脚本时总会在第一行输入 import arcpy，其中 arcpy 就是 ArcGIS 内嵌的模块（站点包），包含由一系列模块支持，包括数据访问模块 (arcpy.da)、制图模块 (arcpy.mapping)、ArcGIS Spatial Analyst 扩展模块 (arcpy.sa) 和 ArcGIS Network Analyst 扩展模块 (arcpy.na)。如果希望直接使用 arcpy 站点包下的模块，则可以使用 from arcpy import da 语句，其中 da 为 arcpy 站点包下的一个模块。

2.2 赋值的方法

最为常用的赋值方法就是 variable=value，将一个值 value 赋值给变量 variable，value 值可以是任何数据结构，列表、字典或者字符串任何对象。在有些情况下希望能够一次给多个变量赋值，则可以使用序列解包 sequence unpacking 的方法，例如：

```
>>> x,y,z=3,7,21 #序列解包的方法赋值
>>> x
3
>>> y
7
>>> z
21
>>> values=3,7,21
>>> values
(3, 7, 21)
>>> x,y,z=values #使用元组序列解包
>>> print(x,y,z)
3 7 21
>>> d={'x':3,'y':7}
>>> key,value=d.popitem() #使用字典序列解包
>>> print(key,value)
y 7
```

如果一次将值赋值给多个变量，可以使用链式赋值 chained assignment。

```
>>> x=y=9 #使用链式赋值一次将值赋值给多个变量
>>> print(x,y)
9 9
```

x+=1 的方法是增量赋值 augmented assignment，即代表 x=x+1，对于 *、/、% 等标准运算符都适用。

```
>>> x=6
>>> x+=2 #使用增量赋值
>>> x
8
>>> x*=2 #使用增量赋值
>>> x
16
```

2.3 循环语句

循环语句是最为常用的语句，尤其列表的操作，往往需要循环遍历每一个元素，在前文中大部分程序都可以看到 for 循环语句的使用，最常用的两种 for 循环的方式是 for i in list: 和 for i in range(len(list)):，其中第一种情况中的 i 是列表 list 中的项值，而第二种情况中的 i 是列表 list 的索引值，组合函数 range(len(list)) 常常被用于获取列表的索引值区间。

```
>>> lst=list(range(29,37,2)) # 建立列表
>>> lst
[29, 31, 33, 35]
>>> for i in lst: # 第一种循环遍历列表的方式，i 为列表 list 中的项值
    print(i)
29
31
33
35
>>> for i in range(len(lst)): # 第二种循环遍历列表的方式，i 为列表 list 的索引值
    print(i)
0
1
2
3
```

列表可以使用循环遍历每一个项值，也可以使用 for 循环语句遍历字典的所有键，for key in d: 同样可以遍历键 / 值，使用 for key,value in d.items():。

```
>>> d=dict(a=2,b=3,c=6,d=0) # 建立字典
>>> d
{'d': 0, 'a': 2, 'c': 6, 'b': 3}
>>> for key in d: # 遍历字典中的所有键
    print(key)
d
a
c
b
>>> for key,value in d.items(): # 遍历字典的键 / 值
    print(key, 'correspoinds',value)
d correspoinds 0
a correspoinds 2
```

c correspoinds 6

b correspoinds 3

while True/break 语句则可以将循环终止的语句放置在循环过程中来判断，例如在文件的打开和读取章节中曾使用过该语句，如下：

f=open('E:\PythonDesign\PythonProgram\write.txt','r')   #以只读方式打开文件

lst=[]   #建立空的列表，放置调整后的字符串

while True: #循环迭代文件

    line=f.readline()   #逐一地读取行

    str="#"+line   #调整字符串，每行前增加标志符"#"

    lst.append(str)   #将调整后的字符串追加到列表中

    if not line:break   #判断是否读取完全部行，如果读取完则停止循环

f.close()   #关闭文件

print(lst)   #打印列表

在 while True/break 语句中，if not line:break，增加了一个条件语句，使得条件一旦满足时，调用 break 语句终止循环。终止循环的语句可以在循环内部的任何地方出现。也可以将上文的 while 循环语句改写，将满足运行的条件改为限制运行的条件，并将该条件放置于循环程序之内，例如：

\>>> x=1

\>>> while True: #开始循环

    print(x)

    x+=10

    if x>=100:break #停止循环的条件语句

1

11

21

31

41

51

61

71

81

91

break 语句可以放置在 while True/break 语句中，break 也可以放置于 for 循环语句中，结束循环，例如使用 for/break 的方式修改上文程序为：

\>>> x=1

\>>> for i in range(1000): #使用 for 循环

```
        print(x)
        x+=10
        if x>=100:break  # 停止循环的条件语句 1
11
21
31
41
51
61
71
81
91
```

使用 for 循环，一般需要给一个循环的区间，或者列表，这里可以给任何一个大于条件 100 的值，在循环内再判断条件，一旦符合则调用 break 语句，停止循环。

迭代的工具

- 并行迭代

zip(listA,listB) 函数可以将两个列表以一一对应元组的形式放置在列表中，并能够使用循环语句解包元组。

```
>>> listA=[0,1,2,3]  # 建立列表 listA
>>> listB=['pointA','pointB','pointC','pointD']  # 建立列表 listB
>>> ziplst=zip(listA,listB)  # 使用 zip() 函数对列表 listA 和 listB 进行并行迭代
>>> d=dict(ziplst)  # 并行迭代的结果因为是包含元组对的列表，因此可以使用 dict() 函
```
数建立字典
```
>>> d
{0: 'pointA', 1: 'pointB', 2: 'pointC', 3: 'pointD'}
>>> A=[]  # 建立空的列表
>>> B=[]  # 建立空的列表
>>> for a,b in ziplst:  # 解包元组
        A.append(a)
        B.append(b)
>>> A
[0, 1, 2, 3]
>>> B
['pointA', 'pointB', 'pointC', 'pointD']
```

- 编号迭代

enumerate() 函数可以在迭代列表的时候同时返回索引值和项值

```
>>> listC=['pointA','pointB','pointC','pointD'] # 建立列表
>>> d={} # 建立空的字典
>>> for index,value in enumerate(listC): # 使用函数 enumerate() 编号迭代
    d[index]=value # 字典赋值
>>> d
{0: 'pointA', 1: 'pointB', 2: 'pointC', 3: 'pointD'}
```

列表推导式

列表推导式 list comprehension 是利用其他列表创建新列表的一种方法，类似于 for 循环语句。

```
>>> lst=[] # 建立空的列表
>>> for i in range(3,37,5): # 循环遍历区间
    if i%2==0: # 确定条件以执行操作
        lst.append(i*i) # 满足条件的值进行的操作
>>> lst
[64, 324, 784]
>>> lst=[x*x for x in range(3,37,5) if x%2==0] # 使用列表推导式建立上文的 for 循环程序，将程序的过程大幅度进行了简化，也更加灵活
>>> lst
[64, 324, 784]
>>> [(x,y) for x in range(3) for y in range(2)] # 使用列表推导式建立元组对的列表
[(0, 0), (0, 1), (1, 0), (1, 1), (2, 0), (2, 1)]
```

2.4 条件语句

在设计编程的时候，往往需要判断某一种情况是否为真，继而采取不同的操作策略，例如一组空间随机点 Z 值即高程值大于或者小于某一个值时将会被删除，这个过程需要判断所有点的高程值与给定值之间的大小关系。条件语句的基本结构为：

```
if expression:
    statements
elif expression:
    statements
elif expression:
    pass # 不执行任何操作
...
else:
    statements
```

如果不需要执行任何操作，可以省略 elif 和 else 语句，如果特定子句下不存在要执行的语句，可以使用 pass 语句。条件语句的基本语法并不复杂，编程的核心还是在于以编程的方式实现解决问题时所构建的逻辑过程，如同语言只是交流的工具，表达的含义才是需要传递的核心内容。在实际解决具体问题时，根据具体情况判断是否使用条件语句，以及使用的方式，是需要一次判断，还是有多种情况需要判断，又或者需要嵌套条件语句，在初次判断之后，再次进行判断。

条件语句最为重要的是条件的判断，判断的条件多样复杂，既可以是数值大小的判断，也可以是非数值包含关系成员资格的判断，Python 下主要的比较运算符如下：

表达式	描述
x==y	x 等于 y
x<y	x 小于 y
x>y	x 大于 y
x>=y	x 大于等于 y
x<=y	x 小于等于 y
x!=y	x 不等于 y
x is y	x 和 y 是同一个对象
x is not y	x 和 y 是不同的对象
x in y	x 是 y 容器（例如列表）的成员
x not in y	x 不是 y 容器（例如列表）的成员

● 相等运算符 == 与同一性运算符 is

>>> x=y=[3,6,9] # 使用链式赋值建立列表 x、y，x 与 y 为同一个对象，即一个发生改变时另一个也发生改变

>>> z=[3,6,9] # 单独赋值给列表 z

>>> x==y # 判断 x 与 y 是否相等

True

>>> x is y # 判断 x 与 y 是否相同，返回值为 True，即 x 与 y 指向同一个值

True

>>> x==z # 判断 x 与 z 是否相等

True

>>> x is z # 判断 x 与 z 是否相同，返回值为 False，即 x 与 z 并不指向同一个值

False

>>> x is not y # 判断 x 与 y 是否为不同对象

False

>>> x is not z # 判断 x 与 z 是否为不同对象

True

>>> del x[2] # 删除 x 列表中索引值为 2 的项值

>>> x

[3, 6]

>>> y # 因为 x 与 y 指向同一个数值，所以 x 值发生改变后 y 值也发生改变

[3, 6]

>>> z # x 与 y 的值发生了改变，z 值未发生改变，x 与 y 具有同一性，与 z 不具有同一性

[3, 6, 9]

相等运算符与同一性运算符是截然不同的判断方式，如果多个变量都指向同一个值，那么这些变量具有同一性，也必然相等；如果多个变量的值相等，但是并没有指向同一个值，这些变量就不具有同一性。

- 成员资格运算符，in 与 not in

    >>> x=[3,6,9] # 建立 x 列表

    >>> 3 in x # 判断 3 是否在列表 x 中

    True

    >>> 0 in x # 判断 0 是否在列表 x 中

    False

    >>> 3 not in x # 判断 3 是否不在列表 x 中

    False

    >>> 0 not in x # 判断 0 是否不在列表 x 中

    True

3 Table 属性表与 Cursor 游标

表格信息是地理要素的基础，可用于显示、查询和分析数据。表由行和列组成，且所有行都具有相同的列。在 ArcGIS 中，行和列分别称为记录和字段。每个字段可存储一个特定的数据类型，如数字、日期或文本段。

要素类实际上就是带有特定字段（包含有关要素几何的信息）的表。这些字段包括用于点、线和多边形要素类的 Shape 字段和用于注记要素类的 BLOB 字段。ArcGIS 会自动添加、填充和保留一些字段，例如唯一标识符数字 (ObjectID) 和 Shape。

前文阐述了如何在 Google Earth 中绘制几座古典园林的 Polygon，并存储为 .kml 格式，转化为 Shapefile 要素加载到 ArcGIS 图层中的方法。并通过程序编写将其合并在一个单独的 shapefile 文件下，增加了 Name 字段，将原来单独的 .kml 文件名作为各自对应几何对象的值。如果希望增加两个新的字段，一个命名为 'Area' 存储面积，一个命名为 'Length' 存储周长，使用 Python 脚本编写则配合使用类游标 Cursor。

	FID	Shape *	Id	Name	Area	Length
▶	0	Polygon	0	TheSummerPalace	2960160	7101.07
	1	Polygon	0	TheTempleofHeaven	1237110	4240.43
	2	Polygon	0	BSea	164199	2723.1
	3	Polygon	0	TheForbiddenCity	980718	3984.65
	4	Polygon	0	MSea	265233	2714.5
	5	Polygon	0	NSea	502193	2941.14
	6	Polygon	0	WSea	67799.8	1167.07
	7	Polygon	0	SSea	218500	2441.45
	8	Polygon	0	FSea	81634.3	1455.6

(0 out of 10 Selected)

BJGreenDupli_prj

```python
import arcpy  # 调入 arcpy 站点包
from arcpy import env  # 从 arcpy 站点包中调入 env 模块
path='E:\PythonScriptForArcGIS\KMLDataLoading\BJTrainStation'  # 用于工作空间的路径
env.workspace=path  # 定义工作空间
env.overwriteOutput=True  # 可以重写文件地理数据库中的数据
print(arcpy.ListFeatureClasses())  # 返回工作空间的要素类查看数据
bjgreendupli='BJGreenDupli.shp'  # 定义复制要素类输出文件名称
arcpy.CopyFeatures_management('BJGreen.shp',bjgreendupli)  # 复制指定的要素类

WGS='E:\PythonScriptForArcGIS\KMLDataLoading\BJTrainStation\WGS 1984.prj'  # 指定投影文件
r='E:\PythonScriptForArcGIS\KMLDataLoading\L71123032_03220020522_MTL.img'  # 指定用于投影的文件
arcpy.DefineProjection_management(bjgreendupli,WGS)  # 定义投影
bjgdupprj=bjgreendupli[:-4]+'_prj'+'.shp'  # 指定输出文件名称
arcpy.Project_management(bjgreendupli,bjgdupprj,r)  # 转化投影

fieldName1='Area'  # 定义字段名
fieldName2='Length'  # 定义字段名
arcpy.AddField_management(bjgdupprj, fieldName1,"FLOAT")  # 增加字段用于存储各个多边面的面积
arcpy.AddField_management(bjgdupprj, fieldName2,"FLOAT")  # 增加字段用于存储各个多边面的周长
Arealst=[]  # 建立空的列表用于放置面积数据
Lengthlst=[]  # 建立空的列表用于放置周长数据
for row in arcpy.da.SearchCursor(bjgdupprj, ["SHAPE@AREA",'SHAPE@LENGTH']):  # 使用搜索游标 arcpy.da.SearchCursor() 函数返回可以遍历的游标对象，返回值为指定的字段或者 @ 表示的几何标记
    Arealst.append(row[0])  # 逐次遍历行，并追加到列表中，索引值 [0] 为返回的 "SHAPE@AREA" 数据，即面积
    Lengthlst.append(row[1])  # 逐次遍历行，并追加到列表中，索引值 [1] 为返回的 SHAPE@LENGTH' 数据，即周长
cursor=arcpy.da.UpdateCursor(bjgdupprj,['Area','Length'])  # 使用更新游标arcpy.da.UpdateCursor() 函数返回可以遍历的游标对象并可以对指定的字段更新或者删除，需要更新的多个字段放置于一个列表中
n=0  # 设置初始值
```

```
for row in cursor:  # 循环遍历更新游标根据指定字段返回的游标对象
    row[0]=Arealst[n]  # 逐行地把面积数据列表更新到指定的字段下，[0]即字段 Area
    row[1]=Lengthlst[n]  # 逐行地把周边长数据列表更新到指定的字段下，[1]即字段 Length
    cursor.updateRow(row)  # 更新当前行
    n+=1  # 每读取一行，初始值逐次加 1
del cursor, row  # 移除游标和行
```

最初的 BJGreen.shp 要素，即前文对 .kml 文件转化加载的要素类并没有定义其空间坐标系统也未转化投影，那么计算出来的多边面面积和周长就不是实际的值，因此有必要首先使用 arcpy.DefineProjection_management() 函数定义当前的坐标系统，因为数据来源于 Google Earth，坐标系统使用的是 WGS 1984.prj，因此从 ArcGIS 安装目录文件中找到该投影文件复制到当前文件夹中使用，定义坐标系统后将其转化为与加载的遥感影像一致的 UTM_Zone_50N 投影坐标系统，使用函数 arcpy.CopyFeatures_management()，其中可以直接使用指定的遥感影像作为投影坐标的参数。

```
Projected Coordinate System: UTM_Zone_50N
Projection:   Transverse_Mercator
False_Easting:       500000.00000000
False_Northing:      0.00000000
Central_Meridian:    117.00000000
Scale_Factor:        0.99960000
Latitude_Of_Origin:  0.00000000
Linear Unit: Meter


Geographic Coordinate System: GCS_WGS_1984
Datum: D_WGS_1984
Prime Meridian: Greenwich
Angular Unit: Degree
```

对复制的多边面要素定义与转换大地坐标和投影坐标之后，使用搜索游标 arcpy.da.SearchCursor(in_table, field_names, {where_clause}, {spatial_reference}, {explode_to_points}, {sql_clause})和更新游标 arcpy.da.UpdateCursor(in_table, field_names, {where_clause}, {spatial_reference}, {explode_to_points}, {sql_clause}) 获取字段值和更新字段值。

游标是一种数据访问对象，可用于在表中迭代一组行或者向表中插入新行。游标有三种形式：搜索、插入或更新。游标通常用于读取现有几何和写入新几何。每种类型的游标均由对应的 ArcPy 函数（SearchCursor、InsertCursor 或 UpdateCursor）针对表、表视图、要素类或要素图层进行创建。搜索游标可用于检索行；更新游标可用于根据位置更新和删除行；而插入游标可用于向表或要素类中插入行。

插入行（插入游标）：arcpy.da.InsertCursor(in_table, field_names)

只读访问（搜索游标）：arcpy.da.SearchCursor(in_table, field_names, {where_clause}, {spatial_reference}, {explode_to_points}, {sql_clause})

更新或删除行（更新游标）：arcpy.da.UpdateCursor(in_table, field_names, {where_clause}, {spatial_reference}, {explode_to_points}, {sql_clause})

数据访问模块 arcpy.da 是在 ArcGIS 10.1 添加了一个新模块，在较早的 ArcGIS 下，游标语句形式分别为：arcpy.InsertCursor(dataset, {spatial_reference})，arcpy.SearchCursor(dataset, {where_clause}, {spatial_reference}, {fields}, {sort_fields})，arcpy.UpdateCursor(dataset, {where_clause}, {spatial_reference}, {fields}, {sort_fields})。虽然有的游标仍然被支持，但是如果在使用较新的 ArcGIS 版本，则建议使用 arcpy.da 模块下的游标，计算性能更加优越。不同的游标类型有不同的方法。

游标类型	方法	对位置的影响
arcpy.da.SearchCursor	next()	检索下一行
	reset()	将游标重置回起始位置
arcpy.da.InsertCursor	insertRow()	向表中插入一行
arcpy.da.UpdateCursor	updateRow()	更新当前行
	deleteRow()	从表中删除行
	next()	检索下一行
	reset()	将游标重置回起始位置

游标只能向前导航；它们不支持备份和检索已经检索过的行。如果脚本需要多次遍历数据，则可能会调用游标的 reset 方法。

可用 for 循环对搜索或更新游标进行迭代。同样可通过明确使用游标的 next 方法返回下一行访问。如果要使用游标的 next 方法来检索行数为 N 的表中的所有行，脚本必须调用 next N 次。在检索完结果集中的最后一行后，调用 next 将返回 StopIteration 异常。使用游标读取写入表的方法实际上与第二部分阐述的读取与写入 .txt 文本格式的方法极其类似。在增加字段和更新字段的程序中，有两个关键点，一个是 for row in arcpy.da.SearchCursor(bjgdupprj, ["SHAPE@AREA",'SHAPE@LENGTH']): 语句中使用了几何标记，直接获取每个几何的面积和周长。

3.1 读取几何、写入几何与几何标记（geometry tokens）

要素类中的每个要素都包含一组用于定义面或线折点的点要素，或者包含单个用于定义一个点要素的坐标。可以使用几何对象（面 Polygon、折线 Polyline、点几何 PointGeometry 或多点 MultiPoint）访问这些点，这些几何对象将以点对象的数组形式返回这些点。要素可具有多个部件。几何对象的 partCount 属性将返回要素的部件数。如果指定了索引，则 getPart 方法将返回特定几何部件的点对象数组。如果未指定索引，则返回的数组将包含每个几何部件的点对象数组。PointGeometry 要素将返回单个点对象而不是点对象数组。所有其他要素类型（面、折线和多点）将返回一个点对象数组，或者如果要素具有多个部分，则返回包含多个点对象的数组。

如果一个面包含多个洞，它将由多个环组成。针对面返回的点对象数组将包含外部环及所有内部环的点。外部环总是先返回，接着是内部环，其中以空点对象作为环之间的分隔符。当脚本在地理数据库或 shapefile 中读取面的坐标时，它应包含用于处理内部环的逻辑（如果脚本需要此信息）；否则将只读取外部环。多部件要素是由多个物理部分组成的，但是只引用数据库中的一组属性。环是一个用于定义二维区域的闭合路径。有效的环是由有效路径组成的，因而环的起点和终点具有相同的 x,y 坐标。顺时针环是外部环，逆时针环则定义内部环。

通过使用插入和更新游标，脚本可以在要素类中创建新要素或更新现有要素。脚本可以通过创建点对象、填充要素属性和将要素放入数组中来定义要素。然后通过面（Polygon）、折线（Polyline）、点几何（PointGeometry）或多部件（MultiPoint）几何类使用该数组来设置要素几何。

几何标记同样可以作为快捷方式来替代访问完整几何对象。附加几何标记可用于访问特定几何信息。访问完整几何往往更加耗时。如果只需要几何的某些特定属性，可使用标记来提供快捷方式从而访问几何属性。例如，SHAPE@XY 会返回一组代表要素质心的 x，y 坐标。几何标记除了读取特定的几何信息之外，往往用于写入几何，例如获取点、折线和面对象后可以使用 da.InsertCursor() 函数配合 cursor.insertRow() 的方法，将对象写入字段 'SHAPE@'，即要素的几何对象，完成写入几何的过程。

标记	说明
SHAPE@	要素的几何对象。
SHAPE@XY	一组要素的质心 x,y 坐标。
SHAPE@TRUECENTROID	一组要素的真正质心 x，y 坐标。
SHAPE@X	要素的双精度 x 坐标。
SHAPE@Y	要素的双精度 y 坐标。
SHAPE@Z	要素的双精度 z 坐标。
SHAPE@M	要素的双精度 m 值。
SHAPE@JSON	表示几何的 esri JSON 字符串。
SHAPE@WKB	OGC 几何的熟知二进制（WKB）制图表达。该存储类型将几何值表示为不间断的字节流形式。
SHAPE@WKT	OGC 几何的熟知文本（WKT）制图表达。其将几何值表示为文本字符串。
SHAPE@AREA	要素的双精度面积。
SHAPE@LENGTH	要素的双精度长度。

对几座古典园林的 Shapefile 要素，通过 arcpy.da.SearchCursor()，arcpy.da.UpdateCursor() 函数增加了新的字段 'Area' 和 'Length'，进一步在项目的分析研究过程中，需要将蓝色的区域单独提取出来作为唯一的 Shapefile 要素。使用 Python 程序编写这个过程需要根据提取的目标使用 arcpy.da.SearchCursor() 结合几何标记的使用提取出蓝色区域的几何面即 'SHAPE@' 字段要素的几何对象，为了能够对应每个几何面单独部分的标识，需要同时提取出每部分的名称及 'Name' 字段。将提取出的字段返回值放置于列表中，并建立新的 Polygon 要素，增加 'Name' 字段放置对应的几何部分名称，使用 arcpy.da.InsertCursor() 函数配合 cursor.insertRow() 的方法写入几何。

```
import arcpy # 调入 arcpy 站点包
from arcpy import da # 从 arcpy 站点包调入 da 游标模块
from arcpy import env # 从 arcpy 站点包调入 env 模块
path='E:\PythonScriptForArcGIS\KMLDataLoading\BJTrainStation' # 用于工作空间的目录
env.workspace=path # 定义工作空间
fc='BJGreenDupli_prj.shp' # 指定被提取的文件
mplst=[] # 建立空的字典用于放置提取要素的几何对象
```

namelst=[] # 建立空的字典用于放置提取要素的 'Name' 字段
for row in da.SearchCursor(fc, ["Name",'Area','SHAPE@']): # 使用搜索游标返回指定的字段值
  if row[0][-3:]=='Sea': # 使用条件语句判断需要提取的几何部分，即几何部分名称字符串后三个字母为 'Sea'
    print('Area is '+str(row[1])) # 打印显示提取部分的面积（可以省略该语句）
    mplst.append(row[2]) # 逐行将 row[2] 即提取的 'SHAPE@' 要素几何对象，追加放置于空的列表中
    namelst.append(row[0]) # 逐行提取 row[0] 即提取 'Name' 字段并放置于空的列表中
SeaM='SeaM.shp' # 指定用于放置提取几何的新要素 shapefile 名称
arcpy.CreateFeatureclass_management(path,SeaM,'Polygon','','',fc) # 建立新的要素，需要注意必须指定 {spatial_reference} 并且与被提取的原始要素类文件 fc 一致，可以直接使用 fc 文件用于指定空间参考
arcpy.AddField_management(SeaM, 'Name','TEXT') # 对新建立的要素增加 'Name' 字段，字段类型为 'TXTE'
cursor=da.InsertCursor(SeaM,['SHAPE@','Name']) # 使用插入游标，并指定待插入值的字段放置于一个列表内
for n in range(len(mplst)): # 根据插入值列表的数量，循环逐行插入
  cursor.insertRow([mplst[n],namelst[n]]) # 逐行插入值，值被放置于一个列表内
del cursor # 删除游标

两个关键点中的第一个 for row in arcpy.da.SearchCursor(bjgdupprj, ["SHAPE@AREA", 'SHAPE@LENGTH']): 语句中使用的几何标记已经做了详细的阐述，那么第二个关键点是，在使用 cursor 游标函数结束后，都需要增加 del cursor 语句，有时也会有 del row 语句，那么为什么需要增加这样的语句移除游标呢？

3.2 游标和锁定

插入和更新游标遵循由 ArcGIS 应用程序设置的表锁。锁能够防止多个进程同时更改同一个表。有两种锁的类型：共享和排他。

  • 只要访问表或数据集就会应用共享锁。同一表中可以存在多个共享锁，但存在共享锁时，将不允许存在排他锁。应用共享锁的示例包括：在 ArcMap 中显示要素类时，以及在 ArcCatalog 中预览表时。

  • 对表或要素类进行更改时，将应用排他锁。在 ArcGIS 中应用排他锁的示例包括：在 ArcMap 中编辑和保存要素类时；在 ArcCatalog 中更改表的方案时；或者在 Python IDE（例如 Python Window）中在要素类上使用插入游标时。

如果数据集上存在排他锁，则无法为表或要素类创建更新和插入游标。UpdateCursor() 或 nsertCursor() 函数会因数据集上存在排他锁而失败。如果这些函数成功地创建了游标，它们将

在数据集上应用排他锁,从而使两个脚本无法在同一数据集上创建更新和插入游标。

Python 中,在游标释放前保持锁定状态,否则将会阻止所有其他应用程序或脚本访问数据集,而这是毫无必要的。释放游标的方法为:

- 包括 With 语句内部的游标,这会确保无论游标是否成功完成,都会释放锁,例如 with arcpy.da.UpdateCursor(fc, ["FieldName"]) as cursor
- 调用游标上的 reset()
- 游标的完成
- 使用 Python 的 del 语句明确删除游标

ArcMap 中的编辑会话将在其会话期间对数据应用共享锁。保存编辑内容时将应用排他锁。已经存在排他锁时,数据集是不可编辑的。

3.3 在 Python 脚本中使用 SQL 结构化查询语

在搜索游标 arcpy.da.SearchCursor() 与更新游标 arcpy.da.UpdateCursor() 的参数中都包含一个参数 {where_clause},可以用于指定 SQL 表达式。结构化查询语言(SQL)是一种功能强大的语言,可定义一个或多个由属性、运算符和计算组成的条件。例如希望从提取出的蓝色多边面 .shp 文件中打印显示字段 'Length' 即周长小于 2000m 的几何部分名称和周长,可以使用 "Length"<2000" 的表达式。

将查询指定到更新或搜索光标时,仅返回满足该查询的记录。一个 SQL 查询代表使用 SQL SELECT 语句对 SQL 数据库中的表进行的单个表查询的一个子集。

```
import arcpy # 调入 arcpy 站点包
from arcpy import env # 从 arcpy 站点包调入 env 模块
path='E:\PythonScriptForArcGIS\KMLDataLoading\BJTrainStation' # 用于工作空间的目录
env.workspace=path # 定义工作空间
env.overwriteOutput=True # 可以重写文件地理数据库中的数据
fc='SeaM' # 指定被搜索的文件
fieldName1='Area' # 定义字段名
fieldName2='Length' # 定义字段名
arcpy.AddField_management(fc, fieldName1,"FLOAT") # 增加字段用于存储各个多边面的面积
arcpy.AddField_management(fc, fieldName2,"FLOAT") # 增加字段用于存储各个多边面的周长
Arealst=[] # 建立空的列表用于放置面积数据
Lengthlst=[] # 建立空的列表用于放置周长数据
for row in arcpy.da.SearchCursor(fc, ["SHAPE@AREA","SHAPE@LENGTH"]): # 使用搜索游标 arcpy.da.SearchCursor() 函数返回可以遍历的游标对象,返回值为指定的字段或者 @ 表示的几何标记
    Arealst.append(row[0]) # 逐次遍历行,并追加到列表中,索引值 [0] 为返回的 'SHAPE@
```

AREA' 数据，即面积

    Lengthlst.append(row[1]) # 逐次遍历行，并追加到列表中，索引值 [1] 为返回的 SHAPE@LENGTH' 数据，即周长

  cursor=arcpy.da.UpdateCursor(fc,['Area','Length']) # 使用更新游标 rcpy.da.UpdateCursor() 函数返回可以遍历的游标对象，并可以对指定的字段更新或者删除，需要更新的多个字段放置于一个列表中

  n=0 # 设置初始值

  for row in cursor: # 循环遍历更新游标根据指定字段返回的游标对象

    row[0]=Arealst[n] # 逐行地把面积数据列表更新到指定的字段下，[0] 即字段 Area

    row[1]=Lengthlst[n] # 逐行地把周边长数据列表更新到指定的字段下，[1] 即字段 Length

    cursor.updateRow(row) # 更新当前行

    n+=1 # 每读取一行，初始值逐次加 1

  del cursor, row # 移除游标和行

  c=arcpy.da.SearchCursor(fc,("Length",'Name'),"""Length"<2000""") # 使用 SQL 结构化查询语言

  for row in c: # 循环返回的值

    print('%s\'length is %s' % (str(row[1]),str(row[0]))) # 字符格式化打印显示结果

  ...

  WSea'length is 1167.06994629

  FSea'length is 1455.59997559

在整个程序中，大部分程序在之前都已经阐述过，包括增加字段与赋值，通过修改文件名称就可以直接使用，或者将其中部分定义成函数，供类似的情况直接调用。SQL 表达式中使用的字段分隔符因所查询数据的格式而异。例如文件地理数据库和 shapefile 使用双引号 " "，个人地理数据库使用方括号 [ ]，ArcSDE 地理数据库不使用字段分隔符。AddFieldDelimiters 函数可免去一些为确保与 SQL 表达式一起使用的字段分隔符的正确性而进行的推测过程。下例对上述示例进行了调整，以为 SQL 表达式添加正确的字段分隔符。

  >>> whereclause="""%s<2000""" % arcpy.AddFieldDelimiters(fc,"Length")

  ... c=arcpy.da.SearchCursor(fc, ("Length",'Name'), whereclause)

  ... for row in c:

  ...   print('%s\'length is %s' % (str(row[1]),str(row[0])))

  ...

  WSea'length is 1167.06994629

  FSea'length is 1455.59997559

3.4 数据存在判断与在 Python 脚本中验证表和字段名称

对于地理数据及其表的管理过程，一旦数据量较多并需要批量处理时，很多待定义的文件名可能已经使用，如果未加注意很可能将原始文件覆盖。因此在处理地理数据时需要从两个方面来处理此类问题，一个是使用 Exists() 函数查看文件名在指定的工作空间中是否唯一；另外一个就是使用 ValidateTableName() 和 ValidateFieldName(name, {workspace}) 函数直接获取有效的名称用于数据的管理。

Exists (dataset) 函数

Exists(dataset) 函数确定指定数据对象是否存在。测试在当前工作空间中是否存在要素类、表、数据集、shapefile、工作空间、图层和文件。函数返回指示元素是否存在的布尔值。

```
>>> import arcpy
... from arcpy import env
... path='E:\PythonScriptForArcGIS\KMLDataLoading\BJTrainStation'
... env.workspace=path
... if arcpy.Exists('SeaM.shp'):  # 使用 Exists(dataset) 函数确定指定数据对象是否存在，返回布尔值
...     print('"SeaM.shp" already exists!')
...
"SeaM.shp" already exists!
```

ValidateTableName() 函数验证表名

地理数据库使用各种关系数据库管理系统 (RDBMS) 来保持构成地理数据库的表之间的关系。地理数据库中的所有表必须有一个有效名称，因此在地理数据库中创建数据时，设定一个检查表名是否有效的机制十分重要。通过调用 ValidateTableName() 函数，可以用脚本文件判定在指定工作空间中特定名称是否有效。

下面是将被验证的表名错误：

· 表与数据源保留字的名称相同（例如，Table）

· 表包含无效字符

· 表包含无效起始字符（例如，将数字用作首字符）

同时 ValidateTableName(name, {workspace}) 函数获取表名和工作空间路径，并为该工作空间返回一个有效表名。

将工作空间指定为参数允许 ArcPy 检查所有现有表名，并确定是否存在由输出工作空间施加的命名限制。如果输出工作空间是一个 RDBMS，则它可能有一些保留字，表名中不能使用这些字。还可能有一些不能用在表名或字段名中的无效字符。所有无效字符都用下划线 _ 代替。ValidateTableName() 返回一个表示有效表名的字符串，该表名在输入名称有效的情况下可以与输入名称相同。

```
>>> import arcpy
... from arcpy import env
... path='E:\PythonScriptForArcGIS\KMLDataLoading\BJTrainStation'
... env.workspace=path
... env.overwriteOutput=True
... valilst=arcpy.ListFeatureClasses('SeaM*') # 返回包含匹配字符串的要素类文件
... print(valilst)
... for fc in valilst: # 循环遍历返回的地理数据列表
...     outfc=arcpy.ValidateTableName(fc) # 使用 arcpy.ValidateTableName() 函数按照当前文件名称通过自动增加 _shp 命名新文件名称，即新文件名称为 SeaM_shp
...     print(outfc)
...     arcpy.CopyFeatures_management(fc, outfc) # 按照自动生成的新文件名复制要素
...
[u'SeaM.shp']
SeaM_shp
```

CreateUniqueName (base_name, {workspace}) 函数同样可以创建一个有效文件名，在指定的工作空间中通过对输入的文件名不断增加数字直到获取有效文件名。

```
>>> import arcpy
... from arcpy import env
... env.workspace='E:\PythonScriptForArcGIS\KMLDataLoading\BJTrainStation'
... filename='SeaM.shp' # 待检验的文件名
... unique_name=arcpy.CreateUniqueName(filename) # 通过逐步增加数字值的方式返回有效文件名
... print(unique_name)
... arcpy.CopyFeatures_management(filename, unique_name) # 使用有效文件名复制要素
... unique_name=arcpy.CreateUniqueName(filename) # 再次通过逐步增加数字值的方式返回有效文件名
... print(unique_name)
...
E:\PythonScriptForArcGIS\KMLDataLoading\BJTrainStation\SeaM0.shp # 第一次有效文件名返回结果
E:\PythonScriptForArcGIS\KMLDataLoading\BJTrainStation\SeaM1.shp # 第二次有效文件名返回结果
```

ValidateFieldName() 函数验证字段名

每个数据库都可以对表中字段名的命名进行限制。诸如要素类或关系类这样的对象在 RDBMS 中作为表存储，因此这些限制不是仅仅影响独立表而已。这些限制在各种数据库系统中

可能常见也可能不常见，因此脚本应该检查所有新字段名以确保在执行过程中工具不会失败。

下面是将被验证的字段名错误：

- 字段名与数据源的保留字相同（例如，Table）
- 字段名与先前定义的字段相同
- 字段包含无效字符（例如，*）
- 字段名的长度超过了数据源的最大字段名长度

```
>>> import arcpy
... from arcpy import env
... path='E:\PythonScriptForArcGIS\KMLDataLoading\BJTrainStation'
... env.workspace=path
... fieldList=arcpy.ListFields(outfc) #返回待增加字段的要素文件字段列表
... for field in fieldList: #遍历字段列表并打印显示其字段名、类型以及字段长度
...     print("{0} is a type of {1} with a length of {2}".format(field.name, field.type, field.length))
... fieldName=arcpy.ValidateFieldName('Length%^') #检查待增加的字段是否有效，如果无效则自动返回有效字段名
... print(fieldName)
... arcpy.AddField_management(outfc,fieldName,"double") #对要素增加有效字段名
...
FID is a type of OID with a length of 4
Shape is a type of Geometry with a length of 0
Id is a type of Integer with a length of 6
Name is a type of String with a length of 254
Area is a type of Single with a length of 13
Length is a type of Single with a length of 13
Length_ #返回的有效字段名，%^ 被下划线 _ 逐步替代
```

景观格局通常是指景观的空间结构特征，具体是指由自然或人为形成的，一系列大小、形状各异，排列不同的景观镶嵌体在景观空间的排列，即是景观异质性的具体表现，同时又是包括干扰在内的各种生态过程在不同尺度上作用的结果。空间斑块性是景观格局最普遍的形式，它表现在不同的尺度上。景观格局及其变化是自然的和人为的多种因素相互作用所产生的一定区域生态环境体系的综合反应，景观斑块的类型、形状、大小、数量和空间组合既是各种干扰因素相互作用的结果，又影响着该区域的生态过程和边缘效应。不同的景观类型在维护生物多样性、保护物种、完善整体结构和功能、促进景观结构自然演替等方面的作用是有差别的；同时不同景观类型对外界干扰的抵抗能力也是不同的。因此对某区域景观空间格局的研究，是揭示该区域生态状况及空间变异特征的有效手段。可以将研究区域不同生态结构划分为景观单元斑块，通过定量分析景观空间格局的特征指数，从宏观角度给出区域生态环境状况。

景观指数在过去几十年里发展了上百个甚至更多，但是大部分非常相似，具有较高的相关度。对于这类指数也已经开发了很多软件包和工具箱执行这类分析，例如应用较为广泛的 Fragstats 支持 100 多个景观指数的计算。实际上只要知道每种景观指数的计算方法，就可以自行编写程序计算指数，例如较为简单的几个：

- NP 斑块数目：景观中斑块的总数。NP ≥ 1，无上限。
- TE' 边界总长度：景观中所有斑块边界总长度。
- ED 边界密度：景观中斑块边界总长度除以总面积再转化成平方千米。
- LPI 最大斑块指数：景观中最大斑块的面积除以总面积乘以 100 转化成百分比。
- MPS 平均斑块面积：所有斑块总面积除以斑块总数转化成平方千米。
- PAR 周长面积比：各部分周长与各自面积的比值。
- C 形状指数：各自部分面积与部分周长比值的开方。

在使用 Python 编写景观指数可以将其值存储在属性表中，使用前文阐述的访问表的游标函数方法，其中需要注意的是，有一些值是针对总体几何对象的计算，例如总面积，而表的格式是以字段为列以几何部分为行的形式，因此如果是针对总体几何的计算，则每行值都标示为该值。

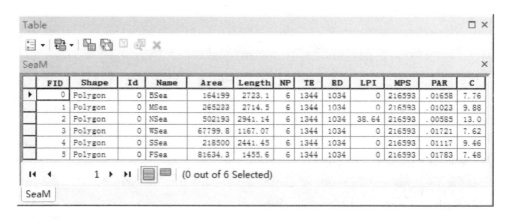

```
import arcpy
from arcpy import env
import math  # 调入 math 模块，使用其 math.square() 求开方的方法
path='E:\PythonScriptForArcGIS\KMLDataLoading\BJTrainStation'
env.workspace=path
env.overwriteOutput=True
Sea='SeaM.shp'  # 待处理的几何面要素
SeaG=arcpy.CopyFeatures_management(Sea,arcpy.Geometry())  # 复制要素到 arcpy.Geometry() 类，返回几何部分的列表
np='NP'  # 斑块数目    # 定义字段名
```

```
te='TE' # 边界总长度
ed='ED' # 边界密度
lpi='LPI' # 最大斑块指数
mps='MPS' # 平均斑块面积
par='PAR' # 周长面积比
c='C' # 形状指数
arcpy.AddField_management(Sea, np,"FLOAT") # 增加字段
arcpy.AddField_management(Sea, te,"FLOAT")
arcpy.AddField_management(Sea, ed,"FLOAT")
arcpy.AddField_management(Sea, lpi,"FLOAT")
arcpy.AddField_management(Sea, mps,"FLOAT")
arcpy.AddField_management(Sea, par,"FLOAT")
arcpy.AddField_management(Sea, c,"FLOAT")
Arealst=[]
Lengthlst=[]
Namelst=[]
for row in arcpy.da.SearchCursor(Sea, ["SHAPE@AREA",'SHAPE@LENGTH','Name']): # 使用搜索游标提取面积、周长和名称的列表
    Arealst.append(row[0])
    Lengthlst.append(row[1])
 Namelst.append(row[2])
print(Arealst,Lengthlst)
cursor=arcpy.da.UpdateCursor(Sea,['NP','TE','ED','LPI','MPS','PAR','C','Name']) # 使用更新游标更新字段值
n=0
for row in cursor:
    row[0]=len(SeaG) # 计算斑块数据
    row[1]=sum(Lengthlst) # 计算边界总长度
    row[2]=sum(Lengthlst)/sum(Arealst)*pow(10,6) # 计算边界密度
    if row[-1]==Namelst[Arealst.index(max(Arealst))]:
        row[3]=max(Arealst)/sum(Arealst)*100 # 计算最大斑块指数
    else:
        row[3]=0
    row[4]=sum(Arealst)/len(SeaG) # 计算平均斑块面积
```

☐ ☑ SeaM
☐ <all other values>
C
☐ 13.0671
▨ 9.88483
▨ 9.46023
▨ 7.7652
▨ 7.62196
▨ 7.48886

```
        row[5]=LengthIst[n]/AreaIst[n] # 计算周长面积比
        row[6]=math.sqrt(AreaIst[n]/LengthIst[n]) # 计算形状指数
        cursor.updateRow(row)
        n+=1
    del cursor, row
```

在图层属性中设置显示 'Name' 字段的 Label 标签，并在 Symbology 中设置以 C 字段即形状指数设置分类。

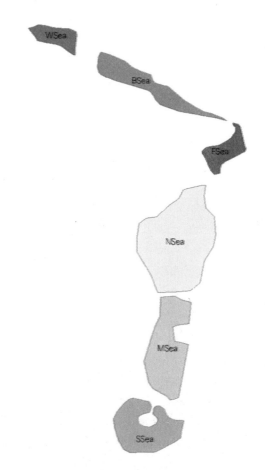

4

Create Function and Processing Raster Data in Python

创建函数与使用 Python 处理栅格数据

如果编写一个略微复杂的程序，流水账的编写方式让程序不易读，也不利于程序编写的梳理。处理复杂程序的方法就是定义函数，这个函数与前文阐述中不断使用的函数实质相一致，例如 range() 区间函数、zip() 并行迭代函数以及 math 类中 pow() 幂函数、floor() 向下取整函数，以及 ArcPy 站点包中的函数，例如创建搜索地理数据数列的 ListDatasets()、ListFeatureClasses() 和描述数据的 Describe() 等。将繁杂的程序处理为多个自定义的函数，可以使程序清晰明了，并且可以在其他程序中不断地调用定义函数，提高程序编写的效率。

1 创建函数

定义函数直接使用 def function(parameter): 语句，例如定义可以选择与输入数值最近的菲波那契数列，并给出需要返回的数量函数：

　　def fib(s,count): # 使用 def function(parameter) 语句定义函数，形式参数 s 表示最开始的菲波那契数，count 为返回菲波那契数列的数量

　　　　fiblst=[0,1] # 设置菲波那契数列的开始两个值

　　　　fiblstcount=[] # 建立空的列表，用于放置指定开始位置和数量的菲波那契数列

　　　　if s==0 or s==1: # 指定条件 s 为 0 或者为 1 时的情况

　　　　　　fiblstcount[:]=fiblst # 复制菲波那契数列的开始两个值

　　　　　　for i in range(count-2): # 根据指定的数量开始循环

　　　　　　　　fiblstcount.append(fiblstcount[-1]+fiblstcount[-2]) # 根据菲波那契数列的规则逐次追加菲波那契数，即后一个值为前两个值之和

　　　　else: # 当初始值 s 为其他数时的情况，即除了 0 和 1 的情况之外

　　　　　　while True: # 使用 while True: 循环

　　　　　　　　fiblst[:]=[fiblst[1],fiblst[0]+fiblst[1]] # 根据菲波那契数列的规则计算，并仅保留两个连续的菲波那契数列

　　　　　　　　if fiblst[1]-s>=0:break # fiblst 列表只有两个值，当第二个值大于初始值 s 后，跳出循环

　　　　　　fiblstcount[:]=fiblst # 复制菲波那契数列的开始两个值

　　　　　　if abs(fiblst[0]-s)>=abs(fiblst[1]-s): # 判断初始值 s 到 fiblst 列表两个连续菲波那契数的距离，操作距离第二个值近的情况

　　　　　　　　for i in range(count-1): # 根据指定的数量开始循环

　　　　　　　　　　fiblstcount.append(fiblstcount[-1]+fiblstcount[-2]) # 根据菲波那契数列的规则逐次追加菲波那契数

　　　　　　　　fiblstcount.pop(0) # 移出第一个值

　　　　　　else: # 初始值 s 距离第一个值近的情况

　　　　　　　　for i in range(count-2): # 根据指定的数量开始循环

　　　　　　　　　　fiblstcount.append(fiblstcount[-1]+fiblstcount[-2]) # 根据菲波那契

数列的规则逐次追加菲波那契数

  return fiblstcount #定义的函数返回 fiblstcount 列表

\>\>\> fib(0,5) #运行程序后，使用定义的 fib() 函数，指定实际参数，查看结果

[0, 1, 1, 2, 3]

\>\>\> fib(1,3)

[0, 1, 1]

\>\>\> fib(9,3)

[8, 13, 21]

\>\>\> fib(131,5) 、\n [144, 233, 377, 610, 987]

  整个函数定义目的是提供两个形式参数 s 和 count，一个用于确定从哪个菲波那契数开始，另一个确定从开始的菲波那契数开始返回多少个连续的菲波那契数。初始值 s 存在两个特殊的情况，即当 s 为 0 或者为 1 时的情况，另外其他的数值统一为一种情况。在 s 为 0 或者 1 时，使用 for 循环的方式循环追加菲波那契数；当 s 为其他数值时，首先使用 while True 循环获取符合迭代的菲波那契数根据初始值 s 到这两个连续的菲波那契数距离，再分为两种情况处理，二者主要的区别是，是否包含第一个菲波那契数。return 语句很重要，返回希望返回的变量。

  在函数定义过程 def function(patameter) 中，function 为定义函数的名称，尽量根据函数的功用起名，使之更容易理解；parameter 为形式参数，形式参数的数量根据函数定义的目的确定，当给形式参数传递具体值时，所提供的值为实际参数，或者直接称之为参数。例如 def fib(s,count): 函数定义中，fib 即为定义的函数名称，s 与 count 为形式参数，在执行定义函数时，例如 fib(9,3)，其中 9 即为 s 的实际参数，3 为 count 的实际参数。可以将形式参数看作定义函数内部即局部作用域与外部（全局）作用域参数传递的接口。那么在局部作用域下定义的变量是否与外部作用域下定义相同名称的变量发生冲突？两者因为位于不同的作用域之下，因此不会互相影响。

\>\>\> def funca(): #定义一个函数

  x=56 #局部作用域内，给变量 x 赋值

  return x #定义函数返回 x 值

\>\>\> funca() #执行定义函数，返回 56

56

\>\>\> x=67 #在外部作用域中，给变量 x 赋值

\>\>\> funca() #再次执行定义函数，返回 56，并没有受到外部作用域给变量 x 赋值的影响

56

  在定义函数时，需要注意形式参数的顺序，提供的实际参数必须与形式参数的顺序保持一致。但是如果遇到定义函数时需要很多形式参数，在提供实际参数时很容易混淆位置，这个时候可以使用关键字参数，即将实际参数赋值给形式参数，例如执行上文定义的 fib() 函数可以使用关键字参数：

\>\>\> fib(count=6,s=9) #使用关键字参数，位置的顺序可以更加自由，并且能够指明实际

参数与形式参数之间的关系，使程序更加易读，也不容易出现程序的错误

[8, 13, 21, 34, 55, 89]

在第一部分中将.kmlGoogleEarth地标文件转化为.shp，并在ArcGIS下加载的程序可以进一步调整，一个需要调整的是Python可以直接读取.kml文件，与读取.txt文件类似，因此可以省略将.kml转化为.txt文本文件的过程；第二个方面是可以在Google Earth中将地标放置于一个地标文件夹下，在该文件夹下右键/将位置另存为.kml文件，所有点单独的地标将被放置于一个.kml文件之下；第三个方面是需要重新分析.kml文件中地标名称与坐标的格式，再调整提取地标名称与坐标的程序；第四个方面是.kml文件中包含中文字符，需要使用codecs模块提供的open方法来指定打开的文件的语言编码，使读取的时候自动转换为内部unicode；最后将该程序定义为一个单独的函数供其他程序方便调用。

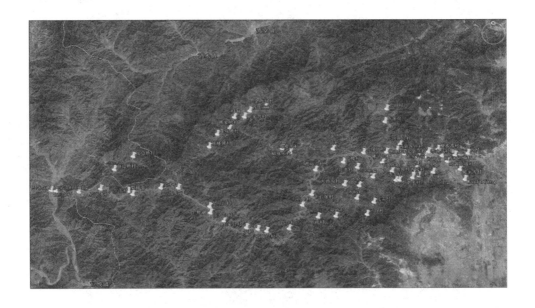

在Google Earth中定位地标时先建立文件夹，选中该文件夹后再根据需要增加地标，所有地标将位于该文件夹内。将文件夹中的所有地标一次存储为一个.kml文件，以文本方式打开该文件，并将内容粘贴复制到Word文档，自动分行便于观察XML格式文件的结构。待提取的内容为各个地标的名称和该地标对应的坐标。因为包含多个地标，每个地标的信息被放置于<Placemark></Placemark>该标志符之间，在该标志符之内，<name></name>标示地标名称，<coordinates></coordinates>标示坐标。

在第一部分案例中，在Google Earth中设置地标时名称为字母，但是实际在国内的规划设计为中文的地图，因此以中文命名。以中文命名的文件在Python解释器中打开读取时会提示UnicodeDecodeError错误，'GBK'不能够被编码。GBK是汉字编码标准之一，全称《汉字内码扩展规范》（GBK即"国标"、"扩展"汉语拼音的第一个字母，英文名称：Chinese

Internal Code Specification），为了能够正确转换，调入codecs模块，以reader=codecs.open(txtfile,'r','utf-8')语句方式打开文件，在读取的时候会自动转换为内部的unicode，一种在计算机上使用的字符编码。Unicode是为了解决传统的字符编码方案的局限而产生的，它为每种语言中的每个字符设定了统一并且唯一的二进制编码，满足跨语言、跨平台进行文本转换、处理的要求，而Python的内部正是使用unicode来处理。

>>> txtfile="E:\PythonScriptForArcGIS\KMLDataLoading\Country\Country.kml"

>>> reader=open(txtfile,'r')

>>> line=reader.readline()

Traceback (most recent call last):
　File "<pyshell#4>", line 1, in <module>
　　line=reader.readline()
UnicodeDecodeError: 'gbk' codec can't decode byte 0xae in position 1030:

illegal multibyte sequence

.kml 文件典型的部分内容

```
<Placemark>
    <name>磁家务村</name>
    <LookAt>
        <longitude>115.9670176218626</longitude>
        <latitude>39.7981916691018</latitude>
        <altitude>0</altitude>
        <heading>-0.2062497361432947</heading>
        <tilt>10.18040622119744</tilt>
        <range>9262.438609514096</range>
        <gx:altitudeMode>relativeToSeaFloor</gx:altitudeMode>
    </LookAt>
    <styleUrl>#m_ylw-pushpin</styleUrl>
    <Point>
        <gx:drawOrder>1</gx:drawOrder>
        <coordinates>115.9876125399223,39.8005673561 3899,0</coordinates>
    </Point>
</Placemark>
```

```
import re # 调入正则表达式
import arcpy # 调入 arcpy 站点包
from arcpy import env # 从 arcpy 站点包中调入 env 环境模块
import os # 调入 os 模块
import codecs # 调入 codecs 模块
txtfile="E:\PythonScriptForArcGIS\KMLDataLoading\Country\Country.kml" #指定读取的 .kml 文件路径
workspace=os.path.dirname(txtfile) # 使用 os.path.dirname() 返回目录名称
env.workspac=workspace # 设置工作空间
tf=os.path.basename(txtfile) # 使用 os.path.basename 返回基本名称
reader=codecs.open(txtfile,'r','utf-8') # 使用 codecs 读取包含中文字符的 .kml 文件
inputname=tf.split('.')[0] # 指定输入名称，用于建立要素类的参数
prjFile='WGS 1984.prj' # 指定投影文件
patA=re.compile('<name>.*</name>') # 根据包含正则表达式的字符串创建模式对象 patA
patB=re.compile('<coordinates>.*</coordinates>') # 根据包含正则表达式的字符串创建模式对象 patB
ncdic={} # 建立空的字典用于放置地标名与其坐标
```

```
while True: # 循环读取 .kml 文件
    line=reader.readline() # 读取单行
    if len(line)==0: # 如果读取的行长度为 0，即读完全部行则停止读取
        break
    line=line.strip() # 去除两侧空白的字符
    if line=='<Placemark>': # 当读取的行判断等同于标志符 <Placemark> 时
        while True: # 逐行 <Placemark></Placemark> 标志符之间的内容
            line=reader.readline() # 读取单独行
            line=line.strip() # 去除读取行两侧的空白字符
            if line=='</Placemark>': # 当读取的行等同于 </Placemark> 时停止读取
                break
            m=patA.match(line) # 匹配模式 patA
            if m: # 如果能够匹配模式 patA
                names=re.sub('<name>(.*?)</name>',r'\1',line) # 提取标志符之间的内容，即地标名称
            n=patB.match(line) # 匹配模式 patB
            if n: # 如果能够匹配模式 patB
                coordi=re.sub('<coordinates>(.*?)</coordinates>',r'\1',line) # 提取标志符之间的内容，即地标坐标
            ncdic[names]=coordi # 将地标名称做健，地标坐标为值，构建字典，注意该语句在子循环之外，即每循环一次子循环，就会读取一个地标的名称和坐标
reader.close() # 关闭打开的文件
arcpy.CreateFeatureclass_management(workspace,inputname,'Point','','',prjFile) # 建立点要素类
fieldName1='Name' # 指定待增加字段的名称
arcpy.AddField_management(inputname, fieldName1,"TEXT") # 对新建立的点要素增加字段
keys=ncdic.keys() # 以列表的形式返回键值，用于循环遍历
newdic={} # 建立空的新字典
for key in keys: # 循环遍历地标名称列表
    newdic[key]=[float(a) for a in ncdic[key].split(',')] # 使用列表推导式将地标坐标字符转换为浮点数，并放置于新的字典中
cursor=arcpy.da.InsertCursor(inputname,['SHAPE@','Name']) # 插入游标
point=arcpy.Point() #Point() 类的实例化
for key in keys: # 再次循环遍历地标名称列表
    point.X=newdic[key][0] # 指定 point 点对象的 X 坐标值
    point.Y=newdic[key][1] # 指定 point 点对象的 Y 坐标值
```

　　　　cursor.insertRow([point.key]) # 插入行
　　　　del cursor 移除游标

　　　　一般并不是一开始就定义函数，因为在编程过程中会涉及很多变数，如果一开始就以 def 定义函数的方式编写，在检查程序时就会变得繁复，因此当程序完成编写后或者基本完成时，再确定形式参数会更加容易。

　　　　已经编写好的程序定义函数只需要处理几个点即可完成转换，一个是确定哪些变量需要设置为形式参数，本例中 为 txtfile="E:\PythonScriptForArcGIS\KMLDataLoading\Country\Country.kml" 和 prjFile='WGS 1984.prj'，即 txtfile 和 prjFile 变量用于形式参数，即在函数外指定值，函数内则需要移除该语句，表达方式为 def KMLLoad(txtfile,prjFile):，其中 KMLLoad 为自定义函数的名称，圆括号内为形式参数；另外需要确定 return 返回值，返回值是由程序再进一步编写和其他程序调用某些变量需求确定，本例中返回 inputname 转换地标 .kml 文件后的 shapefile 点要素和 newdic 放置地标名称和坐标的字典，返回多个值时，参数之间用逗号分隔，表达方式为 return inputname,newdic，并放置于定义函数的结尾。执行函数与一般的函数执行语句一样，需要首先指定形式参数的具体值后再执行函数，可以将返回值再赋值给新的变量，在 ArcGIS 中的 Python Window 中执行脚本，并希望能够进一步确定返回值的 inputname 点要素类型，则可以使用 Describe() 函数进一步编写程序进行检验。

　　　　程序中并没有检查文件是否存在的语句，如果运行了一次程序就会产生一个 shapefile 点要素文件，再重新运行程序时就会提示该文件已经存在，如果希望每次都能够正常运行，并同时不覆盖原文件，则可以增加 CreateUniqueName (base_name, {workspace}) 函数创建有效文件名，对于具体的编写方法不再赘述，可以参考第三部分 "数据存在判断与在 Python 脚本中验证表和字段名称" 一节。

```python
def KMLLoad(txtfile,prjFile):
    import re
    import arcpy
    from arcpy import env
    import os
    import codecs
    workspace=os.path.dirname(txtfile)
    env.workspac=workspace
    tf=os.path.basename(txtfile)
    reader=codecs.open(txtfile,'r','utf-8')
    inputname=tf.split('.')[0]
    patA=re.compile('<name>.*</name>')
    patB=re.compile('<coordinates>.*</coordinates>')
    namelst=[]
    coordilst=[]
    ncdic={}
    while True:
        line=reader.readline()
        if len(line)==0:
            break
        line=line.strip()
        if line=='<Placemark>':
            while True:
                line=reader.readline()
                line=line.strip()
                if line=='</Placemark>':
                    break
                m=patA.match(line)
                if m:
                    names=re.sub('<name>(.*?)</name>',r'\1',line)
                n=patB.match(line)
                if n:
                    coordi=re.sub('<coordinates>(.*?)</coordinates>',r'\1',line)
                ncdic[names]=coordi
    reader.close()
    print(namelst,coordilst)
```

```
arcpy.CreateFeatureclass_management(workspace,inputname,'Point',",",",prjFile)
fieldName1='Name'
arcpy.AddField_management(inputname, fieldName1,"TEXT")
keys=ncdic.keys()
newdic={}
for key in keys:
    newdic[key]=[float(a) for a in ncdic[key].split(',')]
cursor=arcpy.da.InsertCursor(inputname,['SHAPE@','Name'])
point=arcpy.Point()
for key in keys:
    point.X=newdic[key][0]
    point.Y=newdic[key][1]
    cursor.insertRow([point,key])
del cursor
return inputname,newdic
txtfile="E:\PythonScriptForArcGIS\KMLDataLoading\Country\Country.kml"
prjFile='WGS 1984.prj'
pg,nd=KMLLoad(txtfile,prjFile)
>>> decs=arcpy.Describe(pg)
>>> decs.shapeType
u'Point'
```

定义函数能够明确输入和输出参数，有利于在地理处理模型中加载该 Python 脚本并快速做出调整，将定义函数的两个形式参数作为输入值从地理处理模型中调入，输出值为转化后的 shapefile 点要素文件。在地理处理模型中调整 Python 程序，需要注意的几点分别是：第一点是设置输入和输出参数，即需要在脚本中调整语句为 txtfile=arcpy.GetParameterAsText(0) 和 prjFile=arcpy.GetParameterAsText(1) 分别作为输入参数，分别输入 .kml 文件和投影文件，以及 arcpy.SetParameter(2,nd+'\\'+pg) 作为输出参数，其中 nd 和 pg 为自定义函数，KMLLoad() 的返回值为 return inputname,workspace，即点要素以及工作空间的路径，通过字符串相加确定输出参数文件的位置，又需要在对话窗口中设置输入与输出参数的类型，其中需要注意此次输入的文件不是 .txt 文本文件，而是 .kml 的地标文件，因此输入类型修改为 File，以便能够正确地加载文件；第二点是在程序调整过程中有些比较特殊的问题，例如 arcpy.AddField_management(inputname, fieldName1,"TEXT") 语句中对指定的要素类增加字段，其输入的要素名称需要包含后缀 .shp，因此调整了 inputname=tf.split('.')[0]+'.shp'，该语句在后面增加了 .shp 后缀。除了指出的两点外，余下的程序并不需要修改。

```
txtfile=arcpy.GetParameterAsText(0)
prjFile=arcpy.GetParameterAsText(1)
def KMLLoad(txtfile,prjFile):
    ...
    inputname=tf.split('.')[0]+'.shp'
    ....
    return inputname,workspace
pg,nd=KMLLoad(txtfile,prjFile)
arcpy.SetParameter(2,nd+'\\'+pg)
```

2 形式参数的传递

对于一个较为复杂的程序，往往根据程序处理功能的分段定义函数，从而使得更加庞大的程序能够有条不紊，并可以在不同的程序段中调用已经定义好的函数。已经在ArcGIS下加载了转化的多个点地标文件，希望能够分析各个村落的聚集情况，可以使用 arcpy.sa.PointDensity() 函数计算点的密度，在使用该函数计算点的密度之前需要使用 arcpy.Project_management() 设置其大地坐标和投影坐标。具体的程序如下：

```
txtfile="E:\PythonScriptForArcGIS\KMLDataLoading\Country\Country.shp" # 需要处理的 shapefile 文件
prj='E:\PythonScriptForArcGIS\KMLDataLoading\L71123032_03220020522_MTL.img' # 指定用于投影变换的文件
def prjdensity(txtfile,prj,pg): # 定义函数，用于转化投影和计算机点密度
    import arcpy # 调入 arcpy 站点包
    from arcpy import env # 从 arcpy 站点包调入 env 环境模块
    import os # 调入 os 模块
    from arcpy.sa import * # 从 arcpy 站点包中调入 sa 模块，并调入其所有函数
    workspace=os.path.dirname(txtfile) # 指定工作空间路径
    env.workspac=workspace # 设置工作空间
    prjfc=workspace+'\\'+pg+'_prj'+'.shp' # 指定输出的投影文件名称
    arcpy.Project_management(pg,prjfc,prj) # 设置要素类的投影
    densityR=PointDensity(prjfc, "NONE", 5, NbrCircle(3500, "MAP")) # 使用 PointDensity
(in_point_features, population_field, {cell_size}, {neighborhood}, {area_unit_scale_
```

factor])函数计算指定点要素的分布密度,其中参数 5 为设置的为 cell_size 单元大小,3500 为 area_unit_scale_factor 比例因子,其 neighborhood 类型为 Circle,并设置单位为系统单位 MAP

  densityR.save(workspace+'\\'+'densityR') # 保存密度栅格文件到指定的路径并命名名称
  return densityR # 返回密度栅格文件
densityR=prjdensity(txtfile,prj,pg) # 执行自定义函数

定义的 prjdensity() 函数用于计算点要素文件的密度,其中包括设置投影坐标,如果配合前文定义的 KMLLoad() 函数,可以调整程序为:

txtfile="E:\PythonScriptForArcGIS\KMLDataLoading\Country\Country.kml"
prjFile='WGS 1984.prj'
prj='E:\PythonScriptForArcGIS\KMLDataLoading\L71123032_03220020522_MTL.img'
def KMLLoad(txtfile,prjFile):

  ...

  return inputname,newdic
pg,nd=KMLLoad(txtfile,prjFile)
def prjdensity(txtfile,prjFile,prj,pg):

  ...

  return densityR
densityR=prjdensity(txtfile,prj,pg)

对于定义的函数需要关注其形式参数以及返回值,并通过设置形式参数为实际参数,执行函数,执行多个函数时,需要明确函数返回值的次序,以能够将其返回值正确用于另一个定义函数的形式参数。

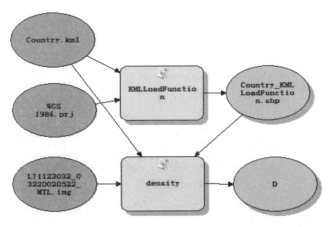

将计算密度的程序也加载到地理处理模型中，因为获取输入参数的不同，因此可能会获得有差异的值，例如 pg 变量在 Python Window 中为定义函数 KMLLoad() 的返回值，并仅为文件名称，如果在地理处理模型中需要使用 pg=arcpy.GetParameterAsText(2) 语句获取输入参数，pg 为完整的路径名，因此需要适宜地调整程序适应不同的变化。在地理处理模型中加载 Python 脚本需要设置输入输出参数的类型，大部分文件都可以通过 File 类型加载，但是如果知道文件具体的类型，需要按其类型指定。

```python
txtfile=arcpy.GetParameterAsText(0)
prj=arcpy.GetParameterAsText(1)
pg=arcpy.GetParameterAsText(2)
def prjdensity(txtfile,prj,pg):
    import re
    import arcpy
    from arcpy import env
    import os
    from arcpy.sa import *
    workspace=os.path.dirname(txtfile)
    env.workspac=workspace
    prjfc='prj'
    pg=pg
    arcpy.Project_management(pg,prjfc,prj)
    densityR=PointDensity(prjfc, "NONE", 5, NbrCircle(3500, "MAP"))
    densityR.save(workspace+'\\'+'densityR')
    return densityR,workspace
densityR,nd=prjdensity(txtfile,prj,pg)
arcpy.SetParameter(3,densityR)
```

3 Raster 栅格数据

最简单的栅格是由行和列组成的像元矩阵，其中每一个像元都包含一个信息值，有时与属性表相关联。栅格数据结构简单，但是格式强大，可以进行高级的空间和统计分析；可以表示连续表面并执行表面分析；点、线、面和表面都可以同样存储；对复杂数据集可以执行快速叠置。栅格数据可能会非常大，例如遥感影像数据，分辨率的大小会随着栅格单元的大小增减，一般根据具体应用的目的确定栅格单元的大小。

3.1 栅格数据（Mesh 面 Quad 类型）

栅格数据模型是一个由大小相同像元组成的矩阵，这个矩阵作为整体用来描述专题数据、光谱数据和照片数据。栅格数据可以描述任何事物，从地表属性数据如高程和植被数据，到卫星影像数据、扫描地图和照片数据等。栅格数据通常有两种类型：专题数据和影像数据。专题数据可以被用于土地利用分析；影像数据可以用作其他地理数据的基准地图（Basemap），或用于生成专题数据。

3.2 专题数据

栅格数据的每个栅格像元（或像素）的值可以是一个测量值或分类值。把它绘制出来，这些栅格地图就是专题地图。

- 连续数据

  这种栅格像元的值可以表示一个测量值如高程、污染物浓度或降雨量。从一个栅格像元到另一个栅格像元的值是逐渐变化的，从整体上说，这些值可以模拟一些类型的表面。

  空间连续数据的栅格像元值表示的是在栅格像元中心的采样值。

- 离散数据

  栅格像元值可以表示分类数据，比如土地的所有权类型，或植被类型。一个栅格像元与另一个栅格像元的值之间可以是一样的，也可以是有显著变化的。这类数据表现了具有相同值的区域，比如土地利用图或森林分布。

  空间离散栅格数据像元描述的是整个区域像元的分类特征。

3.3 影像数据

影像栅格数据的特点是，它是由卫星和飞机的成像系统获得的。

- 光谱和照片数据

  成像系统记录的栅格数据是根据光在一个或多个电磁光谱波段上的反射率而获得的数据。

  照片数据通常捕捉的是光谱中的红、绿、蓝部分，卫星影像会捕捉更多的波段，可以用于分析表面的地质和植被情况。

栅格数据模型

栅格数据是由栅格像元组成。一个栅格像元描述的是地球的某个特定区域，每个栅格像元大小都是一样的，比如一平方米或一平方英里。每一栅格像元都有一个值，表示的是某一位置的光谱反射信息或其他特征信息如土壤类型、人口普查值或植被类型。栅格像元的其他信息可以储存在属性表中。一个研究区域的栅格像元的大小取决于分析所需的数据分辨率。为了获得更详细的信息，要求栅格像元尽可能小，为了使计算机存储和分析更加高效，要求栅格像元尽可能大。对于关键变量相似性越大的区域，比如地形地貌和土地利用，满足一定精度所需的栅格像元的尺寸可以大些。

栅格像元属性

一个栅格像元的值可以是在栅格像元位置处的类别、组别、类型或测量值。栅格像元的值是数值型：整型或浮点型。

具有相同值的栅格像元属于相同的 Zone，Zone 的栅格像元不一定是相连的。

当栅格像元的值是整数时，它可能是很复杂标识系统的一个编码。例如，在一个土地利用栅格上的一个家庭居住处的代码值是 4，与这个数值 4 相关联的可能是一系列的属性，比如平均的商业价值、平均的居住人数，或者是人口普查代码等。

栅格像元的值和具有这种值的像元数量之间通常是一对多的关系。比如在表示土地利用的栅格数据中可能有 400 个像元的值是 4（4 表示单个家庭的居住地），而有 150 个像元的值是 5（5 表示的是商业区）。

在栅格像元中，代码值会出现很多次，但在属性表中只出现一次，属性表中存储的是这个代码的其他属性值。这种设计降低了存储量并简化了更新过程。一个属性的单个变化可被应用到几百个具有相同代码值的像元。

数据类型

每个栅格像元都有一个值。栅格像元的值可以表示以下四种数据类型中的一种。

- 名词性数据（Nominal data）

  名词性数据的值能把一个实体同另一个实体区分开来。这些值能确定栅格的组别、类别、成员或分类，用它们将栅格像元的位置与地理实体联系起来。这些值是定性的，而不是定量的，与一个特定点或一个线性尺度没有关系。为土地利用、土壤类型等编码时，应该用名词性数据。

- 序列数据（Ordinal data）

  序列数据能确定一个实体相对于其他实体的等级。这种度量方法表示的是次序，如第一、第二或第三，但是它们不能确定数量或相对比例。你无法从中发现数量差别，比如一个实体相对于另一个实体有多大，多高或多密。

- 间隔数据（interval data）

  间隔数据的值表示的是对尺度的一种度量，如一天中的时间、华氏温度以及 pH 值等。这些值都是从标定的刻度尺上读出来的，而不是相对于一个真实的零值点。你可以对间隔数据进行相对比较，但当与该尺度的零点进行比较时，是没有意义的。

- 比值数据（ratio data）

比值数据的值表示的是从一个有固定和有意义的零点的标尺上获得的数据。可对这些数据进行数学运算，能获得可预测的和有意义的结果。比值数据的例子有年龄、距离、重量和体积等。

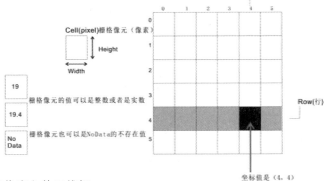

栅格数据是栅格像元（或像素）的二维矩阵。每个栅格像元的高度和宽度都是固定的和相同的。栅格数据覆盖的是一个矩形区域。

每个栅格单元都有一个值，这个值可以表示一个区域的很多特征，包括反射率、颜色、降雨量和高程。栅格数据有一个整数坐标空间，可以确定一个栅格像元的坐标，从左边开始计算列数，从上边开始计算行数，行和列的开始值都是零。

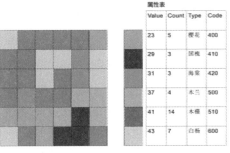

具有整数值的栅格数据可以用一个附加属性表来定义，它记录每一个特定像元值的属性，并可以为属性表增加属性字段。

栅格数据分类

名词性数据是包含名称的分类数据。数据值是一个任意的类型代码。如土壤类型和土地利用类型；

序数数据是分类数据，有名称而且其值是数字等级。比如土地适宜性分类和土壤排水分类；

间隔数据是有数字顺序的，其间隔差别是有意义的。比如电压或浓度差。

比值数据度量的是一个连续性现象，有自然的零值，比如降水和人口。

名词性和序数数据描述的是离散分类。它们最好用整数来描述栅格单元值。

21	17	18	22
18	16	17	19
21	18	22	29
14	16	19	20

间隔数据和比值数据表示的是连续现象，通常用实数栅格单元值来度量。

21.1	17.3	17.2	18.1
18.5	16.2	17.3	19.4
21.0	19.1	19.4	19.2
26.3	21.6	20.5	16.5

在黑白影像中，每个栅格像元的值是 0 或 1，它们通常被用于由简单线组成的扫描地图，如地界（Parcel）地图。

在灰度影像中，每个栅格像元的值的范围为 0 到 255，它们通常被用于黑白的航空相片。

颜色图Colormap
Red GreenBlue

255	245	0
218	37	29
0	146	63
0	147	221
221	19	123
40	22	111

描述影像颜色的一种方法是具有色彩映射表的图像。栅格像元值被编码，并与相应的 RGB 值对应。

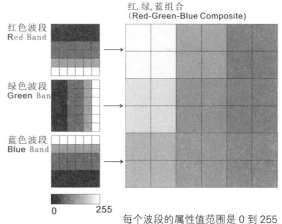

每个波段的属性值范围是 0 到 255

栅格数据集有一个或多个波段。在一个多波段的数据中，每一个波段描述的是由传感器收集的一段电磁光谱的信息；

多波段栅格数据通常用红、绿、蓝合成色表示，这种波段设置是由于它可以直接在计算机上显示，这种显示采用的是红、绿、蓝彩色模型。

在研究一个区域时，可能要进行适宜性分析。为了做到这一点，可能会选择带有降水、土壤碱度、日照值的栅格数据，并根据研究使用的方程选择一系列的运算符。运算符可以是算术型 arithmetic、布尔型 boolean、关系型 relational、位逻辑型 biwise、组合型 combinatorial、逻辑型 logical、累积型 accumulative 和赋值型 assignment 等。

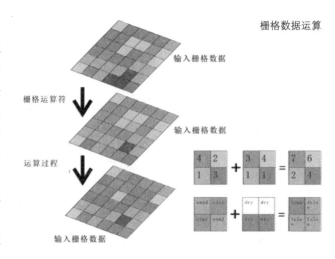

- 地图运算

可以对两幅栅格图像进行数学运算，并将结果输出在另一幅栅格图中。方程包括加、减、乘、除、对数、指数、正弦、余弦和平方根。

- 地图查询

可以对两幅图像应用布尔和逻辑运算符创建一幅输出结果为 true/false 值的栅格图。操作幅包括 And, Or, XOr, Not, >, >=,=, <>, <, 和 =.。

3.4 栅格函数

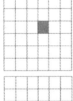

局域函数 Local Function

局域函数一次只对一个栅格像元进行计算，邻近的栅格像元不会影响结果。该函数可以被应用到一个或几个叠加的栅格图象上。局域函数包括三角函数、指数、对数、重新分类、选择和统计函数；

邻域函数 Focall Function

邻域函数进行的是单个栅格像元与它的相邻像元之间的计算。相邻的范围可以是矩形、圆形、环面或楔形。这些函数的结果可以是均值、标准差、总和或相邻范围内栅格值的变化区间；

区域函数 Zonail Function

区域函数是对 Zone 进行计算，Zone 是指具有相同值的栅格像元。这些像元组成的 Zone 可以是不连续的。有两种类型的区域函数：统计和几何。这些函数包括面积、质心、直径、范围和总和；

全局函数 Glabal Function

全局函数对这个栅格图像整体进行计算。例如计算欧氏距离、加权距离以及流域面积计算等；

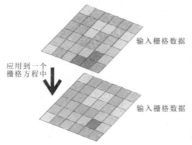

有很多栅格函数，每个栅格函数可以有一个或多个栅格图像作为输入图像，并生成一个或多个输出栅格图像；

3.5 TIN 表面模型（Mesh 面 Triangle 类型）

表面模拟的方法有两种，一为栅格，一为 TIN。栅格是应用样点值或插值获得的 Z 值采用规则的格网来模拟表面。TIN 采用不规则三角网上的一系列位置分布不规则的点来模拟表面，在每个点上有一个 Z 值。

栅格和 TIN 在表面模拟方面都有各自的优点；可利用的源数据情况、分析的范围和支持的绘图方法等将决定采用哪种方法更为合适。

- 用栅格方法模拟表面

栅格方法是用带有 Z 值的具有统一步长的规则的格网来模拟表面。可以用相邻点之间插值的方法估计表面任一位置的值。格网的分辨率（栅格单元的高度和宽度）决定了栅格表面的精度。

栅格是最常用的模拟表面的方法，因此高程值广泛采用的是这种方法，并且代价较低。栅格表面的一个典型例子是由美国地理测绘局生产的数字高程模型（DEM, digital elevation model）。

栅格模型支持大量丰富的空间分析，比如空间一致性分析、邻近分析、离散度分析以及最低成本路径分析等，这些分析执行速度都很快。

栅格表面模型的缺点是表面的不连续性，比如无法很好地表示山脊，以及不能精确地表示一些要素如山峰等。

栅格模型适合于那些位置精度要求不很高，以及表面特征不需要表示得太精确的小比例尺的制图应用。

- 用 TIN 方法模拟表面

TIN 表示的是彼此相邻不重叠的三角形面组成的表面。通过在一个三角形表面对高程数据进行简单或多项式插值，可以估计任何位置的表面值。因为 TIN 中高程数据是通过不规则采样获得的，可以在地形变化剧烈的区域应用可变的点密度，来生成一个高效精确的表面模型。

TIN 保存着表面要素的精确位置和形状。面状要素比如湖泊和岛屿，用多个封闭的三角形组成的多边形表示。线性要素比如山脊用一组相连的三角形边表示，山峰用三角形的顶点表示。

TIN 支持很多的表面分析，如计算高程、坡度、坡向，进行体积计算、创建剖面图等。

TIN 的缺点是经常不容易获得所需的数据集。

TIN 很适合那些对表面要素的位置和形状有很高的精度要求的大比例尺的制图应用。

TIN 数据结构能够精确地表示任何类型的表面。在 TIN 表面中，不仅能通过插值获得任何位置的高程值，而且能模拟在表面坡度中形成突变（Breaks）的自然要素，比如山脊、河流。

TIN 的定义：

术语不规则三角网（Triangulated Irregular Network）是对 TIN 特征简单的描述。

"三角形化"指的是用一些点形成一系列优化的三角形。三角形能很好地描述一个表面局部区域，因为含有 Z 值的三个点能在三维空间中唯一确定一个表面。

"不规则"表现了 TIN 进行表面模拟的一个主要优点，即模型在模拟那些表面变化起伏较大的区域时，样点的采集密度可以是变化的。

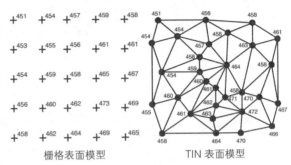

栅格表面模型　　　　TIN 表面模型

栅格和 TIN 都可以进行表面模拟，每种模型都有它的优点和缺点。栅格是一个较为简单的表面模型。数字高程数据广泛采用的是这种数据格式。TIN 能对表面和要素进行精确的模拟，但是需要收集一定量的数据。

表面模型的精度	栅格表面的精度由栅格像元的大小决定。为了增加栅格表面的精度，整个栅格表面必须在高分辨率下重采样；	TIN 表面模型具有随坡度变化而变化的点密度。为了使TIN模型更精确可以增加点的数量，也可以增加断线以及多边形；
表面要素的逼真度	栅格模型在规则的格网上对表面要素的 Z 值进行采样。要素如山峰、山脊不能被定位到某一点上，它们的精度不会高于格网分辨率；	TIN 可以描述表面要素如河流、山脊和山峰。这些要素用精确的坐标存储，坡度不连续的地方如山脊、用断线（breakline）来模拟；
表面分析	空间一致性分析、邻近分析、离散度分析及最低成本路径分析；	高程、坡度、坡向计算从表面生成等高线体积计算，垂直剖面分析、视线分析；
模型应用	小比例尺的表面分析和模拟。污染物扩散的模拟，流域的确定，洪水灾害的水文分析；	道路设计的体积计算。土地发展的排水系统研究、高质量等高线的生成，对某建筑物的视场模拟；

"网络"是指隐含在 TIN 中的拓扑结构。这种结构能进行复杂的表面分析，也能以压缩的方式来表示表面。

创建 TIN

TIN 由大量的点组成，这些点含有从不同来源采集而来的高程值。TIN 通常与摄影测量设备有密切关系，通过这些设备，能精确获得在一个立体模型中来自不同航空相片的同一样点值。TIN 也可以用下列数据生成，如调查数据、数字化的等高线、带有 Z 值的栅格数据、数据文件或数据库中的点集，或者由其他 TIN 运算而来。

从这些输入点中，便可以进行三角形化的工作。在 TIN 中，这些三角形被称为面（Face），形成三角形的点被称为节点（Node），三角形的边被称为边（Edge）。

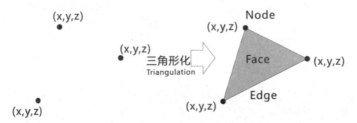

TIN 中的每个面都是三维空间表面的一部分。TIN 中的所有这些面通过每个节点和每个边精确地与相邻的面相连。面和面之间彼此不会交叉。

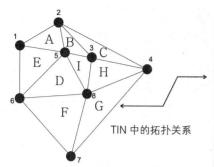

TIN 中的拓扑关系

Triangle	Node list	Neighbors
A	1,2,5	-,E,B
B	2,3,5	A,C,D
C	2,3,4	-,B,H
D	5,6,8	I,E,F
E	1,5,6	-,A,D
F	6,7,8	-,D,G
G	4,7,8	-,H,F
H	3,4,8	I,C,G
I	3,5,8	B,D,H

TIN 是一个具有拓扑关系的数据结构，因为它管理的是包含每个三角形节点信息以及与每个三角形相邻的三角形的节点信息。

三角形总是有三个节点，通常情况下有三个相邻三角形。在 TIN 外围的三角形可能只含有一个或两个相邻三角形。

4 使用 Python 处理栅格数据

Raster 栅格数据是与 shapefile 要素类地理数据同等重要的一种地理数据格式，尤其处理分析遥感影像数据、DEM 高程数据时，在区域分析中具有重要作用。ArcPy 站点包包含 arcpy.sa 模块，从模糊类 Fuzzy classes、水平系数类 Horizontal Factor classes、KrigingMOdel 类 KrigingModel classes、邻域类 Neighborhood classes、叠加类 Overlay classes、半径类 Radius classes、重映射类 Remap classes、时间类 Time classes、地形类 Topo classes，垂直系数类 Vertical Factor classes，以及各类运算符，能够协助很好地处理栅格数据的空间分析。

4.1 栅格计算（地图代数运算）

基于栅格数据的空间分析可以进行距离制图、密度制图、表面生成、表面分析、统计分析、重分类和栅格计算等。当这些分析处理的过程以 Python 脚本代码的方式编写处理分析时，能够更大程度上增强分析的灵活性、自由度或工作的效率以及研究分析的乐趣。在第一部分已经从地理空间数据云）http://www.gscloud.cn/ 上下载了包含北京区域的 DEM 高程数据，并且在 ArcGIS 中加载了两个村落的地标点 WanFoTang 万佛堂和 BeiChanFang 北禅房，以及两点之间的车行道路。首先基于唐国安《ArcGIS 地理信息系统空间分析试验教程》中山谷线的提取方法，以 Python 脚本处理该程序流程。

在开始处理前需要设置环境，因为下载的 DEM 高程数据具有较大的范围，而分析的部分主要为北京西山区万佛堂和北禅房村落之间的区域。

```
import arcpy # 调入 arcpy 站点包
from arcpy import env # 从 arcpy 站点包调入 env 环境模块
from arcpy import sa # 从 arcpy 站点包调入 sa 空间分析模块
```

workpath='E:\PythonScriptForArcGIS\KMLDataLoading' # 指定工作空间路径,将路径单独先赋值给一个变量,是因为有些时候的函数参数需要指定全路径名才能够执行运算,因此将工作空间的路径名单独列出为之后使用

env.workpath=workpath # 定义工作空间

env.scratchWorkspace=workpath # 定义临时工作空间,在栅格数据计算时很多情况下的计算结果为临时文件,因此建议设置临时工作空间位置

env.overwriteOutput=True # 允许对原始文件覆盖,如果涉及较多地理数据并没有很好梳理存放位置时,谨慎使用该函数,并增加 Exists (dataset) 函数判断数据是否已经存在,或者使用 ValidateTableName(name, {workspace}) 或 CreateUniqueName (base_name, {workspace}) 获取有效文件名

env.extent="362163.995366792 4385000.17756679 415348.995366792 4417783.17756679" # 定义分析研究的范围,参数分别为左下角坐标的经纬度和右上角坐标的经纬度,从而获取控制的矩形范围,需要注意单位的类型。

读取已经存在的栅格,需要使用 Raster(inRaster) 函数,例如读取已经下载的 DEM 高程数据可以编写语句为:

dem=arcpy.Raster(workpath+'\\DEMMerge.tif')

已经准备好了基本的数据和环境设置。在开始提取山谷线之前需要清楚提取的一个流程方法。从原始的 DEM 高程数据文件可以获取坡向数据,并根据坡向数据结合使用坡度数据获取坡向变率,并用同样的方法获取与原地形相反数据的坡向变率,用一正一反的坡向变率计算获取没有误差的 DEM 高程数据的坡向变率,并由 DEM 高程数据邻域统计计算,设置统计类型为 Mean 平均值,邻域的类型可以是矩形也可以是方形,邻域的大小为 11×11 或者根据需求变化。将 DEM 高程数据与邻域统计数据作差值,获取正负地形分布区域,并根据求取条件使用栅格计算获取山谷线。看似略微繁复的流程求解过程,如果直接使用地理处理工具逐一操作,并可能不断修正参数,这个求解过程变得更加繁复。如果没有 Python 编程基础的话,也可以使用地理处理模型来优化这个过程,较之直接使用地理处理工具要来得方便些。但是

在 Python 脚本中处理，较之前两种方法又进一步提高了效率，并能够更加方便地设置参数或者根据需要调整程序。

A=sa.Aspect(dem) #计算坡向

SOA1=sa.Slope(A,"DEGREE") #计算坡向变率

H=dem.maximum # 使用 raster.maximum 属性获取 DEM 高程数据的最大高程

RDEM=H-dem # 求取与原 DEM 高程数据相反的数据，即山谷变山脊，山脊变山谷，具体可以查看其属性表的 Value 值

B=sa.Aspect(RDEM) # 求取反向高程的坡向

SOA2=sa.Slope(B,"DEGREE") # 求取反向高程的坡向变率

SOA=((SOA1+SOA2)-abs(SOA1-SOA2))/2 # 使用栅格计算求取没有误差的 DEM 坡向变率

NbrRValley=sa.NbrCircle(30) # 使用 sa.NbrCircle ({radius}, {units}) 函数创建圆形邻域

BS=sa.BlockStatistics(dem,NbrRValley,"MEAN") #使用sa.BlockStatistics (in_raster, {neighborhood}, {statistics_type}, {ignore_nodata}) 函数邻域统计

C=dem-BS # 使用栅格计算求取正负地形分布区域

ValleyR=(C<0)&(SOA>60) # 使用栅格计算设置条件求取山谷值

ValleyR.save(workpath+'\\ValleyR') # 使用 raster.save() 方法永久保存栅格数据

使用 Python 脚本来处理这个计算流程异常流畅，栅格可以直接进行值的计算，默认计算值为栅格默认的 Value 值。栅格计算或者称之为地图代数运算支持一系列运算符，这些运算符可分为算数、按位、布尔和关系四种类别。由于 Spatial Analyst 和 Python 中都存在运算符，所以这些运算符会被重载。要区分输入的是栅格还是标量变量，应在输入栅格时使用 Raster 类进行转换：Raster("inRas")。

对于接受两个输入的运算符，如果两个输入都是标量，将使用 Python 运算符对标量进行处理。如果一个输入或两个输入均为栅格（通过使用 Raster 类转换来识别），将使用 Spatial Analyst 运算符并处理栅格中的每个像元。对于那些接受单个输入的运算符，如果是标量，则使用 Python 运算符；如果栅格为输入，则使用 Spatial Analyst 运算符。

地图代数运算符	描述	Spatial Analyst GP 工具
算术		
+（链接）	加	加
+（链接）	一元加号	N/A
－（链接）	减	减
－（链接）	一元减号	取反
*（链接）	乘法	乘
**（链接）	幂	幂
/（链接）	除	除
//（链接）	整除	N/A
%（链接）	模	求模
按位		
<<（链接）	按位左移	按位左移
>>（链接）	按位右移	按位右移
布尔		
&（链接）	布尔与	布尔与
~（链接）	布尔求反	布尔非
|（链接）	布尔或	布尔或
^（链接）	布尔异或	布尔异或
关系		
==（链接）	等于	等于
>（链接）	大于	大于
>=（链接）	大于或等于	大于等于
<（链接）	小于	小于
<=（链接）	小于或等于	小于等于
!=（链接）	不等于	不等于

在求取山谷线的程序中，NbrRValley=sa.NbrCircle(30) 语句中 sa.NbrCircle() 函数是建立圆形邻域，在 arcpy.sa 模块中将邻域类单独提出，是为了能够使用该函数用于所有能够采用邻域对象的所有工具都作为可选参数执行此项操作，例如本例中使用 ssa.BlockStatistics (in_raster, {neighborhood}, {statistics_type}, {ignore_nodata}) 函数邻域计算参数中包括可选参数 {neighborhood} 即要求输入邻域类。邻域类共有六个函数，如果未定义邻域对象，则使用默认邻域。

邻域类函数	描述
NbrAnnulus ({innerRadius}, {outerRadius}, {units})	定义通过指定内、外圆半径（以地图单位或像元数为单位）创建的环形邻域。
NbrCircle ({radius}, {units})	定义通过指定半径（以地图单位或像元数为单位）而创建的圆形邻域。
NbrIrregular (inKernelFile)	定义由核文件创建的不规则邻域。
NbrRectangle ({width}, {height}, {units})	定义通过指定以地图单位或像元数为单位的高度和宽度而创建的矩形邻域。
NbrWedge ({radius}, {startAngle}, {endAngle}, {units})	定义通过指定半径和两个角度（以地图单位或像元数为单位）而创建的楔形邻域。
NbrWeight (inKernelFile)	定义使用核文件创建的权重邻域，该核文件指定用于乘以邻域范围内像元的值。

4.2 重分类

根据Google Earth已经获取了从万佛堂与北禅房之间的车行路径，并已经获取的数据还有30m分辨率的DEM高程数据，以及路线之间的村落分布。如果假设不存在车行路径，希望仅仅从现有的数据分析寻找万佛堂与北禅房之间的最佳路径。需要首先建立一个寻找最佳路径逻辑过程模型，计算模型的建立会根据不同的前提分析条件以及获取地理数据的情况构建，不同的研究分析方法适宜于不同的区块地理条件。本书研究内容主要为Python语言编程地理处理的方法，因此不会将重点放置于具体项目的研究分析上，而是侧重于Python语言使用的方法。

通过Google Earth研究现有的道路，道路的选线受到地形的坡度、起伏度的影响，并且大部分路径位于山谷区域，并将各个散布的村落尽量串联起来，同时需要考虑高程的变化对道路选线的影响。通过对现有道路的初步分析获取现有道路的存在条件，协助用于寻找最佳路径逻辑模型的构建。

逻辑过程模型能够很好地梳理程序编写的思路，并且直观本质地反映计算方法的优劣，从而能够不断地调整逻辑，使之趋于合理。逻辑模型中的权重分配层只是用TD、TS、TU、TV代替具体的权重分配，可以根据具体分析研究中影响因子重要性的不同，不断调整尝试。在计算距离方向层需要使用sa.PathDistance()和sa.CostPath()函数，通过计算距离成本获取最终的结果，即最佳路径。

根据最佳路径计算的过程，进一步阐述Python脚本程序处理栅格数据的方法。在分析过程中的栅格文件，大部分都会暂时保存在设置的临时工作空间中，只有当调用raster.save()方法时，才会根据指定的路径文件名称永久保存栅格数据。使用栅格数据进行分析时，最常用和最重要的一个环节是重分类，即根据影响因子的重要程度统一设置权重分配，获取适宜的区域返回成本数据，并能够进一步使用路径距离成本计算提取最佳路径。

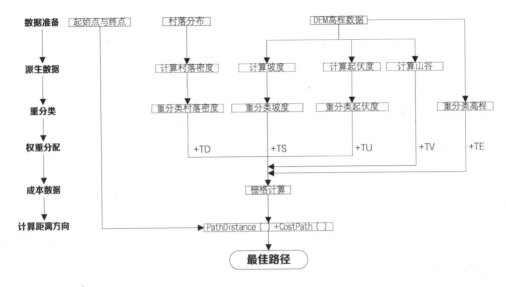

- Python 下环境设置 + 数据准备

开始 Python 脚本时，需要调入程序过程中使用到的各类模块，也会在程序编写时遇到使用的模块再另行调入，但是建议把所有需要调入的模块写在程序的开始。环境的设置主要涉及 env.workpath 工作空间，env.scratchWorkspace 临时存储空间以及 env.extent 分析范围。再者把所需要的基本数据调入到 ArcGIS 下，要素类文件可以直接赋值给变量，栅格文件使用 arcpy.Raster(inRaster) 读取并赋值给变量。

```
import arcpy # 调入 arcpy 站点包
from arcpy import env # 从 arcpy 站点包调入 env 环境模块
from arcpy import sa # 从 arcpy 站点包调入 sa 空间分析模块
workpath='E:\PythonScriptForArcGIS\KMLDataLoading' # 指定用于工作空间的路径
env.workpath=workpath # 设置工作空间
env.scratchWorkspace=workpath # 设置临时工作空间
env.overwriteOutput=True # 允许覆盖存在的输出文件
env.extent="362163.995366792 4385000.17756679 415348.995366792 4417783.17756679"
# 指定分析范围
#env.extent=arcpy.Extent(362163.995366792, 4385000.17756679, 415348.995366792, 4417783.17756679) # 也可以使用 arcpy.Extent() 函数的方式设置分析范围
dem=arcpy.Raster(workpath+'\\DEMMerge.tif') # 调入 DEM 高程文件
density=arcpy.Raster(workpath+'\\densityrB') # 调入村落密度文件
ValleyR=arcpy.Raster(workpath+'\\ValleyR') # 调入前文阐述的山谷提取文件
STP='WanFoTang' # 调入开始点万佛堂要素类文件
EDP='BeiChanFang' # 调入结束点北禅房要素类文件
```

- 派生数据与重分类

在本部分的开始创建函数部分，已经将多个村落的地标转化为 shapefile 要素类，道路的选线一般尽可能将这些村落贯穿起来，因此对其进行重分类为 10 个级别，值越高的选线成本越低。在一般操作中，如果是针对寻找最佳路径，建议在重分类时将值越低的设置成为成本越低，一个原因是逻辑思维比较顺畅，另外在距离方向成本计算时，会根据成本最低返回路径，如果按照值越高成本越低，则需要首先使用栅格计算反向下值，再进行计算。

sa.Reclassify(in_raster, reclass_field, remap, {missing_values}) 函数可以对输入栅格重分类，其中参数的解释为：

参数	说明	数据类型
in_raster	要进行重分类的输入栅格。	Raster Layer
reclass_field	表示要进行重分类的值的字段。	Field
remap	重映射对象用于指定如何对输入栅格的值进行重分类。 有两种对输出栅格中的值进行重新分类的方法：RemapRange 和 RemapValue。可将输入值的范围指定给新的输出值，也可将单个值指定给新的输出值。 下面是重映射对象的格式。 RemapRange ([[startValue, endValue, newValue],...]) startValue — 指定新输出值的值范围的下限。 endValue — 指定新输出值的值范围的上限。 newValue — 指定由起始值和结束值所定义的输入值范围的新值。 RemapValue ([[oldValue, newValue],...]) oldValue — 表示基础栅格中的原始值。 newValue — 经过重分类的新值。	Remap
missing_values （可选）	指示重分类表中的缺失值是保持不变还是映射为 NoData。 DATA —表明如果输入栅格的任何像元位置含有未在重映射表中出现或重分类的值，则该值应保持不变，并且应写入输出栅格中的相应位置。这是默认设置。 NODATA — 表明如果输入栅格的任何像元位置含有未在重映射表中出现或重分类的值，则该值将在输出栅格中的相应位置被重分类为 NoData。	Boolean
返回值		
out_raster	输出重分类栅格。 输出将始终为整型。	Raster

根据 Reclassify() 函数的参数输入要求，输入栅格为待重分类的栅格，而重分类的字段如果没有指定，一般使用 Value 字段。remap 重映射对象有两种构建的方法，但是如果纯粹手工输入的话有违 Python 让分析研究更加智能化的本质，因此有必要根据其输入格式定义函数，可以首先获取栅格 Value 的最大和最小值，并根据重分类的数量建立适宜 RemapRange() 重映射对象函数输入列表的格式。

```python
def groupR(s,e,count):  # 定义重映射对象输入参数列表的函数，形式参数 s 为最小值，e 为最大值，count 为重分类的数量
    s=float(s)  # 确保输入的数值为浮点数，如果为整数，在 step=(e-s)/count 步计算时，可能会被取整
    e=float(e)  # 确保输入的数值为浮点数
    step=(e-s)/count  # 计算步幅值
    lst=[]  # 建立空的列表用于放置根据步幅值递增的值
    while True:  # 开始循环
        lst.append(s)  # 将最小值追加到列表中
        s+=step  # 逐步增加步幅值
        if s>e:  # 如果逐步增加的步幅值大于最大值时
            lst[-1]=e  # 用最大值替换列表的最后一个值
            break  # 停止循环
    tlst=[]  # 建立空的列表用于放置值的区段
    for i in range(len(lst)-1):  # 根据步幅值递增值的列表循环遍历
        tlst.append([lst[i],lst[i+1],i+1])  # 每次循环追加提取值的子列表
    return tlst  # 返回用于重映射对象输入参数的列表
```

定义重映射对象输入参数列表的函数，需要确定栅格的最小、最大值和重分类的数量，栅格具有 minimum 以及 maximum 的属性，可以通过其属性的方法获取最大、最小值。重分类的数量对于所有栅格都统一为 10 个区段分类。

```
denmax=density.maximum  # 获取栅格的最大值
denmin=density.minimum  # 获取栅格的最小值
denre=groupR(denmin,denmax,10)  # 使用定义函数计算重映射对象输入参数的列表
Denremape=sa.RemapRange(denre)  # 使用函数 RemapRange(remapTable) 计算重映射对象
DenReclassi=sa.Reclassify(density,'Value',Denremape)  # 使用 sa.Reclassify() 函数对栅格重分类
```

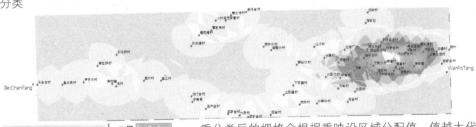

重分类后的栅格会根据重映设区域分配值，值越大代表村落聚集程度越高。在返回的栅格属性表中可以查看落入每一类区域单元的数量。

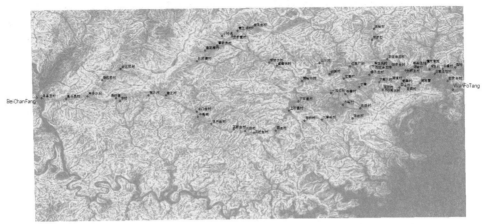

由 DEM 高程图派生出坡度图再根据坡度栅格重分类，方法与村落分布密度图的逻辑流程相同。只是在定义重映射对象输入参数列表的函数时，如果要保证与村落密度重分类中最大值成本最低相一致，需要适当调整一下重映射对象输入参数列表的函数，改变成 tlst.append([lst[i],lst[i+1],len(lst)-1-i])，并在结束处增加 tlst.reverse() 方法，将列表逆转。同时由于小数精度，有可能极小部分值超出了设置的重映射对象区间，该部分数据往往可以忽略不计，但是需要在 sa.Reclassify() 函数参数 {missing_values} 位置设置参数值为 "NODATA"。

```
def group(s,e,count):  #重新定义重映射对象输入参数列表的函数为 group，满足坡度重分类映射的要求
    s=float(s)
    e=float(e)
    step=(e-s)/count
    lst=[]
    while True:
        lst.append(s)
        s+=step
        if s>e:
            lst[-1]=e
            break
    tlst=[]
    for i in range(len(lst)-1):
        tlst.append([lst[i],lst[i+1],len(lst)-1-i])  #将区间中越小的值，在重分类设置中值越大
    tlst.reverse()  #反转列表，使其顺序排序
    return tlst
```

```
Slopemin=outSlope.minimum # 获取坡度数据的最小坡度值
Slopemax=outSlope.maximum # 获取坡度数据的最大坡度值
degc=group(Slopemin,Slopemax,10) # 使用定义函数计算重映射对象输入参数的列表
sloperemap=sa.RemapRange(degc) # 使用函数 RemapRange(remapTable) 计算重映射对象
slopeclassi=sa.Reclassify(outSlope,'Value',sloperemap,"NODATA") # 使用 sa.Reclassify() 函
数对栅格重分类
```

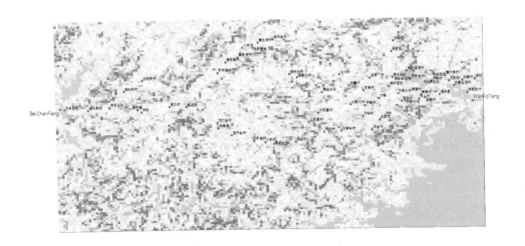

由 DEM 高程作为输入栅格使用 ssa.BlockStatistics (in_raster, {neighborhood}, {statistics_type}, {ignore_nodata}) 邻域统计获取地形的起伏度，其中参数 {neighborhood} 由 sa.NbrRectangle() 函数计算获取，参数 {statistics_type} 设置类型为 'RANGE' 即计算邻域内像元的范围（最大值和最小值之差），除了前文使用的 "MEAN"，其统计类型总共包括：

- MEAN — 计算邻域内像元的平均值。
- MAJORITY — 计算邻域内像元的众数（出现次数最多的值）。
- MAXIMUM — 计算邻域内像元的最大值。
- MEDIAN — 计算邻域内像元的中值。
- MINIMUM — 计算邻域内像元的最小值。
- MINORITY — 计算邻域内像元的少数（出现次数最少的值）。
- RANGE — 计算邻域内像元的范围（最大值和最小值之差）。
- STD — 计算邻域内像元的标准差。
- SUM — 计算邻域内像元的总和（所有值的总和）。
- VARIETY — 计算邻域内像元的变异度（唯一值的数量）。

默认统计类型为平均值。

获取起伏度之后，需要计算重映射对象输入参数列表，之前定义的两个函数 group 以及 groupR 在程序编写上尚存在缺陷，即如果类似于起伏度中的计算，最小和最大值分别为 2 和 430，并等分 10 份，当按照步幅值迭代，正好能够到 430.00000000000006 时，值与最大值几近相等，那么按照 if s>e: \n lst[-1]=e \n break 的方式，就会把小于 430 的前一个值替换掉，成为 [2.0, 44.8, 87.6, 130.39999999999998, 173.2, 216.0, 258.8, 301.6, 344.40000000000003, 430.0] 列表，在列表的 344.40000000000003, 430.0 两个值之间尚存在 387.20000000000005 值，因此需要调整语句，判断如果迭代的值与最大值几近相等时的情况。这时需要注意不能够使用 s==e 的语句，因为迭代的值与最大值几近相等实际上由于精度的问题并不相等，如果使用 s==e 语句，程序将无法获得相等判断，会持续运行下去。可以使用 '%.3f'%s=='%.3f'%e 字符串格式化的方式限制精度即小数位数，本例中设置精度为 3 位。

```
def group(s,e,count): # 调整自定义 group 函数
    s=float(s)
    e=float(e)
    step=(e-s)/count
    print(s,e,step)
    lst=[]
    while True:
        lst.append(s)
        s+=step
        print(s)
        if '%.3f'%s=='%.3f'%e: # 当迭代的值与最大值几近相等时的情况
            lst.append(e) # 在列表中追加最大值
            break # 停止迭代
        elif s>e: # 如果迭代的值大于最大值时
            lst[-1]=e # 用最大值替换列表中最后一个值
            break # 停止迭代
    print(lst)
    tlst=[]
    for i in range(len(lst)-1):
        tlst.append([lst[i],lst[i+1],len(lst)-1-i])
    tlst.reverse()
    return tlst
NbrR=sa.NbrRectangle(10,10) # 创建矩形邻域
outBS=sa.BlockStatistics(dem,NbrR,'RANGE','NODATA') # 通过计算 'RANGE' 即计算邻域内像元的范围（最大值和最小值之差）获取起伏度变化，创建的矩形邻域大小根据情况自行调整
sBS=outBS.minimum # 获取起伏度数据的最小值，即比较平缓的区域
```

eBS=outBS.maximum # 获取起伏度数据的最大值，即比较崎岖的区域
BSG=group(sBS,eBS,count) # 使用定义函数计算重映射对象输入参数的列表
BSremap=sa.RemapRange(BSG) # 使用函数 RemapRange(remapTable) 计算重映射对象
BSclassi=sa.Reclassify(outBS,'Value',BSremap) # 使用 sa.Reclassify() 函数对栅格重分类

对于 DEM 高程进行重分类时，如果使用原始的 DEM 高程数据，其范围大于分析研究范围的区域，在计算重映射对象输入参数列表时则是针对整个区域的计算，用整个区域数据的映射来计算设定分析研究范围内的 DEM 高程的重分类，肯定会有部分数据不在映射列表中，即如果按照整个 DEM 数据区域计算的重映射对象重分类，则很可能在研究分析范围内不包括部分数据，而小于指定分类的数量。因此在对 DEM 高程数据进行重分类时，需要首先将其按照研究分析的范围裁切，再进行重映射对象的计算。另外，当栅格不具有 raster.minimum 和 raster.maximum 属性时，可以使用 arcpy.SearchCursor() 搜索游标的方式提取字段列表，并找到最大和最小值。

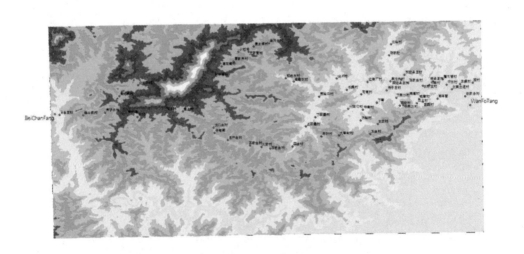

demclip=workpath+'\\demclip' # 指定栅格裁切存储路径
extent="362163.995366792 4385000.17756679 415348.995366792 4417783.17756679" # 定义裁切范围，其范围与分析研究范围一致
demclip=arcpy.Clip_management("DEMMerge.tif",extent,demclip) # 使用 arcpy.Clip_management() 函数裁切 DEM 高程数据
outEValue=[] # 建立空的列表用于放置返回的高程值
cursor=arcpy.SearchCursor(demclip,['VALUE']) # 使用搜索游标逐行遍历属性表
for row in cursor: # 逐行读取属性表数据
    outEValue.append(row.getValue('VALUE')) # 逐行读取高程数据即字段为 'VALUE' 的值
del cursor # 移除游标
ElevetionL=min(outEValue) # 获取列表的最小值，即最小高程值

ElevationH=max(outEValue) # 获取列表的最大值，即最大高程值

EleveRemaplst=group(ElevetionL,ElevetionH,count) # 使用定义函数计算重映射对象输入参数的列表

DEMremap=sa.RemapRange(EleveRemaplst) # 使用函数 RemapRange(remapTable) 计算重映射对象

EleveReclassi=sa.Reclassify(demclip,'Value',DEMremap) # 使用 sa.Reclassify() 函数对栅格重分类

- 权重分配与成本数据

需要评估各个因子的重要程度，通过栅格计算的方式获取成本数据。

cost=(slopeclassi*0.6+BSclassi*0.4)+EleveReclassi*1.5+ValleyR*5

在成本数据计算中，将坡度分类和起伏度作为一组，各自分别占据0.6和0.4，增加高程分类的比重，ValleyR 即前文山谷提取的栅格图，因为仅存在两个值，一个为0一个为1，通过栅格计算 ValleyR*5 将值为 1 的山谷栅格的值提升为 5 倍。暂时不考虑村落对成本的影响，计算栅格成本数据。

根据上述栅格计算的语句计算成本数据，如果没有调入山谷栅格 ValleyR，可以通过 ValleyR=arcpy.Raster(workpath+'\\valleyr') 语句使用 arcpy.Raster() 函数调入。从计算的结果可以明显地用裸眼判断白色区域的值较高，即实际成本较低，适合于选择趋于白色的区域作为路径选线的范围。使用 Python 脚本处理地理模型方便修改，实现快速的重复计算，因此可以快速调整栅格计算权重分配，进行多次计算达到多方案比较的目的。实际上路径选线的影响因子远比本次研究选取的要多，例如地表径流的影响等，并且越多和合理影响因子的考虑，选线的结果则越趋近于合理。成本数据栅格只是用于路径成本距离和成本路径的输入参数，为能够进一步根据起始点与结束点提取最佳路径。

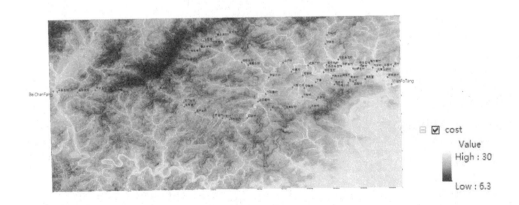

在开始使用 CostDistance (in_source_data, in_cost_raster, {maximum_distance}, {out_backlink_raster}) 成本距离函数和 CostPath (in_destination_data, in_cost_distance_raster, in_cost_backlink_raster, {path_type}, {destination_field}) 成本路径函数计算最佳路径之前，因为成本数据是值越高成本越低，因此需要使用 costR=cost.maximum-cost 栅格计算语句反转成本数据的值，即成本数据的值越低成本也越低。

costR=cost.maximum-cost # 反转成本数据

outBkLinkRaster=workpath+'\\oblr' # 成本回溯链接栅格的保存路径

outCostDistance=sa.CostDistance(STP,costR,'',outBkLinkRaster) # 使用成本距离函数计算每个单元到成本面上最近源的最小累积成本距离，STP 为万佛堂村要素点即起始点

path=sa.CostPath(EDP,outCostDistance,outBkLinkRaster,'','ID') # 使用成本路径函数计算从源到目标的最小成本路径，EDP 即为北禅房村落的要素点即结束点

使用 path.save(workpath+"\\outpathS") 语句保存栅格文件，并可以转化为 .kmz 格式文件在 Google Earth 中加载，进一步观察最佳路径与环境的关系。在之前的成本计算中，并没有加入村落分布密度的重分类，由于村落密度的重分类文件的实际区域小于研究分析的区域，即存在没有数据的区域，在这种情况下，几个不同区域的栅格文件计算时，没有数据的区域将被忽略掉。

实际计算时希望成本栅格不会受到较小区域数据的影响，则需要将较小数据为空值的区域填充数据，这个过程在 Python 中可以借助 Con (in_conditional_raster, in_true_raster_or_constant, {in_false_raster_or_constant}, {where_clause}) 条件函数实现。

outCon=Con(IsNull("DenReclassi"),1, "DenReclassi") # 条件语句参数用 IsNull() 判断数据是否为 NoData 即空值，如果为真，则使用第二个参数即常数 1 来替代，条件为假时，则仍使用栅格自身的数据，从而完成在指定研究分析区域内，小于该区域栅格空值的填充。

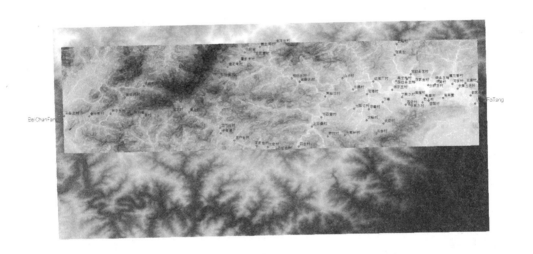

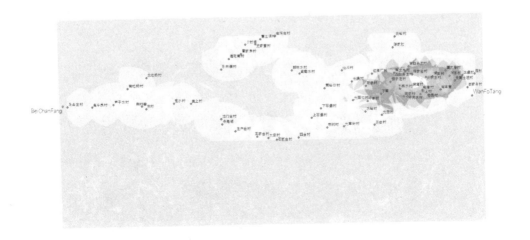

重新计算成本数据（栅格），此次增加村落密度影响因子，并通过栅格计算适当增加其在成本计算中的影响。使用成本距离与成本路径完成最终的计算，获取绿色线所示的路径与现存红色线路径基本保持一致，在进一步的研究中可以增加水平系数类，水平系数（HF）类，定义从一个像元移至另一个像元的难度，同时解释可能影响此移动的水平系数；以及增加垂直系数类，垂直系数（VF）类定义从一个像元移至另一个像元的难度，同时解释可能影响此移动的垂直系数。对于该两个影响因子的加入将能够进一步优化逻辑过程模型，使最终获取的最佳路径进一步趋于合理，同时可以借助优化方法，例如遗传算法获取最优解。

通过寻找最佳路径的实践阐述使用 Python 处理栅格的方法，能够更加灵活与快速地构建逻辑过程模型，并更加方便地设置不同参数快速比较研究。可以将各个阶段进一步梳理定义为多个函数，设置输入与输出参数，方便类似项目的计算调用，具体方法可以参考本部分的创建函数，此处不再赘述。

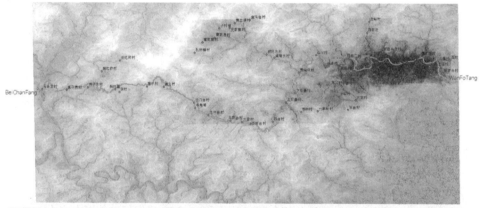

4.3 条件分析工具集

前文使用的 Con(IsNull("DenReclassi"),1, "DenReclassi") 语句为条件分析工具中的条件函数，条件分析工具可以对栅格的像元（单元）值进行条件判断与计算的操作，即是对属性表对应值的操作，但是需要从栅格图形像元值的角度分析判断更加直观。例如在对栅格像元值给出条件判断返回布尔值，为真时给出替换的值，为假时亦给出替换的值，替换的值可以是指定的具体数值，也可以是由条件或者栅格计算获取的值，或者保持值不变，以及为 NoData 的空值，计算方法异常灵活。

条件分析工具中的函数主要为三类，分别是条件函数 Con(in_conditional_raster, in_true_raster_or_constant, {in_false_raster_or_constant}, {where_clause}) 针对输入栅格的每个输入像元执行 if/else 条件评估；选取函数 Pick (in_position_raster, in_rasters_or_constants) 确定从输入栅格列表中的哪一个栅格获取输出像元值；以及设为空函数 SetNull (in_conditional_raster, in_false_raster_or_constant, {where_clause}) 根据指定条件将所识别的像元位置设置为 NoData，如果条件评估为真，则返回 NoData，如果条件评估为假，则返回由另一个栅格指定的值。对于条件函数的使用方法详细的解释可以在 ArcGIS 帮助中获取，除了能从本书中循序渐进地学习 Python 处理地理信息的方法，亦可以将本书作为查询手册工具，对于关键的函数有必要列出其语法参数的说明。

• 条件函数 Con (in_conditional_raster, in_true_raster_or_constant, {in_false_raster_or_constant}, {where_clause})

条件函数针对输入栅格的每个输入像元执行 if/else 条件评估。

• 如果真栅格数据或可选假栅格数据为浮点型，则输出栅格数据也将为浮点型。如果真表达式和可选假栅格数据均为整型，则输出栅格数据也将为整型。

• 如果表达式的评估结果非零，则将被视为 True。

• 如果未指定输入条件为假时所取的栅格数据或常量值，则将为表达式结果不为 True 的那些像元分配 NoData。

• 如果 NoData 不满足表达式，像元不会接收输入条件为假时所取的栅格数据值；像元值仍是 NoData。

• 在 Python 中，可避免使用 {where_clause}，可以通过将"地图代数（栅格计算）"表达式用作输入条件栅格数据来指定"值"字段。

例如：

Con("elev", 0, 1, "value > 1000")

可被重写为：

Con(Raster("elev") > 1000, 0, 1)

• 要在 Python 中使用 {where_clause}，应以引号括起来。例如，"Population > 5000"。

• 逻辑表达式的最大长度为 4 096 个字符。

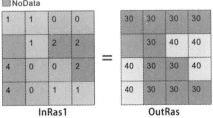

OutRas = Con(InRas1, 40, 30, "Value >= 2")

参数	说明	数据类型
in_conditional_raster	表示所需条件结果为真或假的输入栅格。可以是整型或浮点型。	Raster Laye
in_true_raster_or_constant	条件为真时，其值作为输出像元值的输入。可为整型或浮点型栅格，或为常数值。	Raster Layer | Constant
in_false_raster_or_constant（可选）	条件为假时，其值作为输出像元值的输入。可为整型或浮点型栅格，或为常数值	Raster Layer | Constant
where_clause（可选）	决定输入像元为真或假的逻辑表达式。表达式遵循 SQL 表达式的一般格式。	SQL Expression
返回值		
out_raster	输出栅格。	Raster

ArcGIS 帮助文件对于条件函数给出了简短的实例，有助于进一步对于该函数的理解。

#A:

outCon2=Con(Raster("elevation") > 2000, "elevation") #输出中将保留在输入条件栅格数据值大于 2000 的原始值，在输入条件栅格数据值小于或等于 2000 的原始值将在输出中保存为 NoData，或者使用等效的语句 outCon = Con("elevation", "elevation", "", "VALUE > 2000")

#B:

outCon=Con(IsNull("elevation"),0, "elevation") # 判断输入栅格值是否为空值，如果真则赋值为 0，不为空则保持原像元值

#C

outCon=Con(inRas1 < 45,1, Con((inRas1 >= 45) & (inRas1 < 47),2, Con((inRas1 >= 47) & (inRas1 < 49),3, Con(inRas1 >= 49,4)))) # 可以在 Con 中使用多个 Con 条件语句

#D

outCon2 Con(inRaster >= 1500, inTrueRaster, inFalseConstant) # 如果输入条件栅格数据值大于或等于 1500，则输出值将为栅格 inTrueRaster 对应像元的值；如果输入条件栅格数据值小于 1500，则输出值将为栅格 inFalseConstant 对应像元的值

- 选取函数 Pick (in_position_raster, in_rasters_or_constants)

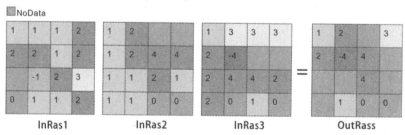

选取函数表示位置栅格数据的值用于确定要从输入栅格列表中的哪一个栅格获取输出像元值。

• 位置栅格的每个像元的值用于确定要使用哪一个输入获取输出栅格数据值。例如，如果位置栅格中的一个像元的值为1，则将栅格列表中第一个输入的值用于输出像元值。如果位置输入的值为2，输出值将来自栅格列表中的第二个输入，依此类推。

• 输入列表的顺序对此工具很重要。如果栅格的顺序发生变化，结果也将随之改变。

• 如果位置栅格中的像元值为零或负数，结果将为 NoData。如果位置栅格中的值大于列表中的栅格数目，结果也将为 NoData。

• 如果位置栅格是浮点型，则处理这些值之前将其截断为整型。

• 在位置栅格上值为 NoData 的任何像元在输出栅格上都将接收 NoData。

• 如果输入列表中有任何栅格是浮点型，输出栅格将为浮点型。如果它们都是整型，则输出栅格将为整型。

参数	说明	数据类型
in_position_raster	定义要用于输出值的栅格位置的输入栅格。输入可以是整型，也可以是浮点型栅格。	Raster Laye
in_rasters_or_constants	将从中选择输出值的输入的列表。输入可以是整型栅格或浮点型栅格。也可使用数字作为输入。	Raster Layer | Constant
返回值		
out_raster	输出栅格。	Raster

• 设为空函数 SetNull (in_conditional_raster, in_false_raster_or_constant, {where_clause})

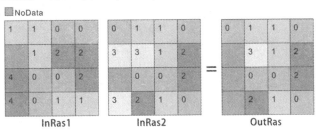

• 设为空函数根据指定条件将所识别的像元位置设置为 NoData。如果条件评估为真，则返回 NoData；如果条件评估为假，则返回由另一个栅格指定的值。

• 如果 where 子句的评估结果为真，则为输出栅格上的像元位置赋予 NoData。如果评估结果为假，则输出栅格将由输入条件为假时所取的栅格数据或常量值进行定义。

• 如果未指定 where 子句，则只要条件栅格不为 0，输出栅格就具有 NoData。

• 输入条件栅格不会影响输出数据类型是整型还是浮点型。如果输入条件为假时，所取的栅格数据（或常量值）包含浮点值，则输出栅格数据将为浮点型。如果所取得的栅格数据包含所有整数值，则输出将为整型栅格。

• 逻辑表达式的最大长度为 4 096 个字符。

• 在 Python 中，{where_clause} 应该以引号括起，例如，"Value > 5"。

参数	说明	数据类型
in_conditional_raste	表示所需条件结果为真或假的输入栅格。	Raster Laye
in_false_raster_or_constant	条件为假时，其值作为输出像元值的输入。可为整型或浮点型栅格，或为常数值。	Raster Layer | Constant
返回值		
out_raster	输出栅格。如果条件评估为真，则返回 NoData。如果为假，则返回第二个输入栅格的值。	Raster

使用条件函数可以达到使用重分类函数 sa.Reclassify() 一样的目的，例如，指定已经裁切过的 DEM 高程数据一定范围内的不同高程值为一个值，其余的为一个值，可以编写程序为：

import arcpy # 调入 arcpy 站点包

from arcpy.sa import * # 从 arcpy 站点包调入 sa 模块中的所有函数

demclip=arcpy.Raster(workpath+'\\demclipr') # 读取栅格数据

outCon=Con(demclip,1,0,"Value<800 AND Value>500") # 使用 Con 条件函数对 DEM 高程重分类，将像元值满足大于 500 并小于 800 的赋值为 1，而其余的赋值为 0

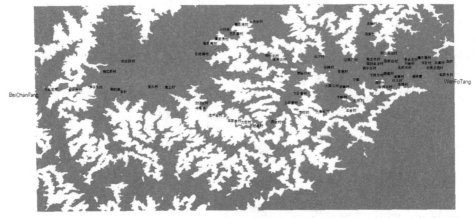

Create Class and Network Analysis
创建类与网络分析

5

人们在认知事物的过程中，总是习惯将世界中存在的对象进行分类，例如鸟类、鱼类、花草等，而 ArcPy 站点包中也包含很多类的使用，每个分类之所以能够归为一类，是因为该类的对象具有共同的属性特征，例如鸟类一般都能够飞翔，具有翅膀，身披羽毛等；而鱼类则生活在水中，用鳃呼吸，用鳍辅助身体平衡与运动；而点具有坐标，线具有曲率、长度、方向，曲面具有表面积、截面线等。每一类都有其属性特点，也具有该类的一些行为方法，但是每一个类下又有很多子类，例如鸟类又分雨燕目、鸽形目、雁形目等，而雨燕目之下又有科，科下则为具体的对象，例如黑雨燕、珍雨燕、小雨燕等。

对于人类认知世界的分类系统，在 Python 语言中有与之类似的程序编写方法——类。例如创建一个鸟的类：

class Bird: #定义一般鸟类的属性与方法，语句 class Bird: 中 Bird 为类的名称

    fly='Whirring' #定义一般鸟类飞的属性

    def __init__(self): #调用 __init__ 构造函数，初始化对象的各属性，类的各属性（成员变量）均可以在构造函数中定义；每一个类方法的第一个参数（self），包括 __init__，总是指向类的当前实例的一个引用。按照习惯，这个参数被命名为 self，强烈建立除了命名为 self 外，不要把它命名为别的名称，这是一个既定的习惯

        self.hungry=True #初始化变量 hungry 的属性为 True, 在类实例化后执行

    def eat(self): #通过定义函数构建类的方法，即鸟类都具有吃的方法，self 被指向该方法被调用的对象，即实例

        if self.hungry: #判断类的属性（变量）hungry 是否为 True，即鸟是否需要进食，初始值在初始方法中已经定义为 True, 即鸟未进食需要吃东西

            print('Aaaah...') #如果 hungry 为 True 则执行该语句

            self.hungry=False #执行完打印语句后，将 hungry 的属性更改为 False，即鸟已经吃过了食物

        else: #当类属性 hungry 为 False 时执行语句

            print('No,Thanks!')

class Apodidae(Bird): #定义鸟类的子类雨燕目的属性与方法，因为雨燕目是鸟类的子类，所以除了自身的属性与方法外，也包括一般鸟类的属性与方法，因此在 class foo(superclass): 定义类方法时，在圆括号内输入子类的超类即鸟类 Bird，使子类雨燕目具有一般鸟类的属性和方法

    def __init__(self): #初始化类雨燕目对象的各属性

        super(Apodidae,self).__init__() #使用 super() 函数，可以避免子类初始化构造方法重写超类的初始化构造方法，使引用的实例不具有超类的初始化方法，即 self.hungry=True, 吃的方法

        self.sound='Squawk!' #初始化变量 sound 的属性为字符串 'Squawk!'

    def sing(self): #定义类雨燕目的 sing() 方法，即雨燕目类的鸟都会唱歌

        print(self.sound)

```
>>> swift=Apodidae() # 通过赋值的方法引用一个实例，即定义小雨燕 swift 为雨燕目类的一
个实例或者对象
>>> swift.fly # 实例小雨燕具有一般鸟类的属性，飞的特征
'Whirring'
>>> swift.eat() # 实例小雨燕具有一般鸟类的方法，吃的方法
Aaaah...
>>> swift.eat()
No,Thanks!
>>> swift.sing() # 实例小雨燕具有子类雨燕目类的方法，会唱歌
Squawk!
```

1 创建类

使用数据结构结合基本语句和定义函数基本可以完成所有编写程序的目的，类基本也是由这些内容构成的，只是定义类时强调了人们对于事物认知分类的要求。在创建类时需要明确几点表述上的差异，一个是类与类的实例（对象），类是使用语句 class 定义，但是当类定义完之后，例如鸟类，必然需要将鸟类的属性和方法落实到个体对象上，例如小雨燕即类的实例，类的实例化不是唯一的，可以定义任何变量作为类的实例，除了小雨燕，还有黑雨燕、珍雨燕等。

```
>>> blackswift=Apodidae() # 捆绑类的一个实例黑雨燕 blackswift
>>> scarceswift=Apodidae() # 捆绑类的另一个实例珍雨燕 scarceswift
>>> blackswift.sing() # 实例黑雨燕 blackswift 具有唱歌的方法
Squawk!
>>> scarceswift.sing() # 实例珍雨燕 scarceswift 也具有唱歌的方法
Squawk!
```

类的属性是什么？在类定义时，class 语句中的代码都在特殊命名空间中执行，即类命名空间（class namespace），这个命名空间可以由类内所有成员访问。而类的属性可以理解为类内定义的变量，例如在定义一般鸟类时，变量 fly='Whirring'，即为类的属性，当引入一个实例例如黑雨燕 blackswift 时，可以表述为黑雨燕就具有属性 fly，其值为 'Whirring'。获取实例的属性可以直接使用语句 blackswift.fly，其中 blackswift 为引入的实例，fly 为实例的属性。实例的属性可以重新赋予，但是不会影响捆绑该类的其他实例。

```
>>> blackswift=Apodidae() # 捆绑类的一个实例黑雨燕 blackswift
>>> scarceswift=Apodidae() # 捆绑类的另一个实例珍雨燕 scarceswift
>>> blackswift.fly # 实例黑雨燕的属性 fly
'Whirring'
>>> blackswift.fly='humming' # 重新赋值给实例黑雨燕的属性 fly
>>> blackswift.fly # 实例黑雨燕的属性 fly 发生了更改
```

'humming'

\>>> scarceswift.fly # 实例珍雨燕 scarceswift 的属性 fly 没有发生变化

'Whirring'

　　类的方法与定义函数，当定义函数位于类的空间时，定义函数就成了类的方法。调用类的方法与调用 Python 模块的方法一样，即 object.method()。

\>>> blackswift=Apodidae() # 捆绑类的一个实例黑雨燕 blackswift

\>>> blackswift.sing() # 调用实例的方法

Squawk!

　　定义的类本身就具有一些属性，因此在将类引用一个实例时，该实例就应具有了这些默认的属性，而不需要再重新定义，例如鸟类在实例化时，self.hungry=True，即鸟没有进食，饿的一个事实，这时就需要使用 __init__() 的初始化方法，将该属性在类引用实例时就被赋予。

　　而类中定义函数即类的方法时，将 self 作为参数，作为引用各种实例的一个代表，既代表黑雨燕 blackswift，也代表珍雨燕 scarceswift，def eat(self): 则可以理解为引用当前实例的方法。

　　在定义雨燕目类时，在圆括号内指定了超类，即将子类引用一个实例后，该实例例如黑雨燕 blackswift 除了具有子类的属性和方法，也具有超类的属性和方法，但是如果只对超类即一般鸟类引用实例如黑雨燕 blackswift，那么该实例则只具有一般鸟类的属性和方法，而不再具有雨燕目类的属性和方法。

\>>> blackswift=Bird() # 捆绑类（一般鸟类）的一个实例黑雨燕 blackswift

\>>> blackswift.eat()　# 实例黑雨燕 blackswift 具有 .eat() 的方法

Aaaah...

\>>> blackswift.eat()

No,Thanks!

\>>> blackswift.sing() # 实例黑雨燕 blackswift 不具有子类雨燕目类的方法

Traceback (most recent call last): # 返回异常

　File "<pyshell#30>", line 1, in <module>

　　blackswift.sing()

AttributeError: 'Bird' object has no attribute 'sing'

　　如果不使用 super() 函数，使得子类初始化构造方法时，重写超类的初始化构造方法，可以看下语句运行的结果。

class Bird:

　　'General properties and methods of birds'

　　fly='Whirring'

　　def __init__(self):

　　　　self.hungry=True

　　def eat(self):

```
        if self.hungry:
            print('Aaaah...')
            self.hungry=False
        else:
            print('No,Thanks!')
class Apodidae(Bird):
    def __init__(self):
        self.sound='Squawk!'
    def sing(self):
        print(self.sound)
>>> blackswift=Apodidae()
>>> blackswift.eat()
Traceback (most recent call last):
  File "<pyshell#32>", line 1, in <module>
    blackswift.eat()
  File "E:/PythonDesign/PythonProgram/04_class_01.py", line 7, in eat
    if self.hungry:
AttributeError: 'Apodidae' object has no attribute 'hungry'
```

去除语句super(Apodidae,self).__init__()之后，因为子类初始化构造方法重写超类的初始化构造方法，因此在调用实例.eat()方法时，返回异常，提示引用的实例不具有hungry的属性。除了使用super()函数防止超类初始化构造方法被重写，也可以使用Bird.__init__(self)替代super()函数，但是super()函数因为不需要直接指定超类对象，因此更加方便实用，尤其有多个超类时。

2 网络分析

在现实世界中，人流、物流往往借助网络状的设施而实现。例如人的位置移动（客运交通、步行、自行车、公共交通、小汽车等交通方式）必须依靠网络状的道路、轨道实现。物的位置移动常称为货运交通，货运车辆、船舶、飞机也是依靠道路、铁路、航道、航线才能实现位置移动。对于交通网络一般使用ArcGIS中的扩展模块Network Analyst来实现对交通网络的分析。

城市中的给水、排水、电力、电信和燃气等物质、能量、信息的传输和交换也靠专门的网络状管道和管线设施来实现，对该类型的网络结构的分析一般使用ArcGIS中的Geometric networks几何网络来处理分析。

Network Analyst模块arcpy.na是用于使用ArcGIS Network Analyst扩展模块提供的网络分析功能的Python模块。可访问Network Analyst工具箱中提供的所有地理处理工具，以及允许通过Python使用Network Analyst工作流自动化的其他帮助程序函数。

2.1 从 Google Earth 中调入路径以及服务设施和源点

- 路径的调入

在 Google Earth 中使用添加路径工具在新建立的单独文件夹中建立路径，建立完成后，在文件夹上右键将位置另存为 KML 格式的文件。所有路径的信息将被记录在单独的一个 KML 文件中。开始将 KML 文件转换为 shapefile 要素类格式，并在 ArcGIS 上加载需要首先查看具体数据的内容，找到路径名称以及对应坐标点的标志符。大部分编写的程序与前文阐述的地标点和路径调入的方法基本类似，只是需要根据坐标点在文件中格式的特点重新调整提取坐标点的部分程序。

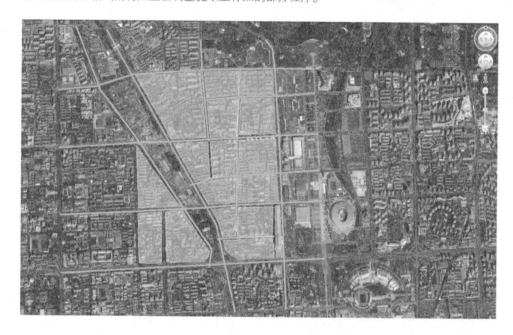

```
<Placemark>
    <name>北四环中路</name>
    <styleUrl>#m_ylw-pushpin</styleUrl>
    <LineString>
        <tessellate>1</tessellate>
        <coordinates>
            116.3473149834627,39.98544030998455,0 116.3875495270499,39.986678 11832991,0
        </coordinates>
```

```
                </LineString>
            </Placemark>
            <Placemark>
                <name>安翔北路</name>
                <styleUrl>#m_ylw-pushpin</styleUrl>
                <LineString>
                    <tessellate>1</tessellate>
                    <coordinates>
                        116.3469821 28753,39.991 94876755919,0  116.3
588515789462,39.99221238934109,0  116.3696314771547,39.99254820758225,0  116.37427633
77957,39.9928082885474,0  116.3871451085774,39.99313776529779,0
                    </coordinates>
                </LineString>
            </Placemark>
```

将 KML 文件转换为 .txt 文本文件打开查看文件的格式,其中每个路径的信息被放置于 <Placemark></Placemark> 标志符之间,路径的名称被放置于 <name></name> 标志符之间,路径节点的坐标被放置于 <coordinates></coordinates> 之间。

```python
txtfile="E:\PythonScriptForArcGIS\KMLDataLoading\Network\NetWork.kml" # 指定 .kml 文件的路径
prjFile='WGS 1984.prj' # 指定投影文件
def KMLRouteLoad(txtfile,prjFile): # 定义将 .kml 路径转换为 .shp 要素类格式的函数
    import re # 调入正则表达式
    import arcpy # 调入 arcpy 站点包
    from arcpy import env # 从 arcpy 站点包调入 env 环境设置模块
    import os # 调入 os 模块
    import codecs # 调入 codecs 模块
    workspace=os.path.dirname(txtfile) # 根据指定的文件路径提取用于工作空间的目录
    env.workspac=workspace # 设置工作空间
    tf=os.path.basename(txtfile) # 根据指定的文件提取文件名部分
    reader=codecs.open(txtfile,'r','utf-8') # 打开 .kml 路径文件,同时对中文字符解码
    inputname=tf.split('.')[0] # 根据 .kml 的文件名提取名称
    patA=re.compile('<name>.*</name>') # 根据包含正则表达式的对象创建模式对象 patA
    patB=re.compile('<coordinates>') # 根据包含正则表达式的对象创建模式对象 patB
    ncdic={} # 建立空的字典,键为路径名称,值为路径节点坐标列表
    while True: # 循环读取 .kml 文件字符串
        line=reader.readline() # 逐行读取字符串
        if len(line)==0: # 如果读取的行长度为 0,即读完全部行停止读取
```

```
            break  # 停止循环逐行读取
        line=line.strip()  # 去除两侧空白的字符
        if line=='<Placemark>':  # 判断读取的行字符串是否等于标志符 '<Placemark>'
            while True:  # 循环读取标志符 <Placemark></Placemark> 之间的内容
                line=reader.readline()  # 逐行读取
                line=line.strip()  # 去除读取行两侧空白的字符
                if line=='</Placemark>':  # 当读取的行等同于 '<Placemark>' 时停止读取
                    break  # 停止读取
                m=patA.match(line)  # 匹配模式 patA
                if m:  # 匹配 m 存在时
                    names=re.sub('<name>(.*?)</name>',r'\1',line)  # 提取标志符 <name></name> 之间的路径名称
                n=patB.match(line)  # 匹配模式 patB
                if n:  # 匹配 n 存在时
                    line=reader.readline()  # 继续读取行
                    line=line.strip()  # 去除两侧空白的字符
                    coordis=line.split(' ')  # 使用空白字符切分字符串返回列表
                    coordislst=[]  # 建立空的列表用于放置坐标值
                    for s in coordis:  # 循环切分字符串后返回的列表
                        xyz=s.split(',')  # 使用逗号切分字符串返回坐标列表
                        xyz=[float(a) for a in xyz]  # 将字符串转换为浮点数
                        coordislst.append(xyz)  # 将坐标子列表追加到列表中
            ncdic[names]=coordislst  # 使用路径名做键，坐标列表为值
reader.close()  # 关闭打开的 .kml 文件
arcpy.CreateFeatureclass_management(workspace,inputname,'POLYLINE','','',prjFile)  # 建立折线要素类
fieldName1='Name'  # 定义欲增加字段的名称
arcpy.AddField_management(inputname, fieldName1,"TEXT")  # 增加字段用于放置路径名称
keys=ncdic.keys()  # 返回键列表
cursor=arcpy.da.InsertCursor(inputname,['SHAPE@','Name'])  # 插入游标，处理属性表数据
for key in keys:  # 循环键列表，即路径名称列表
    dic=ncdic[key]  # 根据键返回值，即坐标点列表
    pointA=arcpy.Array([arcpy.Point(*coords) for coords in dic])  # 建立坐标点数组 Array
    pl=arcpy.Polyline(pointA,prjFile)  # 根据点数组建立直线
    cursor.insertRow([pl,key])  # 逐行插入折线即路径和路径名
del cursor  # 删除游标
```

```
        return inputname,ncdic  # 返回包含路径折线的要素类和字典
pg,nd=KMLRouteLoad(txtfile,prjFile)  # 执行定义的函数，并接收返回值赋值给变量
```

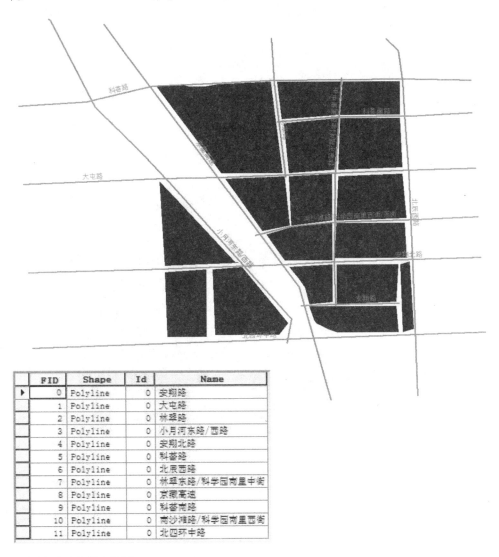

- 服务设施和源点的调入

　　研究中假设了部分基础设施——超市的地标和源点，并在 Google Earth 中标注另存为 KML 格式文件。将点地标调入的程序可以直接使用第四章中定义的 KMLLoad() 函数，为了具体表明调入的为点，可以修改函数的名称例如 KMLPointLoad()。函数内部的内容不需要修改，可以直接使用，只需要调整输入的实际参数。

```
txtfile="E:\PythonScriptForArcGIS\KMLDataLoading\Network\Facilities.kml"
prjFile='WGS 1984.prj'
def KMLPointLoad(txtfile,prjFile):
```

...

Facilities,nd=KMLPointLoad(txtfile,prjFile)

txtfile="E:\PythonScriptForArcGIS\KMLDataLoading\Network\Source.kml"

def KMLPointLoad(txtfile,prjFile):

...

Source,md=KMLPointLoad(txtfile,prjFile)

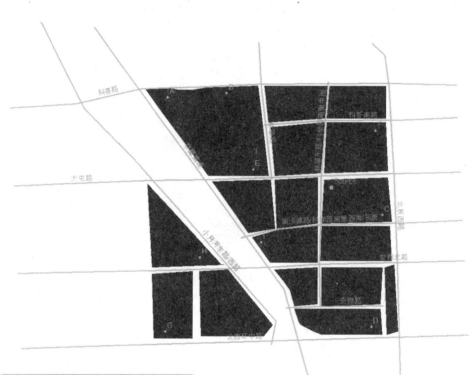

FID	Shape	Id	Name
0	Point	0	A
1	Point	0	C
2	Point	0	B
3	Point	0	E
4	Point	0	D
5	Point	0	G
6	Point	0	F
7	Point	0	I
8	Point	0	H

FID	Shape	Id	Name
0	Point	0	Source

2.2 建立文件地理数据库、要素数据集并导入用于网络分析的基础数据

在前文已经阐述了文件地理数据库建立的方法，要素数据集建立的方法与之类似，可以直接使用 CreateFeatureDataset_management (out_dataset_path, out_name, {spatial_reference}) 建立要素数据集的函数。对于要素的导入可以使用 FeatureClassToFeatureClass_conversion (in_features, out_path, out_name, {where_clause}, {field_mapping}, {config_keyword}) 函数。在具体程序编写时不建议直接使用函数，因为可能在具体操作过程中已经存在该文件，因此需要检查文件是否存在，如果存在提示已经存在，如果不存在则创建文件；另外为了能够使程序清晰需要分别建立函数，其中包括定义建立文件地理数据库的函数，定义建立要素数据集的函数，定义向要素数据集导入要素类的函数。对于大部分程序因为前文已经做了解释，因此具体解释不再赘述，具体程序如下：

```
wspath="E:\PythonScriptForArcGIS\KMLDataLoading\Network"
def CreateFGB(wspath):
    import arcpy
    import os
    from arcpy import env
    env.overwriteOutput=True
    env.workspace=wspath
    fgdbname=wspath.split('\\')[-1]
    if arcpy.Exists(fgdbname+'.gdb'):
        print(fgdbname+'.gdb'+' already exists!')
    else:
        fgb=arcpy.CreateFileGDB_management(wspath,fgdbname)
        return fgb
fgd=CreateFGB(wspath)


wspath="E:\PythonScriptForArcGIS\KMLDataLoading\Network\Network.gdb"
prjFile='E:\PythonScriptForArcGIS\KMLDataLoading\L71123032_03220020522_MTL.img'
fd='NetworkDataset'
def CreateFD(wspath,prjFile,fd):
    import arcpy
    import os
    from arcpy import env
    env.overwriteOutput=True
    env.workspace=wspath
```

```
            env.overwriteOutput=True
        if arcpy.Exists(fd):
            print(fd+' dataset already exists!')
        else:
            fd=arcpy.CreateFeatureDataset_management(wspath,fd,prjFile)
            return fd
fd=CreateFD(wspath,prjFile,fd)
```

```
wspath="E:\PythonScriptForArcGIS\KMLDataLoading\Network\Network.gdb\NetworkDataset"
copyfc='E:\PythonScriptForArcGIS\KMLDataLoading\Network\Source.shp'
def copyfctofd(wspath,copyfc):
    import arcpy
    from arcpy import env
    import os
    env.workspace=wspath
    basen=os.path.basename(copyfc)[:-4]
    if arcpy.Exists(basen+'_copy'):
        print(basen+' already exists!')
    else:
        fccopy=arcpy.FeatureClassToFeatureClass_conversion(copyfc,wspath,basen+'_copy')
        return fccopy
fcc=copyfctofd(wspath,copyfc)
```

建立类

从 KML 文件基础数据的转换与调入到 ArcGIS 的过程，以及建立文件数据库、要素数据集和向要素数据集导入数据的整个过程可以定义为一个类，实现从 Google Earth 获取数据建立用于网络分析的整个架构。在定义类的过程中，只需要微调之前的程序，将定义函数的实际参数以及执行函数的语句放置于类之外，定义的函数格式缩进作为类的方法，同时可以增加变量，例如把用于说明类功能的字符串作为类的属性，具体类的定义如下：

```
class DataforNetwork: # 定义类 DataforNetwork
    illustration='DataforNetwork used for .kml convertion,build FGB and Featrue Dataset,and copy data' # 把说明类的字符串作为类的属性
    def KMLRouteLoad(self,txtfile,prjFile): # 定义转换调入 .kml 路径的函数，即类的方法
        ...
    def KMLPointLoad(self,txtfile,prjFile): # 定义转换调入 .kml 地标点的函数，即类的方法
```

```
    ...
    def CreateFGB(self,wspath): #定义建立文件地理数据库的函数,即类的方法
        ...
    def CreateFD(self,wspath,prjFile,fd): #定义建立要素数据集的函数,即类的方法
        ...
    def copyfctofd(self,wspath,copyfc): #定义复制要素到地理数据集的函数,即类的方法
        ...
>>> dfn=DataforNetwork() #引用类的实例为 dfn
... print(dfn.illustration) #打印显示 dfn 的 illustration 属性
... copyfc='E:\PythonScriptForArcGIS\KMLDataLoading\Network\Source.shp' #指定待向要素数
据集复制的要素路径
... wspath="E:\PythonScriptForArcGIS\KMLDataLoading\Network\Network.gdb\NetworkDataset" #
指定要素数据集的路径
... Source=dfn.copyfctofd(wspath,copyfc) #执行 dfn 实例化对象 copyfctofd() 的方法
...
DataforNetwork used for .kml convertion,build FGB and Featrue Dataset,and copy data #打
印显示属性的结果
>>> copyfc='E:\PythonScriptForArcGIS\KMLDataLoading\Network\Source.shp'
... wspath="E:\PythonScriptForArcGIS\KMLDataLoading\Network\Network.gdb\NetworkDataset"
... Source=dfn.copyfctofd(wspath,copyfc) #再次执行 copyfctofd() 的方法
...
Source already exists! #因为文件已经存在,返回提示
```

2.3 最近设施点分析

使用 Python 脚本编程还是直接使用工具操作

使用 Python 脚本的目的可以通过程序编写批处理地理信息数据和构建复杂的地理处理模型,但是有些时候直接使用工具操作反而更加便捷,又或者目前 ArcPy 站点包并没有包括 ArcGIS 的全部操作工具,这个时候不去纠结如何使用 Python 编写程序,而是直接使用 ArcGIS 提供的既有工具反而更加适宜。因此根据地理信息处理目的的不同,需要辩证地分析选取适合的处理方式。

- 使用 Planarize lines 在相交处分别打断折线

在开始最近设施点分析之前,将 NetWork_copy 路径要素类在相交处分别打断,具体操作步骤为 Editor 下开始编辑,通过属性表选取所有数据,在 Advanced Editing 下使用 Planarize lines 打断。

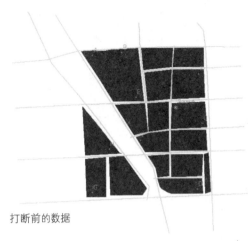

打断前的数据

打断后的数据

在建立要素数据集时，使用的投影文件 prjFile='E:\PythonScriptForArcGIS\KMLDataLoading\L71123032_03220020522_MTI.img' 包括大地坐标系统和投影坐标系统，虽然在将要素类复制到要素数据集之前并没有设置其投影坐标系统，但是复制到要素数据集之后具有与要素数据集相同的大地坐标系统和投影坐标系统。只有正确地设置坐标系统，路径即折线的长度才为正常。

· 建立网络数据集

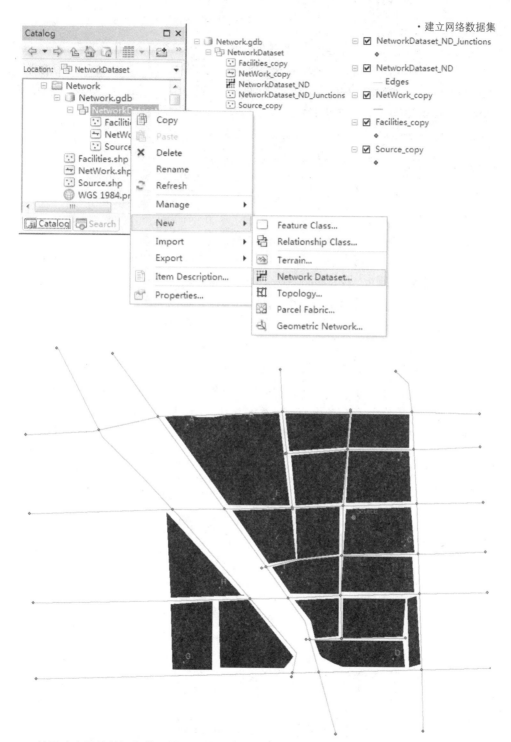

关于建立网络数据集的具体处理方式，参数输入方法可以参看 ArcGIS 帮助文件。本次研究案例使用路径长度 Shape_Length 字段值作为网络建立时成本计算的使用。

- 最近设施点分析

Network Analyst 工具箱中包含一组可执行网络分析和网络数据集维护的工具，可以对各种用于构建交通网模型的网络数据集进行维护，并可以进行交通网执行路径、最近设施点、服务区、起始－目的地成本矩阵、车辆配送（VRP）和位置分配等方面的网络分析。用于阐述 Python 脚本编写网络分析的最近设施点分析，可以根据指定的一个 Incidents 事件点和多个 Facilities 设施点，并指定成本字段计算从事件点到设施点的最近距离。

使用 Python 脚本编写该程序，需要使用 MakeClosestFacilityLayer_na (in_network_dataset, out_network_analysis_layer, impedance_attribute, {travel_from_to}, {default_cutoff}, {default_number_facilities_to_find}, {accumulate_attribute_name}, {UTurn_policy}, {restriction_attribute_name}, {hierarchy}, {hierarchy_settings}, {output_path_shape}, {time_of_day}, {time_of_day_usage}) 函数创建最近设施点分析图层，从而获得指定输出层名称，用于进一步分析的图层，本例为 ClosestFacilities。新建立的图层包括多个子图层，分别显示设施点、事件点，以及分析计算后的结果 Routes 路径图层等。事件点和设施点可以通过加载外部的点要素文件获取，使用 AddLocations_na (in_network_analysis_layer, sub_layer, in_table, field_mappings, search_tolerance, {sort_field}, {search_criteria}, {match_type}, {append}, {snap_to_position_along_network}, {snap_offset}, {exclude_restricted_elements}, {search_query}) 函数添加位置。建立完所有基础条件之后，使用 Solve_na (in_network_analysis_layer, {ignore_invalids}, {terminate_on_solve_error}, {simplification_tolerance}) 函数求解，并可以使用 SaveToLayerFile_management (in_layer, out_layer, {is_relative_path}, {version}) 函数保存图层到指定目录。

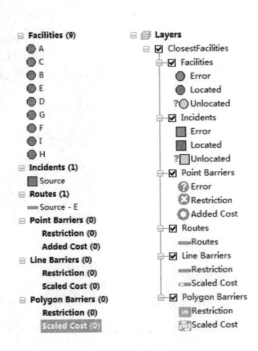

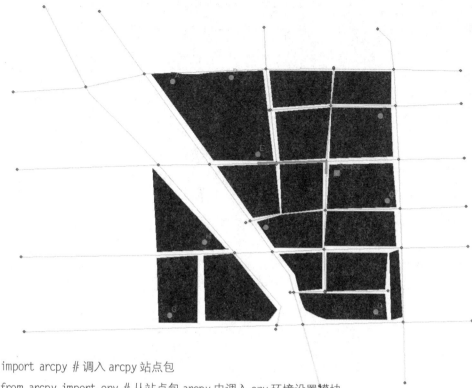

```
import arcpy #调入 arcpy 站点包
from arcpy import env #从站点包 arcpy 中调入 env 环境设置模块
try: #try/except 语句捕捉异常
    wspath="E:\PythonScriptForArcGIS\KMLDataLoading\Network\Network.gdb\Network" #指定工作空间目录
    env.workspace=wspath #设置工作空间
    env.overwriteOutput=True #允许覆盖存在的文件
    inNetworkDataset="NetworkDataset_ND" #指定网络数据集
    outNALayerName="ClosestFacilities" #指定输出的图层名称
    impedanceAttribute="Length" #指定阻抗属性
    accumulateAttributeName=["Length"] #指定累积的成本属性列表
    inFacilities="Facilities_copy" #指定设施点文件
    inIncidents="Source_copy" #指定事件点文件
    outLayerFile=outNALayerName+".lyr" #输出图层名称
    outNALayer=arcpy.na.MakeClosestFacilityLayer(inNetworkDataset,outNALayerName,impedanceAttribute,"TRAVEL_TO","",1,accumulateAttributeName,"NO_UTURNS") #使用arcpy.na.MakeClosestFacilityLayer()函数建立最近设施点分析图层
    outNALayer=outNALayer.getOutput(0) #获取最近设施点分析图层名称
    subLayerNames=arcpy.na.GetNAClassNames(outNALayer) #获取所有子图层的名称
```

```
        facilitiesLayerName=subLayerNames["Facilities"] # 获取设施点图层
        incidentsLayerName=subLayerNames["Incidents"] # 获取事件点图层
        arcpy.na.AddLocations(outNALayer, facilitiesLayerName, inFacilities,"","") # 使用 arcpy.
na.AddLocations() 函数添加设施点位置
        arcpy.na.AddLocations(outNALayer, incidentsLayerName, inIncidents,"","") #使用arcpy.
na.AddLocations() 函数添加事件点位置
        arcpy.na.Solve(outNALayer) # 使用 arcpy.na.Solve() 函数求解
        arcpy.SaveToLayerFile_management(outNALayer,outLayerFile,"RELATIVE") # 保存求解后的
图层到指定目录
        print "Script completed successfully" # 打印显示求解成功
except Exception as e: # 编写异常处理代码块
        import traceback, sys
        tb=sys.exc_info()[2]
        print "An error occured on line %i" % tb.tb_lineno
        print str(e)
```

6

Exception and Error
异常与错误

Exception and Error ...

1 异常

```
>>> list(x)
Traceback (most recent call last):
  File "<pyshell#174>", line 1, in <module>
    list(x)
NameError: name 'x' is not defined
```

x 变量并没有定义，程序中出现了错误，因此引发了一个异常，并显示错误的追踪信息，指定错误发生的行和语句，以及错误的类型 NameError: name 'x' is not defined。异常往往是程序出现了错误导致的程序停止，一般根据提示修改语句，保证程序的顺利运行。但是异常并不仅仅是程序反馈的消息，在前文寻找最近设施点部分使用了 try/except 语句捕捉异常，根据捕捉到的异常执行相应的操作。

使用多条 except 子句可以指定多个异常处理代码块：

```
try:
    do something
except TypeError as e:
    do something
except NameError as e
    do something
...
```

处理程序也可以捕捉多种类型的异常：

```
try:
    do something
except (TypeError,NameError) as e:
    do something
```

使用 pass 语句可以忽略异常：

```
try:
    do something
except (TypeError,NameError) as e:
    pass
```

使用 Exception 可以捕捉除与程序退出相关异常之外的所有异常：

```
try:
    do something
except Exception as e:
    error_log.write('An error occured\n')
```

使用except语句时，如果不带任何异常类型，将会捕捉所有异常，但是会捕捉到很多不必要的异常，应该尽量避免使用：

```
try:
    do something
except :
    error_log.write('An error occured\n')
```

try语句也支持else子句，但是不需跟在最后一个except子句的后面。如果try代码块中的程序没有引发异常，将会执行else子句中的程序：

```
try:
    f=open('foo','r')
except IOError as e:
    error_log.write('Unable to open foo:%s\n % e)
else:
    data=f.read()
    f.close()
```

finally语句为try代码块中的代码定义了结束操作，finally子句不是用于捕捉错误，而是提供一些程序代码，无论程序是否出错误都需要执行该代码。如果没有引发异常，finally子句的代码将在try代码块中的代码执行完毕后立即执行；如果引发了异常，控制权首先传递给finally子句的第一条语句。这段代码执行完毕后，将重新引发异常然后交由另一个异常处理程序进行处理。

```
f=open('foo','r')
try:
    do something
finally:
    f.close()
```

Python 内置异常

异常	描述
BaseException	所有异常的根异常
GeneratorExit	由生成器的 .close() 方法引发
KeyboardInterrupt	由键盘中断（通常为 Ctrl+C) 生成
SystemExit	程序退出／终止
Exception	所有非退出异常的基类
StopIteration	引发后可停止迭代
StandardError	所有内置异常的基类（仅在 Python2 中使用），在 Python3 中下面的所有异常都归在 Exception 下
ArithmeticError	算数异常的基类
FloatingPointError	浮点操作失败
ZeroDivisionError	对 0 进行除获取模操作
AssertionError	由 assert 语句引发
AttributeError	由属性名称无效时引发
EnvironmentError	发生在 Python 外部的错误
IOError	I/O 或文件相关的错误
OSError	操作系统错误
EOFError	到达文件结尾时引发
ImportError	import 语句失败
LookupError	索引和键错误
IdexError	超出序列索引的范围
KeyError	字典键不存在
MemoryError	内存不足
NameError	无法找到局部或者全局名称
UnboundLocalError	未绑定的局部变量
ReferenceError	销毁被引用对象后使用的弱引用
RuntimeError	一般运行时错误
NotImplementedError	没有实现的特性
SyntaxError	解析错误
IndentationErreor	所进错误
TabError	使用不一致的制表符（由 –tt 选项生成）
SystemError	解释器中的非致命系统错误
TypeError	给操作传递了错误的类型
ValueError	无效类型
UnicodeError	Unicode 错误
UnicodeDecodeError	Unicode 解码错误
UnicodeEncodeError	Unicode 编码错误
UnicodeTranslateError	Unicode 转换错误

除了捕捉异常也可以使用 raise 语句引发异常。

\>>> raise Exception # 没有任何有关错误信息的普通异常

Traceback (most recent call last):

　File "<pyshell#178>", line 1, in <module>

　　raise Exception

Exception

\>>> raise Exception('Computer says no!') # 添加错误信息的异常

Traceback (most recent call last):

　File "<pyshell#179>", line 1, in <module>

　　raise Exception('Computer says no!')

Exception: Computer says no!

　　尽管 Python 内建的异常类包括了大部分的情况，但是有些时候希望能够定义自己的异常类。定义新的异常都是使用类进行定义，并指定新定义异常的新类的超类为 Exception。

\>>> class SomeCustomException(Exception):pass # 自定义异常，pass 为什么都不做，也可以向异类中增加方法

\>>> raise SomeCustomException # 引发自定义异常

Traceback (most recent call last):

　File "<pyshell#182>", line 1, in <module>

　　raise SomeCustomException

SomeCustomException

2 错误

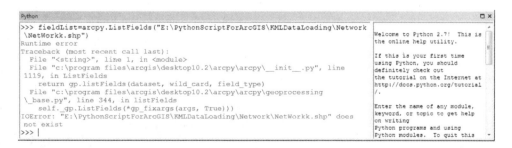

在程序编写过程中肯定会出现错误，引起错误的原因有很多种，例如函数或者类不存在，没有给指定的变量赋值或者变量不存在，指定的文件路径不存在，甚至语法错误和打字错误都会引起程序不能够顺利运行。将编写的程序部分或者全部在 Python Window 中测试反馈出引发错误的信息，是寻找错误的原因和进行错误修正的有效途径。

Attraction of Programming
程序的魅力

7

ArcGIS 的地理处理工具可以完成规划设计专业相关的大部分分析研究工作，从空间数据的采集、组织，数据的转换、处理以及可视化，到矢量数据和栅格数据的空间分析、地统计分析、水文分析等，但是同时如果能够结合 Python 程序编写辅助规划设计的各类分析研究，可以在提升工作效率和研究未来的规划设计方法上起到至关重要的作用。例如本部分阐述的两个课题探讨，自然村落选址因子权重评定的遗传算法和基于景观感知敏感度生态旅游地观光路线自动选址都需要借助 Python 来完成，并通过相关算法的研究应用到专业领域，尤其在智能化的数据处理分析上，只有通过程序的方式才能够深入研究，例如除了课题探讨中所借助的遗传算法，还有人工神经网络、免疫算法、蚁群算法等，多种群体智慧，人工智能等，很多算法都可以与规划设计方法相结合，例如基于 CA 的智能元胞自动机用于城市模拟、土地利用变化模拟以及城市演变。例举的很多智能式地理信息系统的方法，都需要结合具体的实际情况深入研究编写程序处理。那么同时又如何面对规划设计师和地理信息系统专业人员之间的界限关系？

算法永无止境，关键是解决问题，对于规划设计师来说规划设计是核心的业务，地理信息系统可以帮助规划设计者从数据的角度更本质性地改变传统规划设计的思路，结合程序编写，将更大程度提升规划设计方法应用的深度，并从程序编写的角度，以一种不同的逻辑思维方式拓展规划设计的方法。既然规划设计是核心，那么也只有规划设计师才能够真正地理解场地的属性，因此具有地理信息系统背景知识的规划者将能够更深入发掘场地的属性，而同时具有程序编写能力的规划设计师，将会从更多繁琐的手工劳作中解脱出来，并探索智能化的规划设计方法。对于规划设计师学习地理信息系统和程序语言要比地理信息系统专业人员尤其程序员学习规划设计更具有现实性。规划设计者可以在规划设计过程中不断地渗入地理信息系统知识，使用编程的方法解决实际的问题，强调的是使用工具解决专业问题的能力，因此要做一个具有程序编写能力的规划设计师。

科技的发展和程序语言的完善，各种信息采集处理设备的便携性、平民化都会推动规划设计的智能化发展。地理信息系统应该作为规划设计整个过程的基础平台，从开始着手规划设计处理基础数据时就应该以此为切入点，在实践程序编写处理地理信息系统实现规划设计过程时，规划设计者将会不断地丰富自身的程序库，例如本书阐述 Python 编程方法时，调入.kml 点、线和面到 ArcGIS 的程序，地理数据库建立的程序、文件迁移的程序、栅格计算以及网络分析、遗传算法等都可以作为程序的片断直接或者修正式地应用于与之类似的分析研究项目中。为什么提倡由规划设计者丰富自身的程序库，而不是直接诉求于开发者对软件的升级？

工具可以促进规划设计方法的优化，同时也会限制规划设计的创造性。由开发者提供工具，例如土方计算的功能可以帮助设计师快速地进行土方计算，但是当希望土方平衡与规划设计形成参数联动制约关系时，例如如何确定需要满足一定高度要求的零线实现土方平衡，又或者存在更多影响因子对填挖方提出要求，单纯的土方计算无法满足多样的条件，也并不能从规划设计方法上提出新的见解，因此有必要掌握基础语言，根据不同规划场地提出的问题编写程序作出反应。

课题探讨的两个案例相对较为复杂，为了便于程序阅读，并没有定义较多的函数，而是以一种近乎流水账的方式编写程序，从而易于阅读。当对程序熟悉之后，可以根据分析研究的不同阶段定义函数,方便用于相关项目中。ArcGIS 系统的庞大和复杂性,往往会因为不太注意的细节使得程序运行错误或者不能够执行,例如定义文件名称的长度是否过长致使程序出错,有些函数要求输入绝对路径却输入了相对路径,位于缓存的临时文件被清除而提示该文件不存在,部分程序因为意外中断文件被锁定而无法再次调入或者写入,大地坐标系统和投影坐标系统是否设置正确,文件打开读取后是否记得关闭,属性表使用游标读取数据后需要移出,工作空间、分析区域等环境设置是否到位,程序编写过程中任何一个符号的错误都可能导致程序运行失败,一般不会第一次就能够百分百使程序运行正常,尤其对于较大的程序,因此需要不断根据错误提示信息修正调试,直至运行无误为止。另外,ArcGIS 的函数和类名称一般都会比较长,不易记住,也无需记住,在 ArcGIS Python 窗口输入时会提示,同时参考 ArcGIS 帮助文件或者将本书作为工具书查找相关内容,庞大的地理信息系统知识结构以及 ArcPy 包中的函数和类在程序编写时都会不断地查找。

1 课题探讨 _A_ 自然村落选址因子权重评定的遗传算法

村落选址受制于山水,如何在复杂的地形中谋得栖身之所,避免自然灾害的侵扰并具有舒适宜人的小气候是人类不断探索的课题,风水勘舆也由此而生,并建立了"左青龙,右白虎,前朱雀,后玄武"理想状态的意向模式。这一理想模式阐述了"穴场座于山脉止落之处,背依绵延山峰,将临明堂,穴周清流屈曲有情,两侧护山环抱,眼前朝山,案山拱揖相迎"的选址依据。实地勘舆相地是具体执行的举措,而地理信息技术的发展能够对选址相关影响因素进行叠合赋予权重计算适宜区域,即基于地理信息系统的土地适宜性评价方法。在该种方法中的权重一般由专家打分评定确立,然而实际上在自然山水中已经存在了无数的村落,这些村落经过历史的沉淀仍然能够存在,很大程度上也说明了选址的合理性,因此如果能够根据既有村落选址的特点反推权重设置应该具有一定的合理性,并根据反推的权重应用于影响因子计算新的地块获取选址。在这个过程中,使用优化算法中的遗传算法求解,对于遗传算法的具体阐述将在探讨过程中加以说明。

设定问题: 求解选址影响因子的权重;

基础数据: Google Earth 绘制存在村落的 Polygon 数据,以及从地理空间数据云(原国家科学数据服务平台)http://www.gscloud.cn/ 中下载研究区域的 DEM 高程数据;

解决策略: 将数据调入 ArcGIS 平台,确立影响选址的因子,并初步建立成本计算的函数,使用遗传算法对权重求最优解,并分析求解过程的稳定性。

1.1 准备数据

选取北京北延庆县四海镇北山区村落为研究对象,研究区域大约东西向 5 公里,南北向 10 公里。全镇平均海拔 700 米,昼夜温差大,平均气温 7.4 摄氏度,年降水量在 550~700 毫米之间,无霜期 155 天左右,光照充足,属温带大陆型气候。

在 Google Earth 中使用添加多边形工具绘制研究区域内基本所有村落的范围,保存为 .kml

文件，依据前文阐述的方法在 ArcGIS 中加载。同时为了能够使得程序清晰规范，将每一步的关键过程定义为函数。同时下载并加载研究区域 GDEM30 米分辨率的高程文件。

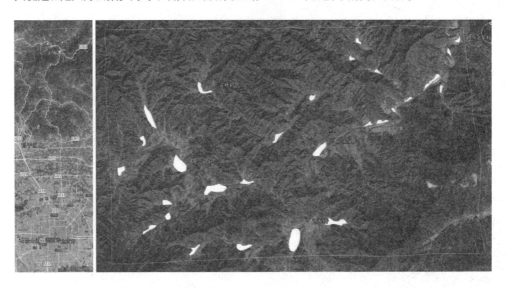

- GDEM DEM 30 米分辨率数字高程数据产品

基本信息

数据标识	ASTGTM_N40E115
条带号 115	行编号 40
水平分辨率 2.7777777778E-4	垂直分辨率 -2.7777777778E-4

空间信息

中心经度	115.5	中心纬度	40.5
左上角经度	114.9998	左上角纬度	41.0001
右上角经度	116.0001	右上角纬度	41.0001
右下角经度	116.0001	右下角纬度	39.9998
左下角经度	114.9998	左下角纬度	39.9998

- 定义 .kml Polygon 文件调入函数 kmlpolygonload(prjfile,kmlpolygon)

```
import arcpy,re,os,codecs
from arcpy import env
path="E:\caDesignResearch\GA"  # 指定工作空间路径
env.workspace=path
env.overwriteOutput=True
DEM="ASTGTM_N40E116N.img" 指定投影坐标系统，本例中使用调入的 DEM 高程数据默认的投影坐标系统
prjfile="WGS 1984.prj"  # 从 ArcGIS 坐标系统文件中复制 "WGS 1984.prj" 投影文件放置于工作空间
```

```python
kmlpolygonname="GAA.kml" # 从 Google Earth 中导出的 .kml Polygon 村落文件
def kmlpolygonload(prjfile,kmlpolygon): # 定义 .kml Polygon 调入函数，具体解释可参考前文阐述
    kmlpolygon=path+"\\"+kmlpolygonname
    patA=re.compile('<name>.*</name>')
    patB=re.compile('^<coordinates>$')
    namelst=[]
    coordilst=[]
    ncdic={}
    reader=codecs.open(kmlpolygon,'r','utf-8')
    while True:
        line=reader.readline()
        if len(line)==0:
            break
        line=line.strip()
        if line=='<Placemark>':
            while True:
                line=reader.readline()
                line=line.strip()
                if line=='</Placemark>':
                    break
                m=patA.match(line)
                if m:
                    names=re.sub('<name>(.*?)</name>',r'\1',line)
                n=patB.match(line)
                if n:
                    corstr=reader.readline()
                    corstr=corstr.strip()
                    coordi=corstr.split(' ')
            ncdic[names]=coordi
    reader.close()
    fc='sihaizhen'
    nlst=ncdic.keys()
    array=arcpy.Array()
    arcpy.CreateFeatureclass_management(path,fc,'Polygon',"","",prjfile)
    arcpy.AddField_management(fc,'Name',"TEXT",9,"","",'Name',"NULLABLE","REQUIRED")
```

```
    cursor=arcpy.da.InsertCursor(fc,['SHAPE@','Name'])
    for n in nlst:
        dic=ncdic[n]
        dic=[[float(i.split(',')[0]),float(i.split(',')[1]),float(i.split(',')[2])] for i in dic]
        pointA=arcpy.Array([arcpy.Point(*coords) for coords in dic])
        pl=arcpy.Polygon(pointA,prjfile)
        cursor.insertRow([pl,n])
    del cursor
    return fc
fc=kmlpolygonload(prjfile,kmlpolygonname) # 执行 kmlpolygonload 函数
fcprj=path+"\\"+"fcprj"+".shp" # 定义保存文件路径和文件名
arcpy.Project_management(fc,fcprj,DEM) # 对 fc 要素类根据 DEM 数据设置投影坐标
```

将 prjfile，kmlpolygonname 作为定义函数 kmlpolygonload() 的参数传入，通过读取 .kml 文件，提取村落名以及对应的坐标，并建立 polygon 对象。其中需要注意大地坐标系统和投影坐标系统的变化关系，返回村落的 polygon 对象。同时加载 DEM 高程数据，一方面用于后续成本计算的基础，另外可以用于参考投影坐标系统，使各对象坐标系统保持一致。

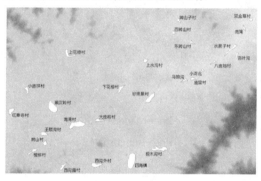

1.2 确定研究区域

下载的 DEM 高程数据远远超出预计研究的区域，可以使用 arcpy.Extent({XMin}, {YMin}, {XMax}, {YMax}, {ZMin}, {ZMax}, {MMin}, {MMax}) 设置范围。在设置范围之前需要确定经度和纬度方向的最大和最小值，一般可以直接从 ArcGIS 中读取数值手工输入确定，但是在编程环境下，大部分时候需要构建参数关系，能够寻找适宜的参数作为输入值从而避免手工操作，程序运行也会流畅。

研究区域范围的设置应该包含所有的村落，因此可以从村落 polygon 几何对象数据获取各自的几何中心点，并将所有点放置于一个列表中再分别提取 X、Y 坐标值，获取各自方向上最大和最小值，同时适当增减该值作为研究区域的设置范围。

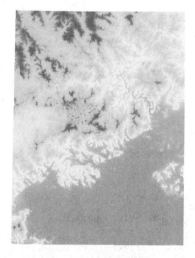

```
def researchb(fc): # 定义研究区域范围函数
    cursor=arcpy.da.SearchCursor(fc,["SHAPE@XY"]) # 建立搜索游标，读取每个 polygon 对象的质心 X、Y 坐标
    boundarya=[] # 建立空的字典
    for row in cursor: # 逐一读取每一行
        boundarya.append(row[0]) # 将质心坐标追加到列表中
    xcoordi=[] # 建立用于放置质心 X 坐标的空列表
    ycoordi=[] # 建立用于放置质心 Y 坐标的空列表
    for n in boundarya: # 循环遍历质心坐标列表
        xcoordi.append(n[0]) # 追加 X 坐标值
        ycoordi.append(n[1]) # 追加 Y 坐标值
    extentl=(max(xcoordi)-min(xcoordi))/10 # 建立 X 向设置范围调控区域的数值
    extenth=(max(ycoordi)-min(ycoordi))/10 # 建立 Y 向设置范围调控区域的数值
    bxmin=min(xcoordi)-extentl # 获取 X 向最小坐标值
    bxmax=max(xcoordi)+extentl # 获取 X 向最大坐标值
    bymin=min(ycoordi)-extenth # 获取 Y 向最小坐标值
    bymax=max(ycoordi)+extenth # 获取 Y 向最大坐标值
    arcpy.env.extent=arcpy.Extent(bxmin,bymin,bxmax,bymax) # 设置分析研究范围
    return(bxmin,bxmax,bymin,bymax) # 返回两个方向最大和最小四个值，用于查看验证
brea=researchb(fcprj) # 执行研究区域范围函数
print(brea)
```

1.3 确定影响因子

如果仅仅从山水关系确定村落选址，可以确定的影响因子包括坡向，因为建筑一般朝阳，因此往往位于南坡；坡度，坡度较陡的区域一般不适于建设，因此往往选择平缓坡度；起伏度，地形过于崎岖不适宜建设，如果在一定区域内地势比较平缓则适宜建设；水文，可以计算水文，汇水越多的山谷，往往较为平缓，空间越大，分支越细、越窄的区域则不太适合于建设。

影响村落选址的因子应该还与地质、地下水、中心城镇的位置、交通关系以及植物群落等因素相关，这里不作深入的探讨，可以结合具体的规划设计深入研究。对于选择的多个影响因子，获取基本的成本栅格之后，分别进行重分类，并保持重分类的等级一致。同时在程序编写过程中，可以将确定影响因子的所有程序定义在一个函数之内。

- 计算坡向并重分类

```
baspect=arcpy.Aspect_3d("ASTGTM_N40E116N.img","aspectba") # 计算坡向
baspectdenremap=arcpy.sa.RemapRange([[-1,0],[157.5,202.5,1],[112.5,157.5,2],[202.5,247.5,3],[67.5,112.5,4],[247.5,292.5,5],[22.5,67.5,6],[292.5,337.5,7],[0,22.5,8],[337.5,360,9]]) # 定义重分类的映射列表 baspectcla=arcpy.sa.Reclassify(baspect,"Value",baspectdenremap) # 重分类
```

计算坡向结果会获取已经根据朝向分类的栅格，根据存在的分类设置映射列表，将平地设置值为 0，南向为 1，东南为 2，西南为 3，东为 4，西为 5，东北为 6，西北为 7，北偏东为 8，北偏西为 9。

坡向重分类后的结果

- 计算坡度并重分类

```
bslope=arcpy.sa.Slope("ASTGTM_N40E116N.img") #计算坡度
slopemin=bslope.minimum #求取坡度栅格 Value 值最小值
slopemax=bslope.maximum #求取坡度栅格 Value 值最大值
def group(s,e,count): #定义重映射对象输入参数列表的函数为 group
    s=float(s)
    e=float(e)
    step=(e-s)/count
    lst=[]
    while True:
        lst.append(s)
        s+=step
        if '%.3f'%s=='%.3f'%e:
```

```
            lst.append(e)
            break
        elif s>e:
            lst[-1]=e
            break
    tlst=[]
    for i in range(len(lst)-1):
        tlst.append([lst[i],lst[i+1],i])
    return tlst
slopeg=group(slopemin,slopemax,10) # 执行函数 group 获取重映射列表
sloperemap=arcpy.sa.RemapRange(slopeg) # 计算重映射对象
slopecla=arcpy.sa.Reclassify(bslope,"Value",sloperemap) # 对坡度重分类
```

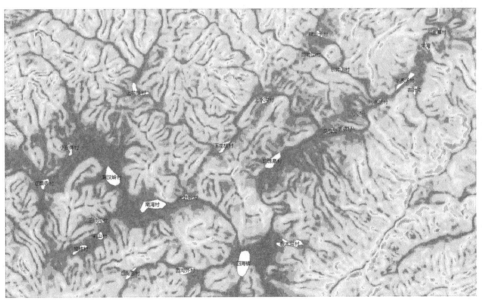

- 计算起伏度并重分类

```
NbrR=arcpy.sa.NbrRectangle(5,5)
outBS=arcpy.sa.BlockStatistics("ASTGTM_N40E116N.img",NbrR,'RANGE','NODATA')
sBS=outBS.minimum
eBS=outBS.maximum
BSG=group(sBS,eBS,10)
BSremap=arcpy.sa.RemapRange(BSG)
BSclassi=arcpy.sa.Reclassify(outBS,'Value',BSremap)
```

与前文程序一致，不再赘述。

- 计算水文并重分类

flowd=arcpy.sa.FlowDirection("ASTGTM_N40E116N.img") # 计算水流方向

flowa=arcpy.sa.FlowAccumulation(flowd) # 计算汇流累积量

flowNbrR=arcpy.sa.NbrRectangle(10,10) # 创建矩形邻域

flowns=arcpy.sa.FocalStatistics(flowa,flowNbrR) # 中心邻域计算，扩大流域范围

flowamin=flowns.minimum # 求取最小值

flowamax=flowns.maximum+1 # 求取最大值

flowg=group(flowamin,flowamax,10) # 执行函数 group 获取重映射列表

flowremap=arcpy.sa.RemapRange(flowg) # 计算重映射对象

flowcla=arcpy.sa.Reclassify(flowns,'Value',flowremap) # 对潜在的汇水区（流域）重分类

flowcla=arcpy.sa.Con(flowcla,0,9,"Value<9") # 将潜在汇水区设置为值 0，否则为 9

　　一般村落都希望建设在有水的地方，可以通过 ArcGIS 水文模块计算潜在的汇水区域，对于水文的计算方法和相关知识可以参考"面向设计师的编程设计知识系统"《地理信息系统(GIS)在风景园林和城市规划中的应用》部分。

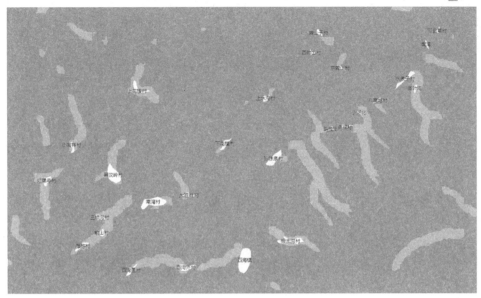

1.4 假设权重，叠合相加各个影响因子的成本栅格

costm=baspectcla+BSclassi+slopecla+flowcla*0.3 # 探索性设置影响因子的权重后栅格相加计算，其中除水文设置权重为 0.3 外，其他的均为 1

costmmin=costm.minimum

costmmax=costm.maximum+1

costg=group(costmmin,costmmax,10)

costremap=arcpy.sa.RemapRange(costg)

costcla=arcpy.sa.Reclassify(costm,'Value',costremap) # 重分类相加后的成本栅格

costclas=arcpy.sa.Con(costcla,9,0,"Value>0") # 使用 Con 条件函数再次重分类，观察值为 0 或者值为 0 和 1 时的情况，肉眼判断与村落叠合的程度。如果叠合程度高，说明权重设置适宜，否则不适宜。

通过假定权重可以获取一个结果，虽然提取的区域基本包含村落部分，但是是否还有更优解，可以缩小提取的适宜区域，并更加与村落选址相吻合。如果逐个设置不同的权重值计算比较结果显然是不合理的，因为存在的解很多，成百甚至上千个，因此需要借助于新的算法，例如集体智慧编程优化算法中的爬山法、模拟退火算法和遗传算法，或者总和的优化算法。

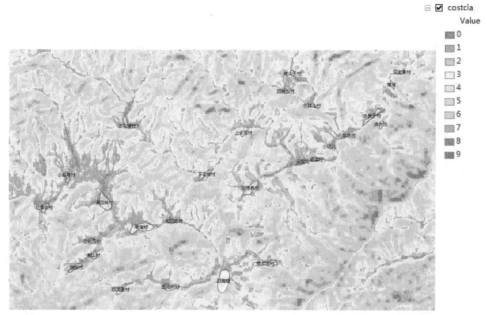

重分类 10 份

重分类 10 份后，值为 0 和 1 时与村落叠合情况

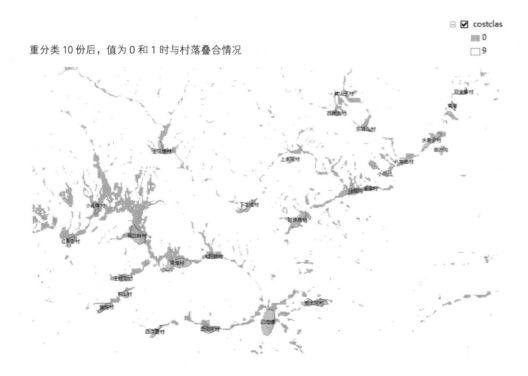

1.5 遗传算法

● 遗传算法

集体智慧在程序编写领域通常是指为了创造新的想法，而将一群人的行为、偏好或者思想组合在一起，或者理解为单一个体所做出的决策往往会比起多数的决策来得不精准，而集体智慧(集体智能)是一种共享的或者群体的智能，以及集结众人的意见进而转化为决策的过程。它是从许多个体的合作与竞争中涌现出来的。集体智慧在细菌、动物、人类以及计算机网络中形成，并以多种形式的协商一致的决策模式出现。自从互联网出现之后，尤其搜索引擎和社交网络的发展例如 Google、百度、Facebook、微信，以及云数据的发展，人们利用互联网购物、搜索信息、寻求娱乐，所有这些行为都可以得到监控，并且不必要求用户放下手头的工作接受询问，而可以借由监控得到的信息提取出有价值的结论。

地理信息系统与互联网在庞大数据存储、分析研究上基本一致，因此来自于集体智慧的算法一般可以应用于地理信息系统领域，关于集体智慧可以阅读由 Segaran,T 编著的 <Programming Collective Intelligence> 一书，本例中所采用的遗传算法以及解释均来自该书。

遗传算法是优化算法的一种，优化算法是通过尝试许多不同题解，并给出题解打分确定质量方式找到一个问题最优解的过程。优化算法的典型场景是存在大量可能的题解，以至于我们无法一一对每个进行尝试。最简单但也是最低效的方法是尝试随机猜测的上千个题解，从中找出最佳答案。而更有效的方法则是尝试爬山法、模拟退火算法、遗传算法等优化方式。

遗传算法技术是受自然科学的启发，运行过程先随机生成一组解，称之为种群 (population)，在优化过程中的每一步迭代，算法会计算整个种群的成本函数，从而得到一个有关题解的有序列表。在对题解进行排序后，一个新的种群，子代种群被创建出来。首先将排序后位于顶端的题解，加入其所在的新种群中，这个过程称之为精英选拔法 (elitism)。新种群中余下的部分是由修改最优解后形成的全新解组成。

有两种修改题解的方法，其中一个是变异 (mutation)，通常的做法是对一个既有解进行微小的、简单的、随机的改变，例如要完成变异只需从题解中选择一个数字，然后对其进行递增或者递减；另一个是交叉 (crossover) 或者配对 (breeding)，这种方法是首先选取最优解中的两个解，然后将它们按某种方式结合， 例如从一个解中随机取出一个或者多个数字作为新题解中的元素，而剩余的元素来自另一个题解。

一个新的种群是通过对最优解进行随机的变异和配对处理构造出来的，它的大小通常与旧的种群相同。而后这个过程会一直重复进行，新的种群经过排序，又一个种群被构造出来，达到指定的迭代次数后，或者连续经过数代后，题解都再没有得到改善，结束整个过程。

题解	成本
[7, 5, 2, 3, 1, 6, 1, 6, 7, 1, 0, 3]	4393
[7, 2, 2, 2, 3, 3, 2, 3, 5, 2, 0, 8]	4661
[...]	...
[0, 4, 0, 3, 8, 8, 4, 4, 8, 5, 6, 1]	7845
[5, 8, 0, 2, 8, 8, 8, 2, 1, 6, 6, 6]	8088

题解（种群）及成本的有序列表

[7, 5, 2, 3, 1, 6, 1, 6, 7, 1, 0, 3] ⟶ [7, 5, 2, 3, 1, 6, 1, 6, 9, 1, 0, 3]
[7, 2, 2, 2, 3, 3, 2, 3, 5, 2, 0, 8] ⟶ [7, 2, 2, 2, 3, 3, 2, 3, 5, 2, 1, 8]

针对题解的变异
针对题解的交叉

[7, 5, 2, 3, 1, 6, 1, 6, 7, 1, 0, 3]
[7, 2, 2, 2, 3, 3, 2, 3, 5, 2, 0, 8]   [7, 5, 2, 3, 1, 6, 1, 6, 5, 2, 0, 8]

　　同时为了能够阐述遗传算法，虚拟构建了一个非常简单的实例，存在3个影响成本的因子A、B和C，它们各自拥有一个价格列表，分别为Alst、Blst和Clst，分别记录有9个值，A、B和C将要从各自的价格列表中随机提取一个价格值，最终求解的目的是将各个提取的价格值相加为最小。希望能够通过遗传算法的方式求取价格值所对应的索引值。

```
Alst=[choice(range(300)) for seed in range(24)] # 建立影响因子 A 价格值列表
Blst=[choice(range(300)) for seed in range(24)] # 建立影响因子 B 价格值列表
Clst=[choice(range(300)) for seed in range(24)] # 建立影响因子 C 价格值列表
print(Alst,Blst,Clst) # 查看全部价格值列表
def cost(v): # 定义成本函数，形式参数 v 为题解
    cost=Alst[v[0]]+Blst[v[1]]+Clst[v[2]] # 成本为单独各个影响因子提取价格之和
    return cost # 返回成本值
domain=[(0,len(Alst)-1),(0,len(Blst)-1),(0,len(Blst)-1)] # 建立各个影响因子索引值范畴，即
题解值的范畴
```

Alst=[151, 128, 289, 270, 188, 106, 255, 222, 296, 2, 92, 70, 75, 281, 184, 285, 277, 38, 266, 5, 149, 287, 50, 161] 其中最小值为 2，其索引值为 9
Blst= [19, 212, 263, 290, 229, 234, 83, 32, 16, 40, 42, 210, 289, 85, 94, 282, 286, 133, 164, 65, 108, 200, 171, 100] 其中最小值为 19，其索引值为 0
Clst=[268, 155, 200, 229, 168, 182, 117, 150, 257, 118, 257, 236, 21, 194, 228, 64, 177, 19, 31, 209, 195, 270, 170, 244] 其中最小值为 19，其索引值为 17

```
def geneticoptimize(domain, costfunc, popsize=50, step=1, mutprob=0.2, elite=0.2, maxiter=100): # 定义遗传算法
```

```python
def mutate(vec):  # 定义子函数 _ 变异
    i = random.randint(0, len(domain)-1)  # 获取一个随机整数，位于题解区间即影响因子数量区间
    if random.random() < 0.5 and vec[i] > domain[i][0]:  # 获取 0-1 的随机数并与 0.5 做大小判断，同时满足题解中索引值为 i 的解大于题解值范畴的最小值，执行以下操作
        return vec[0:i] + [vec[i] - step] + vec[i+1:]  # 返回变化题解索引值为 i 的值，递减一个步幅值
    elif vec[i] < domain[i][1]:  # 如果题解中索引值为 i 的值小于题解值范畴的最大值，执行以下操作
        return vec[0:i] + [vec[i] + step] + vec[i+1:]  # 返回变化题解索引值为 i 的值，递增一个步幅值
    else:  # 其他任何情况，返回原题解
        return vec

def crossover(r1, r2):  # 定义子函数 _ 交叉
    i = random.randint(0, len(domain)-2)  # 获取一个随机整数
    return r1[0:i] + r2[i:]  # 以 i 值为分界索引值，分别提取部分融合为一个新题解并返回

pop = []  # 建立空的列表，用于放置每次迭代的所有题解
for i in range(popsize):  # 构建初始种群，popsize 为种群大小
    vec=[random.randint(domain[idx][0], domain[idx][1]) for idx in range(len(domain))]  # 逐次建立题解
    pop.append(vec)  # 依次追加每次产生的随机题解
topelite = int( elite*popsize )  # 计算每一代中胜出者数，为优胜率 elite* 种群规模 popsize
for i in range(maxiter):  # 主循环，maxiter 为迭代次数，即须运行多少代
    scores=[(costfunc(v),v) for v in pop]  # 计算每代各题解的成本值
    scores.sort()  # 根据成本值排序
    ranked=[v for (s,v) in scores]  # 提取排序后的题解，单独作为一个列表
    pop = ranked[0:topelite]  # 从每代题解中筛选胜出者
    while len(pop)<popsize:  # 添加变异和配对后的优胜者，直到达到种群规模
        if random.random()<mutprob:  # 如果获取随机数小于变异率 mutprob, 执行变异
            idx=random.randint(0, topelite)
            pop.append( mutate(ranked[idx]) )
        else:  # 否则执行交叉配对
            idx1=random.randint(0, topelite)
            idx2=random.randint(0, topelite)
```

```
            pop.append( crossover(ranked[idx1], ranked[idx2]) )
    return scores[0][1],scores # 返回最优题解和保持种群规模的最新一代
```

op,scoresv=geneticoptimize(domain,cost) # 执行遗传算法
def printvalue(r): # 定义遗传算法返回值打印模式
    print((op[0],Alst[op[0]]),(op[1],Blst[op[1]]),(op[2],Clst[op[2]]))
printvalue(op) # 执行打印，每一元组前一个值为索引值，后一个值为题解值
(9, 2) (0, 19) (17, 19)
print(scoresv) # 查看种群规模最新一代的所有题解
[(40, [9, 0, 17]), (198, [9, 0, 16]), (233, [9, 1, 17]), (233, [9, 1, 17]), (334, [8, 0, 17])]

　　从第 maxiter，本例为第 100 代查看所有种群规模 popsize，本例为 50 的题解，可以看到题解基本稳定，题解值为 [9, 0, 16] 即对应影响因子价格列表的索引值，成本值为 40。遗传算法不断向最优解靠拢，很多时候并不能获取最优解，例如可以再重新运行上述程序，重新获取价格值列表，可能获取的最优解并没达到最优情况，但是已经向最优解靠拢，对于一些题解足以满足要求。也可以结合爬山法进一步优化算法，使程序更容易获取最优解。在遗传算法中，两个必要的形式参数是 domain 和 costfunc，其中 domain 是影响因子题解值的区间范畴，costfunc 是成本函数，计算在不同题解下的成本，并返回成本值用于优胜者的遴选。

　　至此已经能够对遗传算法有一个清楚的认知，在结合本例思考如何解算影响因子的权重值时，需要对上文程序做出适合于遗传算法的修改，一个是确定 domain 题解值的区间范畴，另外一个是将前文阐述的各个单独成本计算，包括坡向、坡度、起伏度和水文的成本计算放置于一个定义函数下，即建立 costfunc 成本函数。

- 定义成本函数

　　在 ArcGIS 中进行栅格的计算会花费一定的时间，而遗传算法如果种群规模设置为 50，迭代 100 次，那么就需要计算 5000 次，如果在成本函数中存在多个栅格计算则会需要更长的计算时间，因此需要尽可能地寻找方法减少过多的栅格计算。在建立成本函数时，需要寻找一个最小值或者最大值用于遗传算法的演进，将多个单独影响成本的因子，包括重分类后的坡度、坡向、起伏度和水文条件，给出随机一个题解，叠合计算，通过条件函数("Value>10")重分类

为0和9的栅格，并将值为9的栅格设置为空，与现有村落栅格进行任意栅格计算，本例为求和获取重合的部分，并求取重合部分栅格的数量，数量越多越趋近于最优解。

```
def costfunc(v): # 定义成本函数
    costm=baspectcla*v[0]+BSclassi*v[1]+slopecla*v[2]+flowcla*v[3] # 根据形式参数栅格叠合计算
    costmc=arcpy.sa.Con(costm,9,0,"Value>10") # 指定值，重分类求和后的栅格
    costmcs=arcpy.sa.SetNull(costmc,0,"Value>0") # 将值为9的栅格部分设置为空
    costmcss=costmcs+fcraster # 获取与现有村落重合的部分栅格
    cursor=arcpy.da.SearchCursor(str(costmcss),["Count"]) # 使用搜索游标逐渐遍历属性表
    for row in cursor: # 逐行读取属性表数据
        cellcount=row[0] # 获取栅格数量
    del cursor,row # 移除游标
    cost=-cellcount # 因为提供的遗传算法为最小值比较，因此使用负值用于成本计算的返回值
    print(cost) # 打印查看每次成本计算的结果
    return cost # 返回成本值
```

- 遗传计算

因为存在栅格等耗费时间的计算，设置较小的种群和迭代次数查看计算过程是否合理和正确，再进行较大种群和迭代次数的计算。为了比较遗传算法计算过程中形式参数变化对结果的影响，分别设置了geneticoptimize(domain, costfunc, popsize=20, step=1, mutprob=0.4, elite=0.2, maxiter=10) 和 geneticoptimize(domain, costfunc, popsize=10, step=1, mutprob=0.2, elite=0.2, maxiter=10) 两种情况，其中种群规模popsize一个为20、一个为10，变异率mutprob一个为0.4、一个为0.2。为了在计算过程中时刻观察成本结果和题解，可以在遗传算法中加入打印函数print(scores)查看每次迭代计算的结果。

```
import random # 遗传算法中需要计算随机，调入随机模块
op,scoresv=geneticoptimize(domain, costfunc, popsize=20, step=1, mutprob=0.4, elite=0.2, maxiter=10) # 开始进化计算，并将返回值分别赋值给变量
print(op,scoresv) # 打印结果
```

实际参数为op,scoresv=geneticoptimize(domain, costfunc, popsize=20, step=1, mutprob=0.4, elite=0.2, maxiter=10) 时：

种群规模 \ 迭代次数	1	2	3	4	5	6	7	8	9	10
	−211	**−695**	**−695**	−695	**−743**	**−743**	−743	**−777**	**−777**	−777
	−70	−542	−695	−695	−743	−743	−743	−743	−777	−777
	−695	−375	−695	−695	−695	−743	−743	−743	−777	−777
	−201	−367	−675	−695	−695	−743	−743	−743	−743	−777
	−66	−675	−695	**−743**	−743	−414	−743	−777	−743	−777
	−66	−542	−675	−695	−695	−743	−743	−743	−743	**−811**
	−162	−596	−695	−671	−695	−695	−713	−743	−777	−777
	−375	−542	−671	−695	−695	−743	−743	−743	−777	−811
	−81	−695	−695	−695	−695	−695	−743	−743	−777	−743
	−542	−227	−414	−695	−695	−743	−422	−777	−743	−777
	−66	−375	−675	−671	−695	−743	−743	−743	−777	−743
	−162	−671	−695	−695	−695	−743	**−777**	−743	−743	−777
	−200	−375	−671	−695	−414	−414	−743	−777	−777	−440
	−66	−534	−695	−695	−743	−675	−743	−743	−777	−777
	−184	−596	−675	−675	−695	−695	−743	−743	−755	−743
	−66	−695	−695	−695	−695	−743	−743	−743	−777	−777
	−66	−377	−671	−743	−695	−743	−422	−743	−713	−777
	−367	−542	−671	−414	−675	−695	−743	−743	−422	−777
	−66	−367	−414	−695	−695	−743	−743	−440	−777	−743
	−158	−375	−675	−675	−695	−713	−743	−743	−777	−440

实际参数为 op,scoresv=geneticoptimize(domain, costfunc, popsize=10, step=1, mutprob=0.2, elite=0.2, maxiter=10) 时：

种群规模 \ 迭代次数	1	2	3	4	5	6	7	8	9	10
	−226	−364	−389	−590	**−763**	**−763**	−763	**−792**	**−792**	−792
	−66	−356	−364	−389	−590	−763	−763	−792	−792	−792
	−66	−199	−389	−389	−763	−763	−763	−792	−792	−792
	−356	−210	−389	−364	−590	−763	−763	−455	−792	−792
	−199	**−389**	−389	**−763**	−763	−763	−763	−792	−792	−792
	−364	−364	−364	−344	−722	−763	−763	−763	−792	−792
	−70	−226	−364	−582	−590	−763	−436	−763	−792	−792
	−68	−210	**−590**	−364	−763	−763	−722	−763	−792	−792
	−66	−356	−364	−590	−590	−763	−792	−792	−792	−792
	−66	−364	−364	−389	−763	−763	**−792**	−792	−792	**−814**

每一次迭代种群规模越大，获取的题解接近最优解的几率越大，因为只迭代了10次，而最后一次种群规模为10的成本为−814，大于种群规模为20的成本−811，因此需要增加迭代次数使解更趋近于最优解。每一次迭代都是趋近于最优解的过程，例如−364、−389、−590、−763、−763、763、−792、−792、−792、−814成本逐渐变小的一个过程，即是题解趋近于最优解的过程。

([1, 2, 1, 8], [(−814.0, [1, 2, 1, 8]), (−792.0, [1, 3, 1, 7]), (−792.0, [1, 3, 1, 7]), (−792.0, [1, 3, 1, 7]), (−792.0, [1, 3, 1, 8]), (−792.0, [1, 3, 1, 8]), (−792.0, [1, 3, 1, 8]), (−792.0, [1, 3, 1, 8]), (−792.0, [1, 3, 1, 8]), (−792.0, [1, 3, 1, 8])])

种群规模为10，迭代10次后的最优解为[1, 2, 1, 8]，成本值为−814，根据求取的题解计算村落选址。在遗传算法中设置domain值时，因为将所有影响因子的取值范围设置相同，从而强化了水文在题解中的重要程度，可以通过降低水文的取值范围，强化其他因子的影响程度，调整遗传算法最优解，反之亦然。

costmc=arcpy.sa.Con(costm,9,0,"Value>10")，Value>10 时

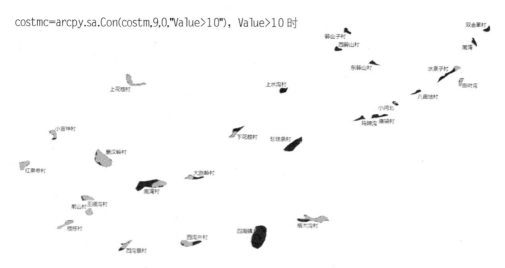

根据初步的解算，调整 domain 值为 domain=[(1,10),(1,10),(1,10),(1,3)]和种群规模 15 以及迭代次数 20 再进行遗传计算，获取题解为 [1, 1, 1, 1] 时的结果，成本为 −897。可以观察到题解在逐步收敛，当变异或者交配出现大于前代的最优值时，将以此值替代前代，否则将保持前代最优值，直至不断衍化找到再大于前代的题解。

实际参数为 op.scoresv=geneticoptimize(domain, costfunc, popsize=15, step=1, mutprob=0.2, elite=0.2, maxiter=20) 时:

step=0	step=1	step=2	step=3	step=4	step=5	step=6	step=7	step=8	step=9	step=10
−704	−704	**−831**	**−831**	**−831**	**−831**	**−831**	**−831**	**−831**	**−831**	−831
−590	−590	−704	−831	−831	−831	−831	−831	−831	−831	−831
−385	−590	−686	−789	−831	−831	−831	−831	−831	−831	−831
−360	−614	−614	−831	−831	−831	−831	−438	−789	−831	−831
−340	−553	−704	−391	−831	−831	−763	−831	−831	−831	−831
−590	−553	−831	−789	−831	−831	−763	−831	−831	−831	**−860**
−385	**−831**	−789	−790	−831	−763	−831	−831	−831	−831	−831
−385	−580	−577	−789	−438	−831	−831	−831	−831	−831	−831
−387	−590	−704	−831	−831	−831	−831	−831	−831	−831	−789
−590	−590	−704	−789	−831	−789	−831	−831	−831	−789	−831
−590	−590	−704	−789	−831	−831	−831	−831	−831	−831	−831
−590	−590	−678	−831	−831	−831	−763	−438	−831	−831	−831
−590	−590	−686	−763	−831	−831	−831	−831	−831	−831	−831
−590	−590	−590	−704	−831	−831	−438	−831	−831	−831	−831
−590	−686	−577	−789	−831	−831	−831	−438	−831	−763	−789

step=11	step=12	step=13	step=14	step=15	step=16	step=17	step=18
−860	**−860**	**−860**	−860	**−882**	**−882**	**−897**	**−897**
−831	−860	−860	−860	−860	−882	−882	−882
−831	−860	−860	−860	−860	−882	−882	−882
−831	−860	−860	−860	−860	−470	−882	−897
−860	−860	−860	−860	−860	−882	−882	−882
−790	−860	−860	−860	−457	−882	−882	−882
−831	−860	−792	−860	−882	**−897**	−882	−897
−831	−860	−860	−860	−882	−882	−882	−897
−860	−860	−860	−860	−860	−882	−882	−882
−831	−860	−860	−829	−470	−882	−882	−882
−831	−457	−829	**−882**	−860	−882	−882	−882
−860	−860	−860	−860	−792	−860	−882	−882
−860	−860	−860	−829	−882	−882	−860	−882
−831	−860	−860	−860	−882	−882	−882	−882
−438	−860	−860	−860	−882	−882	−882	−882

([1, 1, 1, 1], [(-897.0, [1, 1, 1, 1]), (-897.0, [1, 1, 1, 1]), (-897.0, [1, 1, 1, 1]), (-897.0, [1, 1, 1, 1]), (-882.0, [1, 2, 1, 1]), (-882.0, [1, 2, 1, 1]), (-882.0, [1, 2, 1, 1]), (-882.0, [1, 2, 1, 1]), (-882.0, [1, 2, 1, 1]), (-882.0, [1, 2, 1, 1]), (-882.0, [1, 2, 1, 1]), (-882.0, [1, 2, 1, 1]), (-882.0, [1, 2, 1, 1])])

题解为 [1, 1, 1, 1] 时的结果，成本为 -897。浅灰色为适宜区域，黑色为现有村落区域，红色为重合区域

1.6 将计算结果应用于类似场地

由遗传计算获取权重值之后，可以将该程序应用于类似的山地区域，例如仍然使用同一个 DEM 文件，但是修正分析范围，使之位于不同区域。

bxmin=460738

bymin=4479652

bxmax=479550

bymax=4497114

arcpy.env.extent=arcpy.Extent(bxmin,bymin,bxmax,bymax) # 重新建立分析研究范围

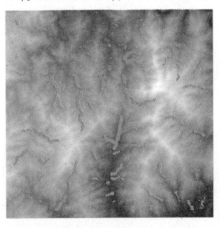

由程序直接获取适宜村落的结果，并可以通过 Layer to KML 将其转化为 .kmz 文件在 Google Earth 中加载，实现通过近似场地现存村落分析研究获取适宜程序参数过程，并将其应用于相似场地的分析研究中，达到一种合理的预测结果。本例研究关键点在于遗传算法的应用研究，如何通过前人已经建立的方法具体应用到规划设计研究中，在实现程序所带来高效率的同时，基于传统，从规划设计研究方法上提升到智能化的层面。

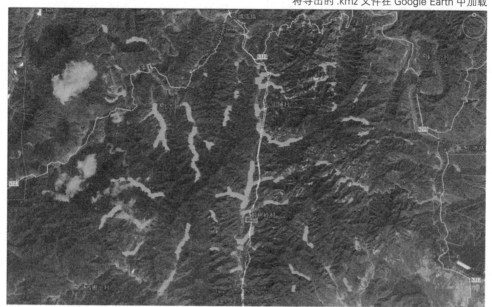

将导出的 .kmz 文件在 Google Earth 中加载

② **课题探讨 _B_ 基于景观感知敏感度的生态旅游地观光线路自动选址**

在《生态学报》2012 年第 32 卷 13 期，李继峰和李仁杰发表《基于景观感知敏感度的生态旅游地观光线路自动选址》的研究，引入景观感知敏感度模型中的可视范围、最佳观赏距离、最佳观赏方位等视域感知影响因子，和景观类型、资源价值等生态感知影响因子，并增加地形坡度和起伏度因子，建立生态旅游地观光线路选址综合权重计算模型，用于观光线路的自动选址。此文根据建立的计算模型使用 ArcGIS 的地理处理工具完成计算，为了减少这个过程中繁琐的手工操作，例如如果存在 60 个景点，根据文章阐述的最佳观赏方位的计算，获取 12 个方位区域的栅格，并根据最佳观赏方位赋值，以及加上其他影响因子的计算，将是个非常繁琐的过程。同时如果再次应用此计算模型用于类似的分析研究中，这个繁琐的过程将要不得不再重复，耗费规划设计者宝贵的时间。

根据《基于景观感知敏感度的生态旅游地观光线路自动选址》的研究，将计算模型程序化，不仅提升模型计算的效率，更有利于不断修正研究过程中出现的问题，以及加入更多不同类型影响因子后进行综合性评价分析，并为类似的研究提供基础性程序片断。关于《基于景观感知敏感度的生态旅游地观光线路自动选址》的更多阐述可以自行从 CNKI 中国知网获取。

设定问题： 基于景观感知敏感度的生态旅游地观光线路自动选址的程序编写；

基础数据： 为假设数据，从 Google Earth 中定位景点，以及从地理空间数据云（原国家科学数据服务平台）http://www.gscloud.cn/ 中下载研究区域的 DEM 高程数据；

解决策略： 将数据调入 ArcGIS 平台，并根据《基于景观感知敏感度的生态旅游地观光线路自动选址》假设初始条件，例如资源价值、最佳观赏距离、最佳观赏方位等，确立影响选线的因子，并初步建立成本计算的函数及最终作出综合性评价获取线路。

2.1 技术线路与基础数据

《基于景观感知敏感度的生态旅游地观光线路自动选址》阐述关键选址过程为，首先计算单个景点 P 的最佳观赏范围、最佳观赏距离、最佳观赏方位等视域感知因子；第二，结合景观点 P 的景观类型和景观资源价值等生态感知因子，计算景观感知敏感度综合因子值，得到旅游者在任意空间位置上对景观 P 的感知敏感度栅格图层；第三，重复前两步，获取基于每个景观点任意位置的景观感知敏感度栅格图层；第四，利用景观感知敏感度因子和地形因子构造最佳观光线路适宜性函数，并计算观光线路适宜性图层；最后，利用最佳路径分析工具，顺序计算两两景观之间的最佳观光线路。结合实地调查，综合考虑其他修正因子对线路进行局部修正。

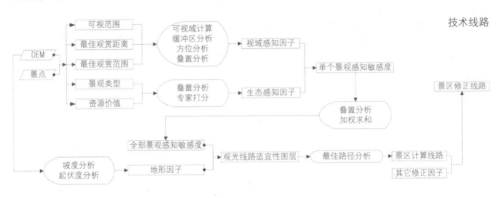

技术线路

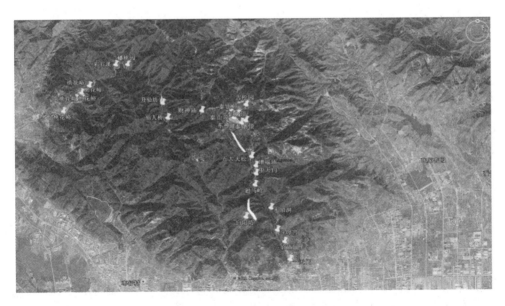

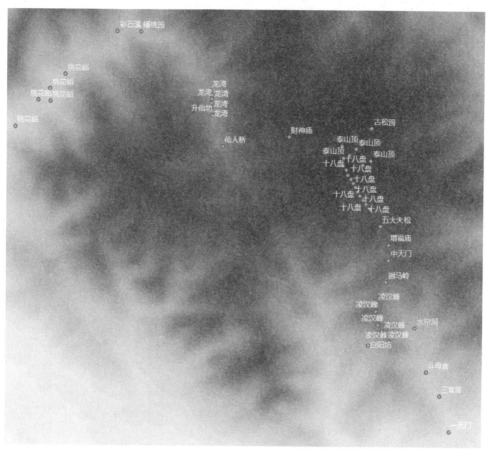

从 Google Earth 中根据已有照片的定位和名称信息，随意提取部分景点作为研究的基础数据，包括单点景观例如一天门、水帘洞等，和多点景观例如泰山顶，以及穿越式的景观例如凌汉峰、十八盘等，基础数据并不准确，仅作为研究的基础。地形 DEM 数据为 ASTGTM_N36E117N.img。

● 程序准备

根据前文阐述调入点 point 的方法调入基础 .kml 数据到 ArcGIS 中，仅给出具体程序，不再解释说明。

建立新的文件夹即工作空间，调入程序需要使用的模块，并定义基本的设置环境和加载基础数据。

```
import arcpy,os,math,copy,re,codecs
from arcpy import env
from arcpy import da
from arcpy.sa import *
from collections import OrderedDict
workpath='E:\caDesignResearch\SiteRoute'
```

```python
env.workpath=workpath
env.scratchWorkspace=workpath
env.overwriteOutput=True
basicdemroute=workpath+"\\ASTGTM_N36E117N.img"
basicdem=arcpy.Raster(basicdemroute)
prjFile="WGS 1984.prj"
```
● 调入点地标
```python
txtfile=workpath+"\\taishanlandsite.kml"
tf=os.path.basename(txtfile)
reader=codecs.open(txtfile,'r','utf-8')
inputname=tf.split('.')[0]
prjfile='WGS 1984.prj'
patA=re.compile('<name>.*</name>')
patB=re.compile('<coordinates>.*</coordinates>')
namelst=[]
coordilst=[]
while True:
    line=reader.readline()
    if len(line)==0:
        break
    line=line.strip()
    if line=='<Placemark>':
        while True:
            line=reader.readline()
            line=line.strip()
            if line=='</Placemark>':
                break
            m=patA.match(line)
            if m:
                names=re.sub('<name>(.*?)</name>',r'\1',line)
                print(names)
                namelst.append(names)
            n=patB.match(line)
            if n:
                coordi=re.sub('<coordinates>(.*?)</coordinates>',r'\1',line)
                print(coordi)
```

FID	Shape	Id	Name
0	Point	0	水帘洞
1	Point	0	斗母宫
2	Point	0	三官庙
3	Point	0	泰山顶
4	Point	0	泰山顶
5	Point	0	泰山顶
6	Point	0	泰山顶
7	Point	0	白阳坊
8	Point	0	东神门
9	Point	0	古松园
10	Point	0	泰山顶
11	Point	0	五大夫松
12	Point	0	中天门
13	Point	0	财神庙
14	Point	0	仙人桥
15	Point	0	升仙坊
16	Point	0	蟠桃园
17	Point	0	彩石溪
18	Point	0	横龙岭
19	Point	0	一天门
20	Point	0	莲马岭
21	Point	0	增福庙
22	Point	0	横龙岭
23	Point	0	横龙岭
24	Point	0	横龙岭
25	Point	0	凌汉峰
26	Point	0	凌汉峰
27	Point	0	凌汉峰
28	Point	0	凌汉峰
29	Point	0	横龙岭
30	Point	0	凌汉峰
31	Point	0	凌汉峰
32	Point	0	凌汉峰
33	Point	0	十八盘
34	Point	0	十八盘
35	Point	0	十八盘
36	Point	0	十八盘
37	Point	0	十八盘
38	Point	0	十八盘
39	Point	0	十八盘
40	Point	0	十八盘
41	Point	0	十八盘
42	Point	0	十八盘
43	Point	0	十八盘
44	Point	0	龙湾
45	Point	0	龙湾
46	Point	0	龙湾
47	Point	0	龙湾
48	Point	0	龙湾

```
            coordilst.append(coordi)
reader.close()
arcpy.CreateFeatureclass_management(workpath,inputname,'Point','','',prjfile)
fieldName1='Name'
arcpy.AddField_management(inputname, fieldName1,"TEXT")
coordilst=[coordi.split(',') for coordi in coordilst]
lstp=[]
for i in coordilst:
    lstp.append([float(a) for a in i])
MP=arcpy.Array([arcpy.Point(*coords) for coords in lstp])
MPlst=[p for p in MP]
cursor=arcpy.da.InsertCursor(inputname,['SHAPE@','Name'])
for n in range(len((namelst))):
    cursor.insertRow([MPlst[n],namelst[n]])
del cursor
```

2.2 视域感知因子 _ 可视区域计算

根据通视性原理，每个观察点的可视域范围等同于所有能看到该观察点的区域范围，可以借助 arcpy.ObserverPoints_3d(in_raster=None, in_observer_point_features=None, out_raster=None, z_factor=None, curvature_correction=None, refractivity_coefficient=None, out_agl_raster=None) 视域分析函数实现景观可视域计算。对于抽象为单个点的景观，可视域计算结果的每个栅格单元值即为该位置上景观可视状态因子的取值。观察者位于景观的可视区域内时，同样可以观察到景观，因此景观可视时值为 1，不可见时值为 0。多点型景观的可视域分析结果中，栅格单元值记录了该位置能看到特征点的数量。单元值等于景观特征点数的区域可以看到整个景观的区域，单元值小于特征点数的区域仅能看到部分景观区域，单元值越小看到的景观特征点越小，设置栅格单元值为 n/N，其中 n 为可见特征点数量，N 为全部特征点数量，即当可见特征点数量等于全部特点数量时值为 1，否则 n 值越小，栅格值越小。

调入的景点地标名称为汉字，首先建立汉语拼音的别名，方便程序的运行；同时提出单点并合并多点。

- 汉字转拼音

使用 Python 汉字转拼音的方法可以从网络中搜索到，本例采用 GitHub 开源代码库 lxyu 提供的转换方法，可以自行注册 GitHub 并搜索 lxyu 作者获取下载链接，或者从 caDesign.cn 官网获取。对于很多常用的程序，一方面可以查找 Python 的模块，另外是直接获取他人已经编好的程序，从而大幅度提升工作效率，避免重复劳作，是否有必要自行编写也因个人习惯有所不同，对于面向设计师的编程设计核心是设计，首先解决的是设计问题，因此如果不是出于程序研究的目的，可以直接使用。对于定义的 Pyinyin() 类，是将汉字码表和拼音对应起来，该文件可以从上述说明地址下载。

码	拼音
3400	QIU1
3401	TIAN3 TIAN4
3404	KUA4
3405	WU3
3406	YIN3
340C	SI4 YI2
3416	YE4
341C	CHOU2
3421	NUO4
3424	QIU2
3428	XU4
3429	XING2
342B	XIONG1
342C	LIU2
342D	LIN3
342E	XIANG1
342F	YONG1
3430	XIN4
3431	ZHEN3
3432	DAI4
3433	WU4
3434	PAN1
3437	MA3 MA4 MIAN2
3438	QIAN4
3439	YI4
343A	ZHONG4
343B	N3 NEI4 NG3
343C	CHENG4 ZHENG3
3441	ZHUO1
...	

汉字码表和拼音对应的部分事例

FID	Shape	Id	Name	Alias
0	Point	0	水帘洞	shuiliandong
1	Point	0	斗母宫	doumugong
2	Point	0	三官庙	sanguanmiao
3	Point	0	泰山顶	taishanding
4	Point	0	泰山顶	taishanding
5	Point	0	泰山顶	taishanding
6	Point	0	泰山顶	taishanding
7	Point	0	白阳坊	baiyangfang
8	Point	0	东神门	dongshenmen
9	Point	0	古松园	gusongyuan
10	Point	0	泰山顶	taishanding
11	Point	0	五大夫松	wudafusong
12	Point	0	中天门	zhongtianmen
13	Point	0	财神庙	caishenmiao
14	Point	0	仙人桥	xianrenqiao
15	Point	0	升仙坊	shengxianfang
16	Point	0	蟠桃园	pantaoyuan
17	Point	0	彩石溪	caishixi
18	Point	0	桃花峪	taohuayu
19	Point	0	一天门	yitianmen
20	Point	0	迴马岭	huimaling
21	Point	0	增福庙	zengfumiao
22	Point	0	桃花峪	taohuayu
23	Point	0	桃花峪	taohuayu
24	Point	0	桃花峪	taohuayu
25	Point	0	凌汉峰	linghanfeng
26	Point	0	凌汉峰	linghanfeng
27	Point	0	凌汉峰	linghanfeng
28	Point	0	凌汉峰	linghanfeng
29	Point	0	桃花峪	taohuayu
30	Point	0	凌汉峰	linghanfeng
31	Point	0	凌汉峰	linghanfeng
32	Point	0	凌汉峰	linghanfeng
33	Point	0	十八盘	shibapan
34	Point	0	十八盘	shibapan
35	Point	0	十八盘	shibapan
36	Point	0	十八盘	shibapan
37	Point	0	十八盘	shibapan
38	Point	0	十八盘	shibapan
39	Point	0	十八盘	shibapan
40	Point	0	十八盘	shibapan
41	Point	0	十八盘	shibapan
42	Point	0	十八盘	shibapan
43	Point	0	十八盘	shibapan
44	Point	0	龙湾	longwan
45	Point	0	龙湾	longwan
46	Point	0	龙湾	longwan
47	Point	0	龙湾	longwan
48	Point	0	龙湾	longwan

用转换的拼音定义的别名

```python
class Pinyin():
    def __init__(self, data_path='./Mandarin.dat'):
        self.dict = {}
        for line in open(data_path):
            k, v = line.split('\t')
            self.dict[k] = v
        self.splitter = ''
    def get_pinyin(self, chars=u"你好吗"):
        result = []
        for char in chars:
            key = "%X" % ord(char)
            try:
                result.append(self.dict[key].split(" ")[0].strip()[:-1].lower())
            except:
                result.append(char)
        return self.splitter.join(result)
    def get_initials(self, char=u'你'):
        try:
            return self.dict["%X" % ord(char)].split(" ")[0][0]
        except:
            return char
```

- 定义 Alias 别名

```
arcpy.AddField_management(inputname,'Alias',"TEXT") # 增加字段"Alias"
with arcpy.da.UpdateCursor(inputname,["Name","Alias"]) as cursor: # 使用更新游标读取 table 属性表
    for row in cursor: # 逐行读取
        char=row[0] # 获取 Name 字段值
        p=Pinyin() # 类的实例化
        ptrans=p.get_pinyin(char) # 将汉字转换为拼音
        row[-1]=ptrans # 使用转换的拼音更新字段 Alias
        cursor.updateRow(row) # 更新行
del row,cursor  # 移出指针
```

- 建立分析研究区域

根据加载的景点坐标区域建立分析研究区域，因为目前加载的景点地标尚未设置投影，需要使用 Project_management(in_dataset, out_dataset, out_coor_system, {transform_method; transform_method...}, {in_coor_system}) 函数设置投影才能够获取基于长度单位的点坐标，

使用搜索游标读取点坐标，并分别把 X 与 Y 坐标放置于各自的列表中，获取 X 与 Y 的最大值和最小值，计算各自方向上最大值和最小值的差值，乘以一个倍数作为研究区域的可变范围，使用 arcpy.env.extent=arcpy.Extent(({XMin}, {YMin}, {XMax}, {YMax}, {ZMin}, {ZMax}, {MMin}, {MMax}) 建立研究区域范围。

tsprj=arcpy.Project_management(inputname,"tsprj",basicdem) # 设置景点地标投影
pxlst=[] # 建立空的字典用于放置 X 坐标
pylst=[] # 建立空的字典用于放置 Y 坐标
with arcpy.da.SearchCursor(tsprj,["SHAPE@XY"]) as cursor: # 建立搜索游标读入属性表
　　for row in cursor: # 逐行读取属性表数据
　　　　px=row[0][0] # 提取 X 坐标
　　　　pxlst.append(px) # 将 X 坐标逐一追加到列表中
　　　　py=row[0][1] # 提取 Y 坐标
　　　　pylst.append(py) # 将 Y 坐标逐一追加到列表中
del row,cursor # 移出指针
pxmin=min(pxlst) # 获取 X 坐标最小值
pxmax=max(pxlst) # 获取 X 坐标最大值
pymin=min(pylst) # 获取 Y 坐标最小值
pymax=max(pylst) # 获取 Y 坐标最大值
pxd=pxmax-pxmin # 获取 X 向基本距离
pyd=pymax-pymin # 获取 Y 向基本距离
pxmina=pxmin-pxd*0.2 # 建立 X 向最小值
pxmaxa=pxmax+pxd*0.2 # 建立 X 向最大值
pymina=pymin-pyd*0.2 # 建立 Y 向最小值
pymaxa=pymax+pyd*0.2 # 建立 Y 向最大值
arcpy.env.extent=arcpy.Extent(pxmina,pymina,pxmaxa,pymaxa) # 建立研究区域区间
print(pxmina,pymina,pxmaxa,pymaxa) # 打印查看研究区域范围

- 分离点

使用 arcpy.ObserverPoints_3d() 函数提取可视区域一般针对单独的一个 .shp 的点文件，该点文件可以只有一个点，也可以包含多个点。对于一个点，计算后新增加的 OBS1 字段要么值为 0，即该栅格处无法看到该景点；要么值为 1，即处于该栅格可以看到该景点；对于多点，根据点的数量增加 OBS1-n 个字段，如果某一栅格处可以看到该景点值则为 1，否则为 0。因此需要将位于一个 .shp 下的景点地标单独提取出来，并把名字相同的点放置于同一个 .shp 文件之下。

site=inputname # 赋值变量，此步可以省略，有时只是为了便于在新增加的程序中清晰观察参数变化的情况
namelst=[] # 定义空的列表，用于放置别名

```
coordinatelst=[] # 建立空的列表，用于放置点几何，顺序与别名列表对应
for row in arcpy.da.SearchCursor(site,["SHAPE@","Alias"]): # 读取属性表
    namelst.append(row[1]) # 向列表追加别名
    coordinatelst.append(row[0]) # 向列表追加点几何
singlev=list(OrderedDict.fromkeys(namelst)) # 由指定别名作为键，建立值为 None 的字典
for v in singlev: # 循环遍历字典
    newshp=[] # 建立空的列表放置点几何
    for i in range(len(namelst)): # 循环遍历别名列表
        if v==namelst[i]: # 如果提取的别名列表与字典的键相同，则追加该点几何到新建立的空列表中
            newshp.append(coordinatelst[i])
    arcpy.CreateFeatureclass_management(workpath,v,'Point','','',site) # 建立点要素文件
    arcpy.AddField_management(v,'name','TEXT') # 增加字段
    cursor=arcpy.da.InsertCursor(v,['SHAPE@','name']) # 插入游标遍历属性表
    for n in range(len(newshp)): # 循环遍历用于放置点几何的临时列表
        cursor.insertRow([newshp[n],v]) # 逐行插入点几何
    newshp=[] # 将临时放置点几何的列表清空，用于下一次循环
    del cursor # 移出游标
```

- ☑ observersite
  - ☑ longwan
  - ☑ shibapan
  - ☑ linghanfeng
  - ☑ zengfumiao
  - ☑ huimaling
  - ☑ yitianmen
  - ☑ taohuayu
  - ☑ caishixi
  - ☑ pantaoyuan
  - ☑ shengxianfang
  - ☑ xianrenqiao
  - ☑ caishenmiao
  - ☑ zhongtianmen
  - ☑ wudafusong
  - ☑ gusongyuan
  - ☑ dongshenmen
  - ☑ baiyangfang
  - ☑ taishanding
  - ☑ sanguanmiao
  - ☑ doumugong
  - ☑ shuiliandong 根据别名提取的单独景点文件

- 可视区域计算

泰山顶景点（taishandingobs、多点景观）栅格属性表事例

OBJECTID *	Value	Count	OBS1	OBS2	OBS3	OBS4	OBS5	multi
1	0	117442	0	0	0	0	0	0
2	1	187	1	0	0	0	0	.2
3	2	7669	0	1	0	0	0	.2
4	3	231	1	1	0	0	0	.4
5	4	1131	0	0	1	0	0	.2
6	5	64	1	0	1	0	0	.4
7	6	859	0	1	1	0	0	.4
8	8	134	0	0	0	1	0	.2
9	9	7	1	0	0	1	0	.4
10	12	1236	0	0	1	1	0	.4
11	13	212	1	0	1	1	0	.6
12	14	6	0	1	1	1	0	.6
13	15	5	1	1	1	1	0	.8
14	16	821	0	0	0	0	1	.2
15	17	65	1	0	0	0	1	.4
16	18	1	0	1	0	0	1	.4
17	20	375	0	0	1	0	1	.4
18	21	287	1	0	1	0	1	.6
19	24	44	0	0	0	1	1	.4
20	25	11	1	0	0	1	1	.6
21	28	913	0	0	1	1	1	.6
22	29	3917	1	0	1	1	1	.8
23	30	60	0	1	1	1	1	.8

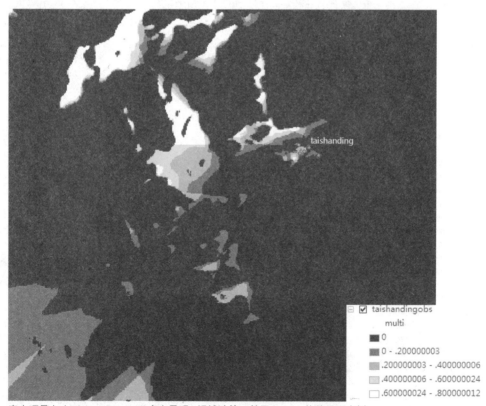

泰山顶景点（taishandingobs、多点景观）视域计算，基于"multi"值的显示事例

可视区域计算中，核心应用的函数是arcpy.ObserverPoints_3d(in_raster=None, in_observer_point_features=None, out_raster=None, z_factor=None, curvature_correction=None, refractivity_coefficient=None, out_agl_raster=None)，遍历放置单独景点地标的singlev字典，执行可视域分析函数，对获取的计算栅格增加新的字段"multi"用于放置景观可视状态因子计算后的取值。循环存放视域分析后的所有栅格，使用函数ListFields(dataset, {wild_card}, {field_type})列出每个栅格文件的所有字段名，并判断字段名部分是否为OBS，从而提取出OBS字段值用于栅格成本的计算，并将值放置于新增加的字段"multi"之下。其中一个关键点是如何根据指定的栅格属性表字段进行栅格计算，使用arcpy.sa.Lookup(in_raster, lookup_field)函数，根据指定的字段建立新的栅格再进行栅格计算。单点的视域计算相对简单，值要么为1，要么为0。

增福庙景点（zengfumiao、单点景观）视域计算，基于"multi"值的显示事例

增福庙景点（zengfumiao、单点景观）视域计算，栅格属性表事例

```
observerlst=[] #建立空的列表用于放置视域计算后的栅格
for v in singlev: #循环遍历单独景点文件

    obname=v+'obs' #定义视域计算后栅格文件名
    arcpy.ObserverPoints_3d(basicdem,v,obname) #逐一计算单独点文件的视域获取栅格文件
    observerlst.append(v+'obs') #追加栅格文件到列表
    arcpy.AddField_management(obname,'multi','FLOAT',2) #增加multi字典用于放置成本值
for f in observerlst: #循环遍历栅格列表
    fieldlst=arcpy.ListFields(f) #获取字段属性列表
```

```
    for field in fieldlst: # 循环遍历字段列表
        fieldnamelst=[field.name for field in fieldlst] # 提取字段名
        fieldnamelst=[m for m in fieldnamelst if m[:3]=="OBS" or m=="multi"] # 判断字段
名部分是否为 OBS
    with arcpy.da.UpdateCursor(f, fieldnamelst) as cursor: # 更新游标读取属性表
        for row in cursor: # 循环属性表
            sumslt=sum(row[:-1]) # 计算所提取字段对应的值之和，即栅格单元可视多点的
数量
            ratio=float(sumslt)/(len(row)-1) # 计算多点的数量
            row[-1]=ratio # 计算成本值，为可视点的数量除以所有多点的数量
            cursor.updateRow(row) # 更新游标
del row, cursor
observerBase=Con(basicdem,0,0,"Value>0") # 建立所有值为 0 的栅格作为栅格叠合计算的基本
栅格
for i in observerlst: # 循环遍历栅格
    i=arcpy.Raster(i) # 读取栅格
    observerBase+=arcpy.sa.Lookup(i,"multi") # 使用 Lookup(in_raster, lookup_field) 函数，
根据指定的属性表字段建立新的栅格并逐一累积求和
```

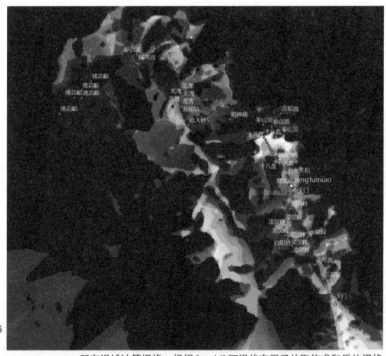

所有视域计算栅格，根据 "multi" 可视状态因子的取值求和后的栅格

2.3 视域感知因子_最佳观赏距离计算

《基于景观感知敏感度的生态旅游地观光线路自动选址》的研究在谈及最佳观赏距离时认为，一般情况下，旅游者距离景观越近，景观易见性和清晰度越高，视觉感知越强。但距离太近可能感受不到景观的整体效果带来的美感；距离太远又无法看清景观颜色、纹理等细节，也不能产生较好的视觉感知，观察者必须在一个合适的距离带内才能够获得较好的感知效果。设景观的最佳观赏距离为 d，当观景者位于最佳观赏距离带内时，最佳观赏距离因子为 1；当位于最佳观赏距离带值外时，为 0~1。研究者把最佳观赏距离分为三种情况：穿越景观内部、合适观赏距离和合适观赏距离带景观。对于穿越内部型景观，当观察者位于景观内部时，最佳观赏距离因子为 1，位于景观外部时为 0。对于合适观赏距离景观，当 d 小于指定距离值时为 1，否则为 0.5。对于合适观赏距离带景观，例如当 300<d<=700 时为 1，小于等于 300 时为 0.5，大于 700 时为 0.25。首先假设最佳观赏距离的条件，在景点地标中增加 "bvdindid" 字段用于标识最佳观赏距离的三种情况，0 代表合适观赏距离景观，1 代表合适观赏距离带景观，2 代表穿越景观内部，同时建立 "bva" 字段和 "bvb" 字段分别代表距离带的两个值，如果是最佳观赏距离则 "bva" 字段值为 0，实际距离由 "bvb" 字段确定。穿越型景观全部设置为 0，根据标识提取单独处理。

- 假设最佳观赏距离的条件

通过实地调研和研究分析确定最佳观赏距离的类型、距离值，手工输入到属性表中。

OBJECTID *	Shape *	Id	Name	Alias	bvdindid	bva	bvb
1	Point	0	水帘洞	shuiliandong	0	0	100
2	Point	0	斗母宫	doumugong	0	0	100
3	Point	0	三官庙	sanguanmiao	0	0	500
4	Point	0	泰山顶	taishanding	2	0	0
5	Point	0	泰山顶	taishanding	2	0	0
6	Point	0	泰山顶	taishanding	2	0	0
7	Point	0	泰山顶	taishanding	2	0	0
8	Point	0	白阳坊	baiyangfang	0	0	100
9	Point	0	东神门	dongshenmen	1	300	700
10	Point	0	古松园	gusongyuan	0	0	100
11	Point	0	泰山顶	taishanding	2	0	0
12	Point	0	五大夫松	wudafusong	0	0	100
13	Point	0	中天门	zhongtianmen	1	500	1000
14	Point	0	财神庙	caishenmiao	1	500	1000
15	Point	0	仙人桥	xianrenqiao	0	0	100
16	Point	0	升仙坊	shengxianfang	0	0	500
17	Point	0	蟠桃园	pantaoyuan	0	0	100
18	Point	0	彩石溪	caishixi	0	0	500
19	Point	0	桃花峪	taohuayu	2	0	0
20	Point	0	一天门	yitianmen	0	0	500
21	Point	0	回马岭	huimaling	0	0	500
22	Point	0	增福庙	zengfumiao	0	0	500
23	Point	0	桃花峪	taohuayu	2	0	0
24	Point	0	桃花峪	taohuayu	2	0	0
25	Point	0	桃花峪	taohuayu	2	0	0
26	Point	0	凌汉峰	linghanfeng	1	500	1000
27	Point	0	凌汉峰	linghanfeng	1	500	1000

	28	Point	0	凌汉峰	linghanfeng	1	500	1000
	29	Point	0	凌汉峰	linghanfeng	1	500	1000
	30	Point	0	桃花峪	taohuayu	2	0	0
	31	Point	0	凌汉峰	linghanfeng	1	500	1000
	32	Point	0	凌汉峰	linghanfeng	1	500	1000
	33	Point	0	凌汉峰	linghanfeng	1	500	1000
	34	Point	0	十八盘	shibapan	2	0	0
	35	Point	0	十八盘	shibapan	2	0	0
	36	Point	0	十八盘	shibapan	2	0	0
	37	Point	0	十八盘	shibapan	2	0	0
	38	Point	0	十八盘	shibapan	2	0	0
	39	Point	0	十八盘	shibapan	2	0	0
	40	Point	0	十八盘	shibapan	2	0	0
	41	Point	0	十八盘	shibapan	2	0	0
	42	Point	0	十八盘	shibapan	2	0	0
	43	Point	0	十八盘	shibapan	2	0	0
	44	Point	0	十八盘	shibapan	2	0	0
	45	Point	0	龙湾	longwan	0	0	100
	46	Point	0	龙湾	longwan	0	0	100
	47	Point	0	龙湾	longwan	0	0	100
	48	Point	0	龙湾	longwan	0	0	100
	49	Point	0	龙湾	longwan	0	0	100

● 建立 "bvdindid" 字段为 0 和为 1 时的缓冲区

建立 "bvdindid" 字段为 0 和为 1 时的缓冲区，即合适观赏距离景观和合适观赏距离带景观的缓冲区。对于合适观赏距离景观直接使用 "dvb" 字段值作为缓冲区距离，使用 Buffer_analysis(in_features, out_feature_class, buffer_distance_or_field, {line_side}, {line_end_type}, {dissolve_option}, {dissolve_field;dissolve_field...}) 函数建立缓冲区；对于合适观赏距离带，则需要根据 "bva" 和 "bvb" 字段值分别建立缓冲区，再使用 Erase_analysis(in_features, erase_features, out_feature_class, {cluster_tolerance}) 函数求取缓冲带。

buffername=[] # 建立空列表用于放置缓冲区名
disA=[] # 建立空列表用于放置合适观赏距离景观缓冲区 polygon
disBa=[] # 建立空列表用于放置合适观赏距离带 "bva" 字段值缓冲区 polygon
disBb=[] # 建立空列表用于放置合适观赏距离带 "bvb" 字段值缓冲区 polygon
disBc=[] # 建立空列表用于放置合适观赏距离带缓冲区 polygon
for row in arcpy.da.SearchCursor(tsprj,["SHAPE@","bvdindid","bva","bvb","OID@","Alias"]): # 建立搜索指针并逐行读取属性表
    if row[1]==0: # 对合适观赏距离景观执行以下程序
        d=str(row[-1])+str(row[-2]) # 定义缓冲区名称
        buffername.append(d) # 将缓冲区名称追加到定义的空列表中
        arcpy.Buffer_analysis(row[0],d,row[3]) # 根据 "bvb" 字段值建立缓冲区
        arcpy.AddField_management(d,'distancev','FLOAT') # 增加字段用于下一步放置影响因子值
        disA.append(d) # 将合适观赏距离景观缓冲区追加到定义的空列表中

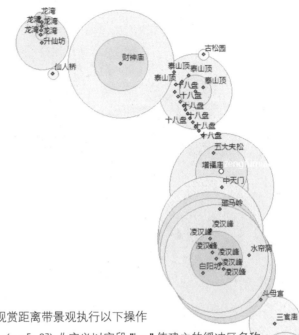

```
elif row[1]==1: # 对合适观赏距离带景观执行以下操作
    ba="a"+str(row[-1])+str(row[-2]) # 定义以字段 "bva" 值建立的缓冲区名称
    bb="b"+str(row[-1])+str(row[-2]) # 定义以字段 "bvb" 值建立的缓冲区名称
    bc="c"+str(row[-1])+str(row[-2]) # 定义合适观赏距离带景观缓冲区名称
    buffername.append(bc) # 蒋合适观赏距离带景观缓冲区名称追加到列表中
    arcpy.Buffer_analysis(row[0],ba,row[2]) # 建立以字段 "bva" 值建立的缓冲区
    arcpy.AddField_management(ba,'distancev','FLOAT') # 增加字段用于放置影响因子值
    disBa.append(ba) # 将 "bva" 字段值 polygon 缓冲区追加到定义的空列表中
    arcpy.Buffer_analysis(row[0],bb,row[3]) # 建立以字段 "bvb" 值建立的缓冲区
    arcpy.AddField_management(bb,'distancev','FLOAT') # 增加字段用于放置影响因子值
    disBb.append(bb) # 将 "bvb" 字段值 polygon 缓冲区追加到定义的空列表中
    arcpy.Erase_analysis(bb,ba,bc) # 建立以合适观赏距离带景观缓冲区
    #arcpy.AddField_management(bc,'distancev','FLOAT') # 增加字段用于放置影响因子值
    disBc.append(bc) # 将合适观赏距离带景观 polygon 缓冲区追加到定义的空列表中
else: # 其他情况打印说明
    print("Ready!")
del row # 移出指针
```

- 合适观赏距离景观成本值计算

　　根据影响因子值更新属性表字段"distancev",并使用 PolygonToRaster_conversion(in_features, value_field, out_rasterdataset, {cell_assignment}, {priority_field}, {cellsize}) 函数将 polygon 要素类文件转换为栅格文件,并使用条件函数设置空值为 0,并将转换后的所有合适观赏距离景观进行栅格求和。

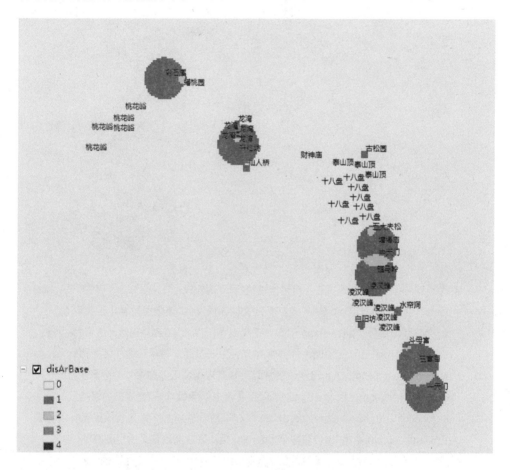

```
disAr=[] # 定义空的列表,用于放置 polygon 缓冲区转换后的栅格
for n in disA: # 循环遍历放置合适观赏距离景观 polygon 缓冲区的列表
    with arcpy.da.UpdateCursor(n, 'distancev') as cursor: # 建立搜索指针读取属性表
        for row in cursor: # 逐行读取属性表
            row[0]=1 # 给"distancev"字段赋值为 1,即影响因子值(成本值)
            cursor.updateRow(row) # 更新行
    dr=n+"r" # 定义转化为栅格的文件名称
    arcpy.PolygonToRaster_conversion(n,"distancev",dr) # 根据"distancev"字段值转化为栅格
    disAr.append(Con(IsNull(dr),0,dr)) # 使用条件函数将空值赋值为 0
```

del row,cursor #移出指针

disArBase=sum(disAr) #对合适观赏距离景观多个单独成本栅格求和

- 合适观赏距离带景观成本值计算

合适观赏距离带景观成本值计算与合适观赏距离景观成本值计算基本一致，但是因为缓冲区 a<d<=b，存在小于等于a，位于a和b之间以及大于b三个影响因子值，需要分别设置为0.5、1、0.25，因此需要各个单独处理，但是方法基本相同，只是在求取大于b时，需要使用成本函数设置影响因子值，使之符合大于b时为0.25，否则均为0。

小于等于a时：

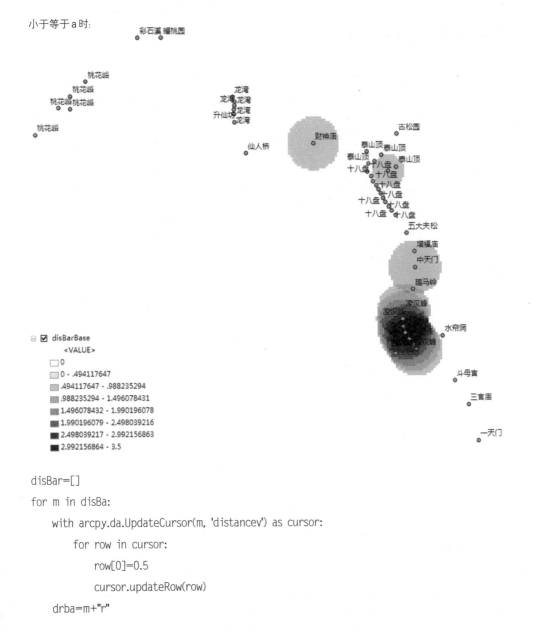

```
disBar=[]
for m in disBa:
    with arcpy.da.UpdateCursor(m, 'distancev') as cursor:
        for row in cursor:
            row[0]=0.5
            cursor.updateRow(row)
    drba=m+"r"
```

```
arcpy.PolygonToRaster_conversion(m,"distancev",drba)
    disBar.append(Con(IsNull(drba),0,drba))
del row,cursor
disBarBase=sum(disBar)
```

位于 a 和 b 之间时:

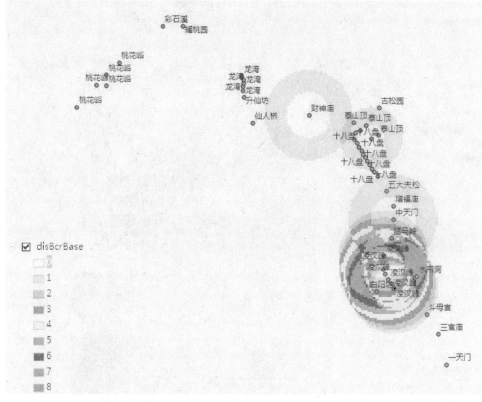

```
disBcr=[]
for n in disBc:
    with arcpy.da.UpdateCursor(n, 'distancev') as cursor:
        for row in cursor:
            row[0]=1
            cursor.updateRow(row)
    dr=n+"r"
    arcpy.PolygonToRaster_conversion(n,"distancev",dr)
    disBcr.append(Con(IsNull(dr),0,dr))
del row, cursor
disBcrBase=sum(disBcr)
```

大于 b 时：

同样给字段"distancev"赋值，并按照该字段将 polygon 转化为栅格，设置空值为 1，当将所有单独栅格相加后，使用栅格属性 raster.maximum 获取栅格 value 最大值，即为大于 b 的栅格值，将其值使用条件函数设置为影响因子的值 0.25，其余的所有值则设置为 0。

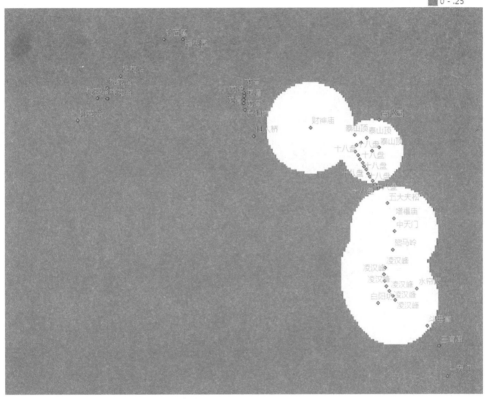

```
disBbr=[] # 定义空的列表，用于放置大于 b 缓冲区转换后的栅格
for n in disBb: # 循环遍历大于 b 缓冲区 polygon 列表
    with arcpy.da.UpdateCursor(n, 'distancev') as cursor: # 使用更新游标读取属性表
        for row in cursor: # 逐行读取属性表
            row[0]=0.0 # 设置 "distancev" 字段值为 0
            cursor.updateRow(row) # 更新行
    dr=n+"r" # 定义转化为栅格的名称
    arcpy.PolygonToRaster_conversion(n,"distancev",dr) # 将 polygon 转换为 raster
    disBbr.append(dr) # 将栅格追加到定义的空列表中
del row,cursor # 移出指针
```

```
disbcount=[] # 定义空的列表用于放置使用条件函数重分类的栅格
for i in disBbr: # 循环遍历栅格列表
    disbcount.append(Con(IsNull(i),1,0)) # 使用条件函数定义栅格的空值
disBbrBaseo=sum(disbcount) # 栅格计算求和
maxvalue=disBbrBaseo.maximum # 获取栅格最大值，即大于 b 时栅格的值
disBbrBase=Con(disBbrBaseo==maxvalue,0.25,0) # 使用条件函数将大于 b 时的栅格设置值为
0.25，否则为 0
```

- 确立 "bvdindid" 字段为 2 时影响因子的值

    提取与分离点

    使用 Select_analysis(in_features, out_feature_class, {where_clause}) 函数按照指定字段的值提取几何对象，并使用前文分离点的方法将穿越内部型景观分离出来。为了方便使用分离点的程序，此处将其定义为函数。

```
selectpart=arcpy.Select_analysis("tsprjcopy","selectp",'"bvdindid"=2') # 根据指定字段值提取
几何对象
def seperatepoints(points, sOrderedDict): # 定义分离点的函数
    snamelst=[]
    scoordilst=[]
    for row in arcpy.da.SearchCursor(points,["SHAPE@","Alias"]):
        snamelst.append(row[1])
        scoordilst.append(row[0])
    sOrderedDict={}
    ssinglev=list(sOrderedDict.fromkeys(snamelst))
    for v in ssinglev:
        newshp=[]
        for i in range(len(snamelst)):
            if v==snamelst[i]:
                newshp.append(scoordilst[i])
        sname=v+"s"
        snalst.append(sname)
        arcpy.CreateFeatureclass_management(workpath,sname,'Point',"","",points)
        arcpy.AddField_management(sname,'name','TEXT')
        cursor=arcpy.da.InsertCursor(sname,['SHAPE@','name'])
        for n in range(len(newshp)):
            cursor.insertRow([newshp[n],v])
        newshp=[]
    del cursor
```

```
        return sOrderedDict
snalst=[]
snalst=seperatepoints(selectpart,snalst) #执行分离点函数
```
获取穿越内部型景观区域并设置影响因子的值

　　按照论文以多点的形式获取穿越内部型景观成本栅格的方法，不易控制穿越型景观的内部区域，虽然已经提取与分离点，但是根据现有点建立多边形的方法莫过于直接在 Google Earth 中获取片面区域。在研究分析中要经常根据具体情况对研究的方法作出调整，这个不断调整的过程就是研究的本身。但是仍然需要穿越型的多点或关键景点的控制，作为最终确定路径方向的基础条件。

```
kmlpolygonname="taishanPass.kml" #调入 Google Earth 中建立的 .kml 片面文件
def kmlpolygonload(prjfile,kmlpolygon):  #定义 .kml 片面加载的函数，可以参考前文阐述
    kmlpolygon=workpath+"\\"+kmlpolygonname
    patA=re.compile('<name>.*</name>')
    patB=re.compile('^<coordinates>$')
    namelst=[]
    coordilst=[]
    ncdic={}
    reader=codecs.open(kmlpolygon,'r','utf-8')
    while True:
        line=reader.readline()
        if len(line)==0:
            break
        line=line.strip()
        if line=='<Placemark>':
            while True:
                line=reader.readline()
                line=line.strip()
                if line=='</Placemark>':
                    break
                m=patA.match(line)
```

```python
                if m:
                    names=re.sub('<name>(.*?)</name>',r'\1',line)
                n=patB.match(line)
                if n:
                    corstr=reader.readline()
                    corstr=corstr.strip()
                    coordi=corstr.split(' ')
            ncdic[names]=coordi
    reader.close()
    fc='taishan'
    nlst=ncdic.keys()
    array=arcpy.Array()
    arcpy.CreateFeatureclass_management(workpath,fc,'Polygon','','',prjfile)
    arcpy.AddField_management(fc,'Name',"TEXT",9,'','Name',"NULLABLE","REQUIRED")
    cursor=arcpy.da.InsertCursor(fc,['SHAPE@','Name'])
    for n in nlst:
        dic=ncdic[n]
        dic=[[float(i.split(',')[0]),float(i.split(',')[1]),float(i.split(',')[2])] for i in dic]
        pointA=arcpy.Array([arcpy.Point(*coords) for coords in dic])
        pl=arcpy.Polygon(pointA,prjfile)
        cursor.insertRow([pl,n])
    del cursor
    return fc
fc=kmlpolygonload(prjfile,kmlpolygonname) # 执行 .kml 片面加载的程序
arcpy.AddField_management(fc,'distancev','FLOAT') # 增加影响因子值的字段
with arcpy.da.UpdateCursor(fc, 'distancev') as cursor: # 更新游标，设置 "distancev" 字段值
    for row in cursor: # 逐行读取属性表
        row[0]=1 # 设置影响因子值为 1
        cursor.updateRow(row) # 更新行
del row,cursor # 移出游标
fcpolyr=arcpy.PolygonToRaster_conversion(fc,"distancev","fcpolyr") # 将 polygon 按指定字段值转换为栅格
fcpolyrc=Con(IsNull(fcpolyr),0,fcpolyr) # 使用条件函数设置空值为 0
```

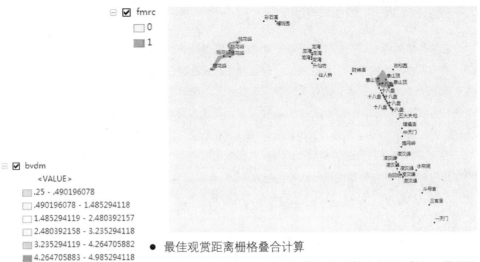

● 最佳观赏距离栅格叠合计算

将最佳观赏距离三种情况获取的所有成本栅格相加，获得最佳观赏距离的成本栅格。

bvdm=disArBase+disBarBase+disBcrBase+disBbrBase+fcpolyrc

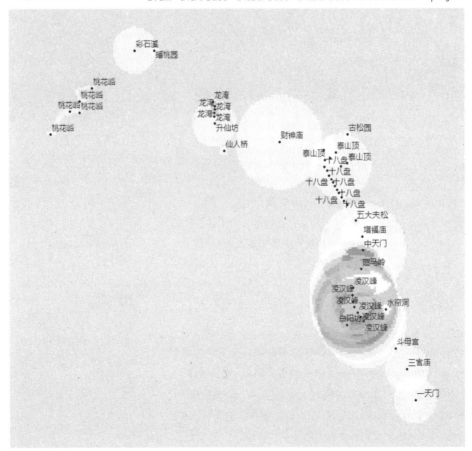

2.4 视域感知因子_最佳观赏方位

造型奇特的景观，往往被赋予象征意义，以增加景观的人文内涵和吸引力，需要位于特定方位才能够感受到景观的象征意义。最佳观赏方位通过在虚拟地理环境中对比不同观察视角下景观的形态特征差异，结合实地野外考察生态功能确定。以景点为中心向四周以等角方式划分为 12 个区域，分别代表 12 个观赏方位，最佳观赏方位夹角区域权重赋予 1，相邻两个方位区域赋值为 0.5，其他可视区域赋值 0.25。首先使用 Python 程序编写基于原点用于划分 12 个区域的控制点，并通过实际景点坐标与基本控制点坐标差值计算获取实际景点位置的控制点，按照各个景点位置的控制点各自建立 12 个 polygon，并根据属性表中预先设置的最佳观赏方位设置影响因子值，最后转化为栅格，并计算求和。

- 建立控制点

为了保证最后建立的 polygon 大于分析研究区域，在确定圆半径时参考前文获取的研究区域值，并通过三角函数关系计算划分 12 份 12 个控制点的坐标。

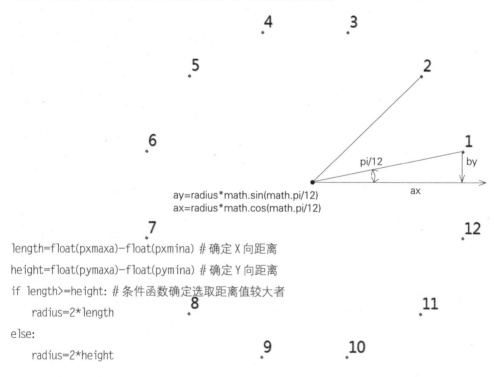

```
length=float(pxmaxa)-float(pxmina) # 确定 X 向距离
height=float(pymaxa)-float(pymina) # 确定 Y 向距离
if length>=height: # 条件函数确定选取距离值较大者
    radius=2*length
else:
    radius=2*height

ay=radius*math.sin(math.pi/12) # 计算控制点 1 的坐标值 Y
ax=radius*math.cos(math.pi/12) # 计算控制点 1 的坐标值 X
by=radius*math.sin(math.pi/4) # 计算控制点 2 的坐标值 Y
bx=radius*math.cos(math.pi/4) # 计算控制点 2 的坐标值 X
cy=radius*math.sin(5*math.pi/12) # 计算控制点 3 的坐标值 Y
```

cx=radius*math.cos(5*math.pi/12) # 计算控制点 3 的坐标值 X
EN=[(ax,ay),(bx,by),(cx,cy)] # 定义东北方向控制点
NW=[(-cx,cy),(-bx,by),(-ax,ay)] # 定义西北方向控制点
WS=[(-ax,-ay),(-bx,-by),(-cx,-cy)] # 定义西南方向控制点
SE=[(cx,-cy),(bx,-by),(ax,-ay)] # 定义东南方向控制点
bpoints=EN+NW+WS+SE # 所有方向控制点列表
origionpt=(0,0) # 定义原点坐标
orderalst=range(0,12,1) # 建立索引值列表
orderblst=copy.deepcopy(orderalst) # 复制索引值列表
orderblst.insert(0,orderalst[-1]) # 指定索引值位置插入索引值列表的最后一个值
orderblstpop=orderblst.pop() # 默认移出最后一个值
orderlst=zip(orderblst,orderalst) # 使用 zip() 函数返回 turple 元组列表
orderpts=[[origionpt,bpoints[a],bpoints[b]] for(a,b) in orderlst] # 根据建立的元组列表提取控制点列表

- 假设最佳观赏方位值

具有 12 个方位，分别用 1~12 的数字代表，并假设值为 0 时，为全方位即任何方位都可以看到该景点；值为 55 时，为该景点不可见。很多时候一个景点不只在一个方位可以看到，也许可以在多个方位都可以看到，例如 2、5 方位都具有较好的视域，因此可以多设置几个字段，本例中仅设置为两个字段 aa 和 ab，最多可以从两个方位设置。

- 建立用于生成 12 个 polygon 的点列表

site="taishanlandsite" # 属性表设置最佳观赏方位值后的景点几何对象
ptms=[] # 临时放置控制点的列表，包含圆上位置点和圆心点
ptmso=[] # 放置圆上位置点
ptmss=[] # 放置最终控制点的列表，包含圆上位置点和圆心点
bvaclalst=[] # 放置字段 aa 和 ab 的方位值
for row in arcpy.da.SearchCursor(site,["SHAPE@x","SHAPE@Y","aa","ab"]): # 搜索指针
    bvaclalst.append((row[2],row[3])) # 向列表追加方位值
    xd=row[0] # 提取景点点坐标 X
    yd=row[1] # 提取景点点坐标 Y
    ptmso.append((xd,yd)) # 向列表追加景点坐标值

Name	aa	ab
水帘洞	6	4
斗母宫	7	3
三官庙	6	0
泰山顶	0	0
泰山顶	0	0
泰山顶	0	0
泰山顶	0	0
白阳坊	1	0
东神门	2	8
古松园	3	0
泰山顶	4	0
五大夫松	7	0
中天门	8	0
财神庙	9	3
仙人桥	11	0
升仙坊	12	0
蟠桃园	5	0
彩石溪	6	0
桃花峪	7	0
一天门	1	0
跑马岭	7	3
增福庙	5	8
桃花峪	7	0
桃花峪	7	0
桃花峪	7	0
凌汉峰	0	0
凌汉峰	0	0
凌汉峰	0	0
凌汉峰	0	0
桃花峪	0	0
凌汉峰	0	0
凌汉峰	0	0
凌汉峰	0	0
十八盘	1	5
十八盘	1	5
十八盘	1	5
十八盘	1	5
十八盘	1	5
十八盘	1	5
十八盘	1	5
十八盘	1	5
十八盘	1	5
十八盘	1	5
龙湾	55	55
龙湾	55	55
龙湾	55	55
龙湾	55	55
龙湾	55	55

```
        ptmo=[] # 建立临时空列表，放置控制点坐标
        for pt in orderpts: # 循环遍历位于原点的基本控制点
            for w in pt: # 循环遍历子列表，用于建立 polygon 基本的 3 个控制点坐标值
                ptmo.append((w[0]+xd,w[1]+yd)) # 新控制点坐标值
            ptms.append(ptmo) # 将调整后的控制点坐标值追加到列表中
            ptmo=[] # 清空临时列表
        ptmss.append(ptms) # 将调整后的控制点坐标值列表追加到列表中
        ptms=[] # 清空列表
del row # 移出指针
```

- 建立影响因子值列表

12 个方位，最佳朝向值为 1，相邻值为 0.5，其余为 0.25，看似很简单的规律实际上由于 12 个方位为周期圆形，而 12 个方位的列表索引值为 0~11，当最佳朝向为 12 或者 1 时，则对应列表索引值为 11 或者 0，相邻的值则分别为 10、0 和 1、11，问题就会稍显复杂；同时如果同时存在两个最佳朝向，值为 12、1 或者为相邻的值 5、6，那么同样需要特别处理邻近方位值的问题，而不能够单单将最佳朝向例如 12 加 1 为 13（实际为保持不变，因为实际索引值为 0~11 的区间），减 1 为 11（实际应该减 2）的问题。因此典型的几种类型需要特别处理，包括：全方位时（即均为 0）、无（即均为 55 时）、字段 aa 值不为 1 而 ab 值为 0 时、12 和 1 或者 1 和 12 时、5 和 6 或者 7 和 8 等相邻关系时、字段值或为 12 时、字段值或为 1 时等情况。

```
prebv=[] # 建立空的列表用于放置所有影响因子值
for n in range(len(bvaclalst)): # 循环遍历字段 aa 和 ab 的值列表
    print(n) # 查看进度
    prelst=[0.25]*12 # 建立基础影响因子列表，值均为 0.25
    tur=bvaclalst[n] # 逐一提取子列表
    m=max(tur[0],tur[1]) # 获取字段最大值
    n=min(tur[0],tur[1]) # 获取字段最小值
    if m==0 and n==0: # 全方位时设置影响因子值
        prelst=[1]*12
    elif m==55 and n==55: # 无最佳朝向时设置影响因子值
        prelst=[0]*12
    elif tur[0]!=1 and tur[0]!=12 and tur[1]==0: # 字段 aa 值不为 1 并字段 ab 值为 0 时的情况
        prelst[tur[0]-1]=1
        prelst[tur[0]-2],prelst[tur[0]]=0.5,0.5
    elif abs(m-n)==1: # 两个最佳朝向相邻时的情况
        if m==12:
```

```
            prelst[0]=0.5
            prelst[n-2]=0.5
            prelst[n-1],prelst[m-1]=1,1
        elif n==1:
            prelst[11]=0.5
            prelst[m]=0.5
            prelst[n-1],prelst[m-1]=1,1
        else:
            prelst[m]=0.5
            prelst[n-2]=0.5
            prelst[n-1],prelst[m-1]=1,1
    elif abs(m-n)==11: # 字段值为 12、1 或者 1、12 时的情况
        prelst[n-1],prelst[m-1]=1,1
        prelst[n]=0.5
        prelst[m-2]=0.5
    elif m==12: # 字段值为 12 时的情况
        prelst[n-1],prelst[m-1]=1,1
        prelst[0]=0.5
        prelst[m-2]=0.5
        prelst[n-2]=0.5
        prelst[n]=0.5
    elif n==1: # 字段值为 1 时的情况
        prelst[n-1],prelst[m-1]=1,1
        prelst[11]=0.5
        prelst[n]=0.5
        prelst[m-2]=0.5
        prelst[m]=0.5
    else: # 任何其他时的情况
        prelst[n-1],prelst[m-1]=1,1
        prelst[n-2]=0.5
        prelst[n]=0.5
        prelst[m-2]=0.5
        prelst[m]=0.5
    prebv.append(prelst) # 按景点逐一追加所有影响因子值
    prelst=[0.25]*12 # 重设基础影响因子值列表
print(prebv) # 打印查看结果
```

[[0.25, 0.25, 0.5, 1, 0.5, 1, 0.5, 0.25, 0.25, 0.25, 0.25, 0.25], [0.25, 0.5, 1, 0.5, 0.25, 0.5, 1, 0.5, 0.25, 0.25, 0.25, 0.25], [0.25, 0.25, 0.25, 0.25, 0.5, 1, 0.5, 0.25, 0.25, 0.25, 0.25, 0.25], [1, 1, 1, 1, 1, 1, 1, 1, 1, 1, 1, 1], [1, 1, 1, 1, 1, 1, 1, 1, 1, 1, 1, 1], [1, 1, 1, 1, 1, 1, 1, 1, 1, 1, 1, 1], [1, 1, 1, 1, 1, 1, 1, 1, 1, 1, 1, 1], [1, 0.5, 0.25, 0.25, 0.25, 0.25, 0.25, 0.25, 0.25, 0.25, 0.5, 1], [0.5, 1, 0.5, 0.25, 0.25, 0.25, 0.5, 1, 0.5, 0.25, 0.25, 0.25], [0.25, 0.5, 1, 0.5, 0.25, 0.25, 0.25, 0.25, 0.25, 0.25, 0.25, 0.25], [0.25, 0.25, 0.5, 1, 0.5, 0.25, 0.25, 0.25, 0.25, 0.25, 0.25, 0.25], [0.25, 0.25, 0.25, 0.25, 0.25, 0.5, 1, 0.5, 0.25, 0.25, 0.25, 0.25], [0.25, 0.25, 0.25, 0.25, 0.25, 0.25, 0.5, 1, 0.5, 0.25, 0.25, 0.25], [0.25, 0.5, 1, 0.5, 0.25, 0.25, 0.25, 0.5, 1, 0.5, 0.25, 0.25], [0.25, 0.25, 0.25, 0.25, 0.25, 0.25, 0.25, 0.25, 0.25, 0.5, 1, 0.5], [0.5, 0.25, 0.25, 0.25, 0.25, 0.25, 0.25, 0.25, 0.25, 0.25, 0.5, 1], [0.25, 0.25, 0.25, 0.5, 1, 0.5, 0.25, 0.25, 0.25, 0.25, 0.25, 0.25], [0.25, 0.25, 0.25, 0.25, 0.5, 1, 0.5, 0.25, 0.25, 0.25, 0.25, 0.25], [0.25, 0.25, 0.25, 0.25, 0.25, 0.5, 1, 0.5, 0.25, 0.25, 0.25, 0.25], [1, 0.5, 0.25, 0.25, 0.25, 0.25, 0.25, 0.25, 0.25, 0.25, 0.5, 1], [0.25, 0.5, 1, 0.5, 0.25, 0.5, 1, 0.5, 0.25, 0.25, 0.25, 0.25], [0.25, 0.25, 0.25, 0.5, 1, 0.5, 0.5, 1, 0.5, 0.25, 0.25, 0.25], [0.25, 0.25, 0.25, 0.25, 0.5, 1, 0.5, 0.25, 0.5, 1, 0.5, 0.25, 0.25, 0.25], [0.25, 0.25, 0.25, 0.25, 0.25, 0.5, 1, 0.5, 0.25, 0.25, 0.25, 0.25], [0.25, 0.25, 0.25, 0.25, 0.25, 0.5, 1, 0.5, 0.25, 0.25, 0.25, 0.25], [1, 1, 1, 1, 1, 1, 1, 1, 1, 1, 1, 1], [1, 1, 1, 1, 1, 1, 1, 1, 1, 1, 1, 1], [1, 1, 1, 1, 1, 1, 1, 1, 1, 1, 1, 1], [1, 1, 1, 1, 1, 1, 1, 1, 1, 1, 1, 1], [1, 1, 1, 1, 1, 1, 1, 1, 1, 1, 1, 1], [1, 1, 1, 1, 1, 1, 1, 1, 1, 1, 1, 1], [1, 0.5, 0.25, 0.5, 1, 0.5, 0.25, 0.25, 0.25, 0.25, 0.25, 0.5], [1, 0.5, 0.25, 0.5, 1, 0.5, 0.25, 0.25, 0.25, 0.25, 0.25, 0.5], [1, 0.5, 0.25, 0.5, 1, 0.5, 0.25, 0.25, 0.25, 0.25, 0.25, 0.5], [1, 0.5, 0.25, 0.5, 1, 0.5, 0.25, 0.25, 0.25, 0.25, 0.25, 0.5], [1, 0.5, 0.25, 0.5, 1, 0.5, 0.25, 0.25, 0.25, 0.25, 0.25, 0.5], [1, 0.5, 0.25, 0.5, 1, 0.5, 0.25, 0.25, 0.25, 0.25, 0.25, 0.5], [1, 0.5, 0.25, 0.5, 1, 0.5, 0.25, 0.25, 0.25, 0.25, 0.25, 0.5], [1, 0.5, 0.25, 0.5, 1, 0.5, 0.25, 0.25, 0.25, 0.25, 0.25, 0.5], [1, 0.5, 0.25, 0.5, 1, 0.5, 0.25, 0.25, 0.25, 0.25, 0.25, 0.5], [0, 0, 0, 0, 0, 0, 0, 0, 0, 0, 0, 0], [0, 0, 0, 0, 0, 0, 0, 0, 0, 0, 0, 0], [0, 0, 0, 0, 0, 0, 0, 0, 0, 0, 0, 0], [0, 0, 0, 0, 0, 0, 0, 0, 0, 0, 0, 0], [0, 0, 0, 0, 0, 0, 0, 0, 0, 0, 0, 0]]

● 逐一建立所有景点的12个方向区域，并增加影响因子字段，根据成本值赋予的方法设置值

FID	Shape	Id	namein	bvacla	name
0	Polygon	0	1	.25	增福庙
1	Polygon	0	2	.25	增福庙
2	Polygon	0	3	.25	增福庙
3	Polygon	0	4	.5	增福庙
4	Polygon	0	5	1	增福庙
5	Polygon	0	6	.5	增福庙
6	Polygon	0	7	.5	增福庙
7	Polygon	0	8	1	增福庙
8	Polygon	0	9	.5	增福庙
9	Polygon	0	10	.25	增福庙
10	Polygon	0	11	.25	增福庙
11	Polygon	0	12	.25	增福庙

"增福庙"景点事例_属性表

为了方便查看获取的polygon属于哪个景点，增加"name"字段用于标识。影响因子值可以从字段"bvacla"中读取。

"增福庙"景点事例_polygon

```
bvacname=[] #建立空的列表用于放置景点名称
for row in arcpy.da.SearchCursor(site,["Name"]): #搜索游标逐行读取名称字段，并保存在空列表中
    bvacname.append(row[0])


bvaplylst=[] #定义空的列表用于放置所有具有影响因子字段的polygon
for i in range(len(ptmss)): #循环遍历控制点列表
    acount=1 #开始计数，用于字段"namein"
    polygonname="polygona"+str(i) #定义输出polygon名称
    arcpy.CreateFeatureclass_management(workpath,polygonname,'Polygon',",","",basicdem) #建立polygon要素类
    arcpy.AddField_management(polygonname, "namein","TEXT") #增加字段用计数做值
    arcpy.AddField_management(polygonname, "bvacla","FLOAT") #增加字段放置影响因子值
    arcpy.AddField_management(polygonname, "name","TEXT") #增加字段，放置景点名称用于标识
    cursor=arcpy.da.InsertCursor(polygonname,['SHAPE@',"name",'namein','bvacla']) #插入游标
    for n in range(len(ptmss[i])): #读取控制点子列表
        pointA=arcpy.Array([arcpy.Point(*coordi) for coordi in ptmss[i][n]]) #建立点的数列
        pL=arcpy.Polygon(pointA,basicdem) #根据点数列建立polygon
        cursor.insertRow([pL,bvacname[i],str(acount),prebv[i][n]]) #逐行插入值
        acount+=1 #计数增加
    bvaplylst.append(polygonname) #将所有polygon追加到空列表中
    del cursor #移除指针
```

- 转为栅格并叠合栅格计算求和

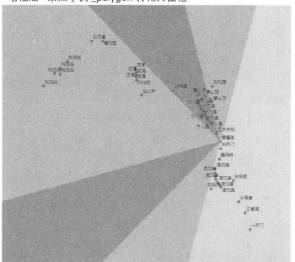

"增福庙"景点事例_polygon 转化为栅格

bvarlstuu=[] #建立空的字典用于放置转化后的栅格文件
　　for i in range(len(bvaplylst)): #循环遍历 polygon 文件列表
　　　　bvarna="bvv"+str(i) #定义每个转化栅格的文件名称
　　　　arcpy.PolygonToRaster_conversion(bvaplylst[i],"bvacla",bvarna) #根据指定字段转化栅格
　　　　bvarlstuu.append(bvarna) #将转化后的栅格逐一追加到列表中

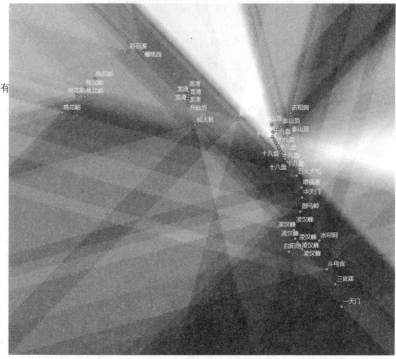

最佳观赏方位所有成本栅格之和

bvabase=Con(basicdem,0,0,"Value>0") #建立基础栅格，值均为 0
for i in bvarlstuu: #循环遍历单个成本栅格列表
　　bvabase+=arcpy.Raster(i) #所有单个成本栅格叠加求和

2.5 视域感知因子_栅格叠加求和

viewshadeM=bvabase+bvdm+observerBase #bvabase 为最佳观赏方位成本栅格，bvdm 为最佳观赏距离成本栅格，observerBase 为可视区域成本栅格

2.6 生态感知因子_景观类型

旅行者对景观的选择具有明显的倾向性，大多数生态旅行者更倾向于原生的、未经过改造和未遭到破坏的景观。根据不同地域特征，景观的主要类型，给景观赋予权重因子，例如地文景观值为 1.2，生物景观和水体景观为 1.0，而人工建筑与设施景观为 0.8。本例中假设景观类型的权重值，并在属性表中增加 Ltype 字段放置权重值。

景观类型的赋值最好是景点的实际区域即以 polygon 面表现的成本栅格。本例中仅以景点为核心建立 1000m 的缓冲区，假设为实际区域，并依据影响因子值转化为成本栅格。
site="taishanlandsite" #具有景观类型权重字段的景点 point 文件
lvbuffer=arcpy.Buffer_analysis(site,"lvbuffer",1000) #建立缓冲区
lvbufferr=arcpy.PolygonToRaster_conversion(lvbuffer,"Ltype","lvbufferr") #根据指定的权重字段将 polygon 转化为栅格文件
lvbuffcon=Con(IsNull(lvbufferr),0,lvbufferr) #设置成本栅格空值为 0

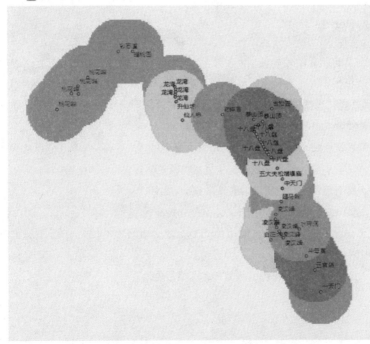

水帘洞	1
斗母宫	1.2
三官庙	1.2
泰山顶	1.2
泰山顶	1.2
泰山顶	1.2
泰山顶	1.2
白阳树	.800000
东神门	.800000
古松园	.800000
泰山顶	1.2
五大夫松	.800000
中天门	1
财神庙	1
仙人桥	.800000
升仙树	.800000
蟠桃园	1
彩石溪	1
桃花岭	1
一天门	1
迴马岭	1
增福庙	1
桃花岭	1
桃花岭	1
桃花岭	1
凌汉峰	.800000
凌汉峰	.800000
凌汉峰	.800000
凌汉峰	.800000
桃花岭	1
凌汉峰	.800000
凌汉峰	.800000
凌汉峰	.800000
十八盘	1.2
十八盘	1.2
十八盘	1.2
十八盘	1.2
十八盘	1.2
十八盘	1.2
十八盘	1.2
十八盘	1.2
十八盘	1.2
十八盘	1.2
龙潭	1
龙潭	1
龙潭	1
龙潭	1
龙潭	1

2.7 生态感知因子 _ 资源价值

同类型景观中,资源价值越大对旅行者感知的影响越大。景观资源价值评分可以依据《旅游资源分类、调查与评价标准》(GB/T 18972-2003),采用专家打分方法对所有景观进行资源价值评分。本例中假设资源价值权重值,增加 RV 字段,区间范围在 0~100 分。获取成本栅格后使用条件函数调整栅格值大小,具体重分类的区间大小应该由资源价值在所有评价因子中的重要性所决定,区间越大影响越大,反之则小。

```
resvalue=arcpy.PolygonToRaster_conversion(lvbuffer,"RV","lvbufferr")
resvaluecon=Con(IsNull(resvalue),0,resvalue)
```

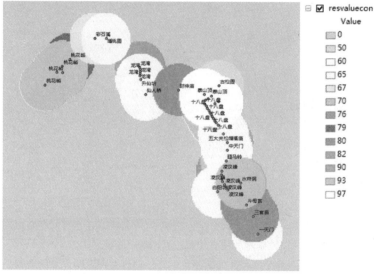

```
resvalueconm=resvaluecon*0.01 # 将栅格值乘以一个倍数
```

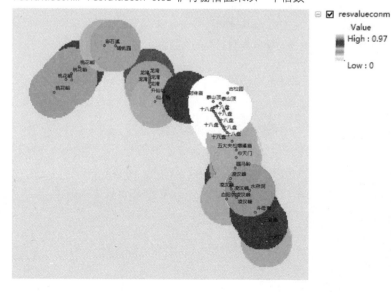

名称	值
水帘洞	70
斗母宫	80
三官庙	80
泰山顶	97
泰山顶	97
泰山顶	97
泰山顶	97
白阳坊	60
东神门	70
古松园	50
泰山顶	97
五大夫松	60
中天门	60
财神庙	80
仙人桥	60
升仙坊	65
蟠桃园	65
彩石溪	67
桃花峪	70
一天门	60
迎马岭	70
增福庙	90
桃花峪	70
桃花峪	70
桃花峪	70
凌汉峰	76
凌汉峰	76
凌汉峰	76
凌汉峰	76
桃花峪	79
凌汉峰	76
凌汉峰	76
凌汉峰	76
十八盘	93
十八盘	93
十八盘	93
十八盘	93
十八盘	93
十八盘	93
十八盘	93
十八盘	93
十八盘	93
十八盘	93
龙湾	82
龙湾	82
龙湾	82
龙湾	82
龙湾	82

2.8 生态感知因子_栅格叠加求和

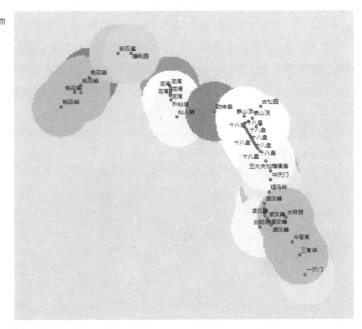

2.9 景观感知敏感度

　　景观感知敏感度是包括视域感知因子和生态感知因子的综合值，目前已经获取视域感知因子和生态感知因子的成本栅格，可以调整两者所占比重对其相加，并重分类为10个等级。具体视域感知因子和生态感知因子谁更具重要性，需要根据具体项目进行评价，本例中假设二者之间的权重关系。

```
Lfd=foe+viewshadeM  # 求取景观感知敏感度成本栅格
def group(s,e,count):  # 定义重映射对象，输入参数列表的函数为group
    s=float(s)
    e=float(e)
    step=(e-s)/count
    lst=[]
    while True:
        lst.append(s)
        s+=step
        if '%.3f'%s=='%.3f'%e:
            lst.append(e)
            break
        elif s>e:
```

```
            lst[-1]=e
            break
    tlst=[]
    for i in range(len(lst)-1):
        tlst.append([lst[i],lst[i+1],len(lst)-1-i])
    tlst.reverse()
    return tlst
Lfdmin=Lfd.minimum
Lfdmax=Lfd.maximum+1
Lfdrange=group(Lfdmin,Lfdmax,10) # 执行函数 group 获取重映射列表
Lfdremap=RemapRange(Lfdrange) # 计算重映射对象
Lfdcla=Reclassify(Lfd,"VALUE",Lfdremap) # 对景观感知敏感度重分类
```

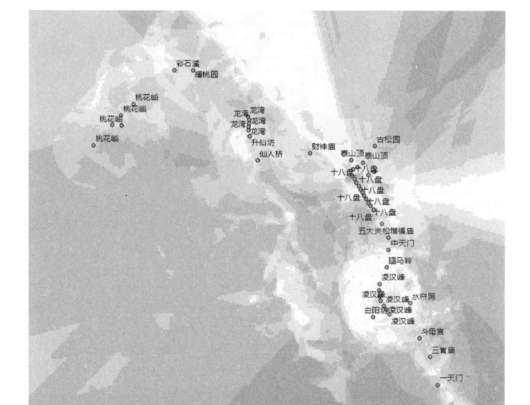

2.10 地形因子

景观感知敏感度仅从旅行者角度考虑特定位置旅行者的感知程度，并未考虑线路建设的可行性和建设成本等因素。地形因子直接影响旅行者进入特定位置的可行性，例如坡度超出一定限度，就会难以穿越；另外地形因子也影响观光线路的建设，坡度大，建设成本和难度就大。同时考虑起伏度，起伏度越大建设成本越高。坡度和起伏度较大的区域一般不适合人类活动和建筑，观光线路应尽可能适应地形因子，减少对自然生态环境的干扰。

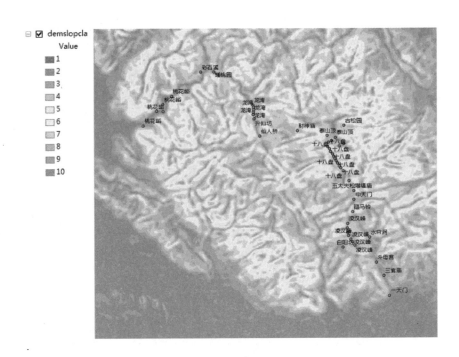

- 坡度及重分类

```
demslop=arcpy.Slope_3d(basicdem,"demslop")
readslopra=arcpy.Raster(demslop)
slopmin=readslopra.minimum
slopmax=readslopra.maximum+1
sloperange=group(slopmin,slopmax,10)
slopremap=RemapRange(sloperange)
demslopcla=Reclassify(demslop,"VALUE",slopremap)
```

- 起伏度及重分类

```
NbrR=arcpy.sa.NbrRectangle(10,10)
outBS=arcpy.sa.BlockStatistics(basicdem,NbrR,'RANGE','NODATA')
sBS=outBS.minimum
eBS=outBS.maximum
BSG=group(sBS,eBS,10)
BSremap=arcpy.sa.RemapRange(BSG)
BSclassi=arcpy.sa.Reclassify(outBS,'Value',BSremap)
```

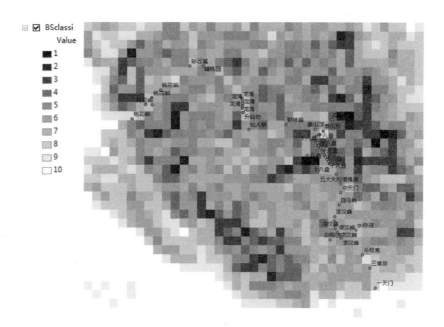

- 地形因子成本栅格

tfm=demslopcla+BSclassi

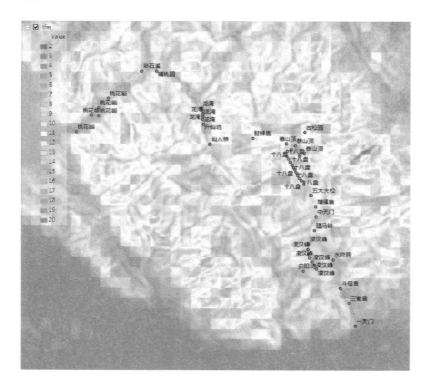

2.11 观光线路适宜性成本栅格计算

观光线路适宜性成本栅格是景观感知敏感度成本栅格和地形因子成本栅格的叠合，两者之间的权重因子仍然需要根据具体情况确定，本例假设权重值。
tfm=demslopcla+BSclassi

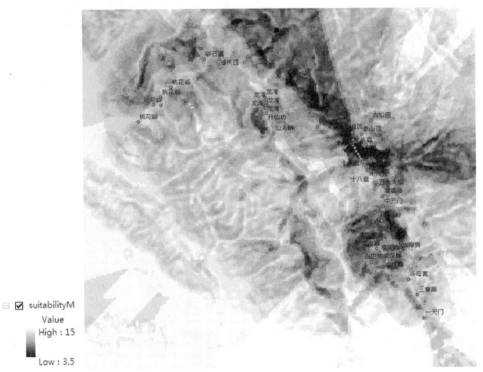

2.12 观光线路自动获取

开始获取观光线路前，需要确定所有景点的旅行顺序，再根据观光线路适宜性成本栅格，使用最小成本路径分析模块，按通过旅行顺序景点分别计算每相邻两个景观之间的最小成本路径，所得路径就是两个景点之间的最佳观光线路，将这些线路连接起来，即可以获取整个景观的最佳观光线路。

- 确定旅行顺序

在景点 point 要素类中增加字段 ord 用于放置景点顺序索引，为了便于默认情况下的景点顺序，可以其 Layer Properties 对话框中设置 Lable 标签字段为 FID，方便查看默认景点次序。

FID	Name	ord
0	水帘洞	3
1	斗母宫	2
2	三官庙	1
3	泰山顶	33
4	泰山顶	28
5	泰山顶	31
6	泰山顶	32
7	白阳坊	5
8	东神门	27
9	古松园	29
10	泰山顶	30
11	五大夫松	15
12	中天门	13
13	财神庙	34
14	仙人桥	35
15	升仙坊	36
16	蟠桃园	42
17	彩石溪	43
18	桃花岭	47
19	一天门	0
20	廻马岭	12
21	增福庙	14
22	桃花岭	46
23	桃花岭	45
24	桃花岭	48
25	凌汉峰	4
26	凌汉峰	10
27	凌汉峰	11
28	凌汉峰	6
29	桃花岭	44
30	凌汉峰	9
31	凌汉峰	8
32	凌汉峰	7
33	十八盘	16
34	十八盘	17
35	十八盘	18
36	十八盘	19
37	十八盘	20
38	十八盘	21
39	十八盘	22
40	十八盘	23
41	十八盘	24
42	十八盘	25
43	十八盘	26
44	龙湾	37
45	龙湾	38
46	龙湾	39
47	龙湾	40
48	龙湾	41

字段 FID

字段 ord

- 确定景点点对象两两排序列表

　　因为需要按通过旅行顺序景点分别计算每相邻两个景观之间的最小成本路径，因此需要重新组织点的顺序。

site="taishanlandsite"
orderlst=[] # 建立空的列表用于放置景点旅行顺序值
orderolst=[] # 建立空的列表用于放置点几何
for row in arcpy.da.SearchCursor(site,["SHAPE@","ord"]): # 搜索游标逐行读取属性表
    orderlst.append(row[1]) # 追加景点旅行顺序值到列表
    orderolst.append(row[0]) # 追加景点点几何到列表
orderalst=[0]*len(orderlst) # 建立基础的列表，用数值0
for i in range(len(orderlst)): # 循环遍历列表
    orderalst[orderlst[i]]=orderolst[i] # 按旅行顺序值排序景点点几何对象
orderdlst=copy.deepcopy(orderalst) # 复制排序后的点几何列表
orderalst.pop() # 移除原排序后点对象列表的最后一个值
orderdlst.pop(0) # 移除复制后点排序列表的第一个值
orderclst=zip(orderalst,orderdlst) # 返回元组列表，即两两相邻的点位于一个元组之内

- 建立开始点和结束点列表

Slst=[] # 建立空列表用于放置开始点
Elst=[] # 建立空列表用于放置结束点
for i in range(len(orderclst)): # 循环遍历放置开始结束点的元组列表
    v="STP"+str(i) # 定义开始点的名称
    arcpy.CreateFeatureclass_management(workpath,v,'Point','','',site) # 建立点要素
    arcpy.AddField_management(v,'name','TEXT') # 增加名称字段
    cursor=arcpy.da.InsertCursor(v,['SHAPE@','NAME']) # 插入游标
    cursor.insertRow([orderclst[i][0],v]) # 插入开始点几何对象
    Slst.append(v) # 将开始点追加到列表中
    end="EDP"+str(i) # 定义结束点的名称
    arcpy.CreateFeatureclass_management(workpath,end,'Point','','',site) # 建立点要素
    arcpy.AddField_management(end,'name','TEXT') # 增加名称字段
    cursor=arcpy.da.InsertCursor(end,['SHAPE@','NAME']) # 插入游标
    cursor.insertRow([orderclst[i][1],end]) # 插入结束点几何对象
    Elst.append(end) # 将结束点追加到列表中
del cursor # 移除游标

- 成本路径分析获取观光线路

pathlst=[] # 建立空的列表用于放置路径
for i in range(len(Slst)): # 循环遍历开始点和结束点
    outBkLinkRaster=workpath+'\\oblr' # 定义成本回溯链接栅格的路径
    outCostDistance=arcpy.sa.CostDistance(Slst[i],suitabilityM,'',outBkLinkRaster) # 使用成本距离函数计算每个单元到成本面上最近源的最小累计成本距离，Slst[i]为起始点
    path=arcpy.sa.CostPath(Elst[i],outCostDistance,outBkLinkRaster,'','ID') # 使用成本路径函数计算从源到目标的最小成本路径，Elst[i]为结束点

```
        pathlst.append(path) # 逐一追加路径到列表中
pathselect=[] # 建立空的列表用于放置设置空值后的路径
for i in pathlst: # 循环遍历路径列表
        pathselect.append(SetNull(i,0,"VALUE<>3")) # 设置空函数
pathM=arcpy.Mosaic_management(pathselect,pathselect[0]) # 合并所有的栅格路径
```

借助《基于景观感知敏感度的生态旅游地观光线路自动选址》的研究论文，通过 Python 实现模型的建立，来进一步说明程序在项目分析研究中的重要价值，在执行效率和规划设计研究方法上都优越于传统的技术，而程序本身的逻辑性和创造性将会拓展更多未知的规划设计方法。程序本身并不局限于单独的案例，整个模型建立的方法和程序实现的方式是一种逻辑思维的构建，除了可以用于路径选线的研究，同样可以拓展到生物迁徙通道、栖息地保护以及建筑空间布局等方向研究中。

本案例主要说明程序辅助规划设计的方法，阐述 Python 程序编写的方式，因此并没有将重心更多落在项目研究本身，在程序编写过程中，诸多的假设条件更多倾向于一种方法上的说明，对于具体项目需要根据实际的情况作出调整。整个程序的流程适宜切分成多个部分，在相关项目的应用上可以自由组合程序以及调整、优化、升级。

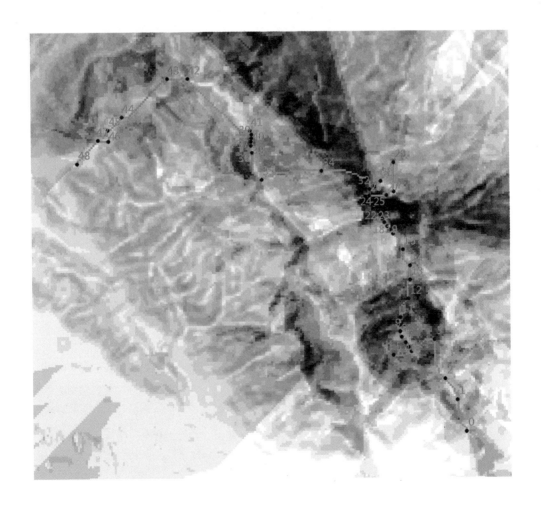

3 课题探讨 _C_ 解读蚁群算法与 TSP 问题

任何一本书都不可能涵盖所有地理信息系统知识内容，也不可能涵盖 Python 程序语言内容以及所有的算法，不只是这些知识体系的庞大和繁复，更是知识体系自身的不断发展膨大，以及规划设计中更多问题的提出以及解决，因此对于一门知识的学习不仅是知识本身，更应该是如何掌握自行研习的方法。当遇到任何问题时，能够根据已掌握的知识内容拓展新的研究，或者学习他人成功的研究成果，并加以应用。

在写自己的程序时，因为对问题有较深入的了解，并自行构建解决问题的逻辑思路，因此理解起来相对容易，但是阅读他人的程序却不是件容易的事，问题不是在程序语言本身，而是解决问题的逻辑思路或者常说的算法。当解决问题的程序被定义为多个类和函数时，这个解决问题的逻辑构建过程就会被"打断"，有时甚至找不到程序的源头，不断调用的函数往往让研习者倍感困惑。研习已有的程序需要慢慢根据程序被调用的过程理清思路，通过 print() 函数打印不同阶段的结果，尤其不太清楚结果的步骤，查看数据变化，进一步理解作者的逻辑思路，一旦理解清楚，百行甚至千行的代码也会心领神会，需要注意的是，阅读他人的程序往往不是一遍就能够读懂读明白的，需要反复几次，每一次都会比上一次更明白一些，逐渐理解透彻。

3.1 蚁群算法与 TSP 问题概述

蚁群算法（Ant Colony Optimization，ACO），又称蚂蚁算法，是一种用来在图中寻找优化路径的机率型算法。它由 Marco Dorigo 于 1992 年在他的博士论文 "Ant system: optimization by a colony of cooperating agents" 中提出，其灵感来源于蚂蚁在寻找食物过程中发现路径的行为。蚁群算法是一种模拟进化算法，初步的研究表明，该算法具有许多优良的性质。针对 PID 控制器参数优化设计问题，将蚁群算法设计的结果与遗传算法设计的结果进行了比较，数值仿真结果表明，蚁群算法具有一种新的模拟进化优化方法的有效性和应用价值。

而旅行推销员问题（Travelling Salesman Problem，又称为旅行商问题、货郎担问题、TSP 问题）是一个多局部最优的最优化问题：有 n 个城市，一个推销员要从其中某一个城市出发，唯一走遍所有的城市，再回到他出发的城市，求最短的线路。即求一个最短的哈密顿回路。这个过程可以使用穷举法，即寻找一切组合并取其最短，也可以使用前文阐述的遗传算法，或者模拟退火以及蚁群算法。

蚁群算法是模拟蚂蚁觅食的原理设计出的一种群集智慧算法。蚂蚁在觅食过程中能够在其经过的路径上留下一种称之为信息素(pheromone)的物质，并在觅食过程中能够感知这种物质的强度，并指导自己行动的方向，它们总是朝着该物质强度高的方向移动，因此大量蚂蚁组成的集体觅食就表现为一种对信息素的正反馈现象。某一条路径越短，路径上经过的蚂蚁越多，其信息素遗留的也就越多，信息素的浓度也就越高，蚂蚁选择这条路径的几率也就越高，由此构成的正反馈过程，从而逐渐地逼近最优路径，找到最优路径。

蚂蚁在觅食时，是以信息素作为媒介而间接进行信息交流，当蚂蚁从食物源走到蚁穴，或者从蚁穴走到食物源时，都会在经过的路径上释放信息素，从而形成了一条含有信息素的路径，蚂蚁可以感觉出路径上信息素浓度的大小，并且以较高的概率选择信息素浓度较高的路径。

人工蚂蚁的搜索主要包括三种智能行为：

（1）蚂蚁的记忆行为。一只蚂蚁搜索过的路径在下次搜索时就不再被该蚂蚁选择，因此在蚁群算法中建立禁忌表（TabuCityList）进行模拟。

（2）蚂蚁利用信息素进行通信。蚂蚁在所选择的路径上会释放一种信息素的物质，当其他蚂蚁进行路径选择时，会根据路径上的信息素浓度进行选择，这样信息素就成为蚂蚁之间进行通信的媒介。

（3）蚂蚁的集群活动。通过一只蚂蚁的运动很难达到事物源，但整个蚁群进行搜索就完全不同。当某些路径上通过的蚂蚁越来越多时，路径上留下的信息素数量也就越多，导致信息素强度增大，蚂蚁选择该路径的概率随之增加，从而进一步增加该路径的信息素强度，而通过的蚂蚁比较少的路径上的信息素会随着时间的推移而挥发，从而变得越来越少。

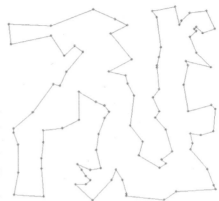

TSP 问题 (wikipedia)

蚁蚂系统是最早的蚁群算法。其搜索过程大致如下：

在初始时刻，m 只蚂蚁（AntList）随机放置于城市（CityList）中，各条路径上的信息素初始值相等（PheromoneTrailList），设为：$\tau_{ij}(0) = \tau_0$ 为信息素初始值（程序中为 100），可设 $\tau_0 = m/L_m$，L_m 是由最近邻启发式方法构造的路径长度。其次，蚂蚁 $k(k=1,2,\cdots m)$，按照随机比例规则选择下一步要转移的城市，其选择概率为：

$$p_{ij}^k(t) = \begin{cases} \dfrac{[\tau_{ij}(t)]^\alpha [\eta_{ij}(t)]^\beta}{\sum\limits_{s \in allowed_k} [\tau_{is}(t)]^\alpha [\eta_{is}(t)]^\beta}, & j \in allowed_k \\ 0, & 否则 \end{cases}$$

其中，τ_{ij} 为边 (i,j) 上的信息素，$\eta_{ij}=1/d_{ij}$ 为从城市 i 转移到城市 j 的启发式因子，$allowed_k$ 为蚂蚁 k 下一步被允许访问的城市集合（AllowedCitySet）。

选择下一步要转移的城市概率表达式在 Python 程序中对应为：

for city in self.AllowedCitySet:
    sumProbability = sumProbability + (pow(PheromoneTrailList[self.CurrCity-1][city-1], alpha)* pow(1.0/CityDistanceList[self.CurrCity-1][city-1], beta))
#beta 为表征启发式因子重要程度的参数，alpha 为表征信息素重要程度的参数
self.TransferProbabilityList = []
for city in self.AllowedCitySet:
    transferProbability = (pow(PheromoneTrailList[self.CurrCity-1][city-1], alpha)* pow(1.0/CityDistanceList[self.CurrCity-1][city-1], beta))/sumProbability

```
self.TransferProbabilityList.append((city, transferProbability))
```

为了不让蚂蚁选择已经访问过的城市,采用禁忌表 $tabu_k$ (TabuCityList) 来记录蚂蚁当前所走过的城市。经过 时刻,所有蚂蚁都完成一次周游,计算每只蚂蚁所走过的路径长度,并保存最短的路径长度 (CurrLen),同时,更新各边上的信息素。首先是信息素挥发,其次是蚂蚁在它们所经过的边上释放信息素,其公式如下:

$$\tau_{ij} = (1-\rho)\tau_{ij}$$,其中 ρ 为信息素挥发系数,且 $0 < \rho \leq 1$ 程序中为 rou=0.3。

$$\tau_{ij} = \tau_{ij} + \sum_{k=1}^{m} \Delta\tau_{ij}^{k}$$,其中 $\Delta\tau_{ij}^{k}$ 是第 k 只蚂蚁向它经过的边释放的信息素,定义为:

$$\Delta\tau_{ij}^{k} = \begin{cases} 1/d_{ij}, & \text{如果边}(i,j)\text{在路径}T^k\text{上} \\ 0, & \text{否则} \end{cases}$$

蚂蚁构建的路径长度 d_{ij} 越小,则路径上各条边就会获得更多的信息素,则在以后的迭代中就更有可能被其他的蚂蚁选择。

更新各边上的信息素对应的部分 Python 程序为:

PheromoneDeltaTrailList[city-1][nextCity-1] = self.Q/ant.CurrLen #Q 为信息素增加强度系数,对上文第 k 只蚂蚁向它经过的边释放信息素的公式进行了调整,有利于控制信息素增加的程度。

蚂蚁完成一次循环后,清空禁忌表,重新回到初始城市,准备下一次周游。

大量的仿真实验发现,蚂蚁系统在解决小规模 TSP 问题时性能尚可,能较快发现最优解,但随着测试问题规模的扩大,AS 算法的性能下降得比较严重,容易出现停滞现象。因此,出现了大量的针对其缺点的改进算法,例如精英蚂蚁系统、最大/最小蚂蚁系统、基于排序的蚁群算法以及蚁群系统等,这里不再阐述,可以查找相关书籍及文献。

对于 TSP 问题有几点需要说明的关键点。

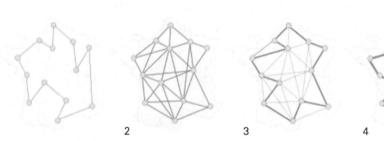

1. 唯一走遍所有的城市;
2. 距离越远的城市被选择的几率越小;
3. 两两城市之间,信息素越强该路径被选择的机会越大;
4. 完成所有的旅行,蚂蚁会在更短的路径上放置更多的信息素;
5. 迭代完每一次循环,信息素会全部蒸发消失掉。

对于蚁群算法 Python 实现研习的原始程序来自于 ChinaUnix Rockins'Blog, 也可以参考 GitHub trevlovett 给出的程序,可以在 GitHub 中直接搜索 ant colony 查找获取。

在开始研习蚁群算法之前,可以从 TSPLIB 站点 (http://www.iwr.uni-heidelberg.de/groups/comopt/software/TSPLIB95/) 获取更多关于 TSP 问题解决的信息,并从其 Software/TSPLIB/TSP data 处下载城市信息文件,本例中使用的文件为 eil51.tsp。

```
NAME : eil51                        8 31 62         24 8 52         40 5 6
COMMENT : 51-city                   9 52 33         25 7 38         41 10 17
problem (Christofides/              10 51 21        26 27 68        42 21 10
Eilon)                              11 42 41        27 30 48        43 5 64
TYPE : TSP                          12 31 32        28 43 67        44 30 15
DIMENSION : 51                      13 5 25         29 58 48        45 39 10
EDGE_WEIGHT_TYPE :                  14 12 42        30 58 27        46 32 39
EUC_2D                              15 36 16        31 37 69        47 25 32
NODE_COORD_SECTION                  16 52 41        32 38 46        48 25 55
1 37 52                             17 27 23        33 46 10        49 48 28
2 49 49                             18 17 33        34 61 33        50 56 37
3 52 64                             19 13 13        35 62 63        51 30 40
4 20 26                             20 57 58        36 63 69        EOF
5 40 30                             21 62 42        37 32 22
6 21 47                             22 42 57        38 45 35
7 17 63                             23 16 57        39 59 15
```

3.2 蚁群算法程序解读

程序运行的顺序主要为:类 BACA 的实例化 –> 类 BACA 的初始化 –> 执行 BACA.ReadCityInfo() 方法 –> 执行 BACA.Search() 方法 –> 执行 BACA.PutAnts() 方法 –> 类 ANT 的初始化 –> 类 ANT 的实例化 –> 执行 ANT.MoveToNextCity() 方法 –> 执行 ANT.SelectNextCity() 方法 –> 执行 ANT.AddCity() 方法 –> 执行 ANT.UpdatePathLen() 方法 –> 执行 BACA.UpdatePheromoneTrail() 方法。

对于程序执行顺序的梳理将能够更加清晰地理解作者编写的思路,当阅读该程序时,尤其定义有类和函数时不能够从头流水账式地阅读,需要从执行的开始逐步跟进,例如 theBaca=BACA() 语句标明程序开始运行,将 BACA() 类实例化,就会运行类 BACA 的初始化方法 def __init__(self,...),获取基本的参数。theBaca.ReadCityInfo("eil51.tsp") 语句则读取城市文件 "eil51.tsp" 获取 CitySet 城市集合,即城市从 1 开始的索引值,和 CityList 城市列表数据,即包含城市索引值、城市的位置 X 坐标和 Y 坐标,并计算获取 CityDistanceList 列表,包含多个子列表为每个城市到其他城市的距离。进而执行 theBaca.Search() 语句,顺着该语句阅读。在定义的两个类中,一个为 BACA,包括执行的主要函数方法,而 ANT 类主要为蚂蚁行为相关的函数方法,这里需要注意总共 antCount=50 只蚂蚁,每一个单个蚂蚁 ant=ANT() 实例化之后就具有了 ANT() 类蚂蚁所有的方法和属性。

蚁群算法中关键的两个问题,一个是选择下一个城市的算法主要在 ANT.SelectNextCity

(self, alpha, beta) 方法中，其中 alpha 为表征信息素重要程度的参数，beta 为表征启发式因子重要程度的参数；而更新信息素主要在 BACA.UpdatePheromoneTrail(self) 方法中。

在研习他人的程序时，如果涉及较大的数据量，例如 "eil51.tsp" 文件包含 51 个城市，在初始化 BACA 时，def __init__(self, cityCount=51, antCount=50, q=80,alpha=2, beta=5, rou=0.3, nMax=100) 设置了 antCount=50 即 50 只蚂蚁，nMax=100 迭代 100 次，如果需要 print() 查看没有清晰明白的参数，就会花费较长的等待时间，因此可以直接修改 "eil51.tsp" 文件（注意，本例中的程序运行前需要手工去除城市文件中说明文字部分，仅保留城市序号和城市 X、Y 坐标），减小城市的数量并修改 cityCount 参数，以及降低蚂蚁的数量到几只，例如就 3 只蚂蚁，并将 nMax 迭代次数设置为 1 次或者 2 次，这样能够快速查看程序运行的结果数据，从而能够快速理解作者的程序编写思路。

```
import os,sys,sets,random,string # 调入基本的 Python 模块
from string import * # 调入字符串模块的所有函数
from math import * # 调入数学模块的所有函数
BestTour = [] # 用于放置最佳路径选择城市的顺序
CitySet = sets.Set() # 城市集合，sets 数据类型是个无序的没有重复元素的集合，两个 sets
之间可以作差集，即在第一个集合中移出第二个集合中也存在的元素
CityList = [] # 城市列表即存放代表城市的序号
PheromoneTrailList = [] # 信息素列表（矩阵）
PheromoneDeltaTrailList = [] # 释放信息素列表（矩阵）
CityDistanceList = [] # 两两城市距离列表（矩阵）
AntList = [] # 蚂蚁列表
class BACA: # 定义类 BACA，执行蚁群基本算法
    def __init__(self, cityCount=51, antCount=50, q=80,alpha=2, beta=5, rou=0.3,
nMax=100): # 初始化方法，传入形式参数，定义默认值
        self.CityCount = cityCount # 城市数量，本例中为手工输入，也可以根据城市数据列表编写程序求得
        self.AntCount = antCount # 蚂蚁数量
        self.Q = q # 信息素增加强度系数
        self.Alpha = alpha # 表征信息素重要程度的参数
        self.Beta = beta # 表征启发式因子重要程度的参数
        self.Rou = rou # 信息素蒸发系数
        self.Nmax = nMax # 最大迭代次数
        self.Shortest = 10e6 # 初始最短距离应该尽可能大，至少大于估算的最大城市旅行距离
        random.seed() # 设置随机种子
        # 初始化全局数据结构及值
```

```
            for nCity in range(self.CityCount): # 循环城市总数的次数（即循环 range(0, 51),
为 0-50, 不包括 51)
                BestTour.append(0) # 设置最佳路径初始值均为 0
            for row in range(self.CityCount): # 再次循环城市总数的次数
                pheromoneList = [] # 定义空的信息素列表
                pheromoneDeltaList = [] # 定义空的释放信息素列表
                for col in range(self.CityCount): # 循环城市总数的次数
                    pheromoneList.append(100)  # 定义一个城市到所有城市路径信息素的初始值
                    pheromoneDeltaList.append(0) # 定义一个城市到所有城市路径释放信息素的
初始值
                    PheromoneTrailList.append(pheromoneList) # 建立每个城市到所有城市路径信息
素的初始值列表矩阵
                    PheromoneDeltaTrailList.append(pheromoneDeltaList) # 建立每个城市到所有城市
路径释放信息素的初始值列表矩阵


    def ReadCityInfo(self, fileName): # 定义读取城市文件的方法
        file = open(fileName) # 打开城市文件
        for line in file.readlines(): # 逐行读取文件
            cityN, cityX, cityY = string.split(line) # 分别提取城市序号、X 坐标和 Y 坐标,
使用空格切分
            CitySet.add(int(cityN)) # 在城市集合中逐步追加所有的城市序号
            CityList.append((int(cityN),float(cityX),float(cityY))) # 在城市列表中逐步追加每
个城市序号、X 坐标和 Y 坐标建立的元组
        for row in range(self.CityCount): # 循环城市总数的次数
            distanceList = [] # 建立临时储存距离的空列表
            for col in range(self.CityCount): # 再次循环城市总数次数
                distance = sqrt(pow(CityList[row][1]-CityList[col][1],2)+pow(CityList[row]
[2]-CityList[col][2],2)) # 逐一计算每个城市到所有城市的距离值
                distanceList.append(distance) # 追加一个城市到所有城市的距离值
            CityDistanceList.append(distanceList) # 追加每个城市到所有城市的距离值，为
矩阵即包含子列表
    def PutAnts(self): # 定义蚂蚁所选择城市以及将城市作为参数定义蚂蚁的方法和属性
        for antNum in range(self.AntCount): # 循环蚂蚁总数的次数
            city = random.randint(1, self.CityCount) # 随机选择一个城市
            ant = ANT(city) # 蚂蚁类 ANT 的实例化，即按照每只蚂蚁随机选择的城市作为传
入参数，使之具有 ANT 蚂蚁类的方法和属性
```

```python
                    AntList.append(ant) # 将定义的每只蚂蚁追加到列表中

    def Search(self): # 定义搜索最佳旅行路径方法的主程序
        for iter in range(self.Nmax): # 循环指定的迭代次数
            self.PutAnts() # 执行 self.PutAnts() 方法，定义蚂蚁选择的初始城市和蚂蚁具有的方法和属性
            for ant in AntList: # 循环遍历蚂蚁列表，由 self.PutAnts() 方法定义获取
                for ttt in range(len(CityList)): # 循环遍历城市总数次数
                    ant.MoveToNextCity(self.Alpha, self.Beta) # 执行蚂蚁的 ant.MoveToNextCity() 方法，获取蚂蚁每次旅行时的旅行路径长度 CurrLen，禁忌城市列表 TabuCityList 等属性值
                ant.UpdatePathLen() # 使用 ant.UpdatePathLen() 方法更新蚂蚁旅行路径长度
            tmpLen = AntList[0].CurrLen # 将蚂蚁列表中第一只蚂蚁的旅行路径长度赋值给新的变量 tmpLen
            tmpTour = AntList[0].TabuCityList # 将获取蚂蚁列表第一只蚂蚁的禁忌城市列表赋值给新的变量 tmpTour
            for ant in AntList[1:]: # 循环遍历蚂蚁列表，从索引值 1 开始，除第一只外
                if ant.CurrLen < tmpLen: # 如果循环到的蚂蚁旅行路径长度小于 tmpLen 即前次循环蚂蚁旅行路径长度，开始值为蚂蚁列表第一只蚂蚁的旅行路径长度
                    tmpLen = ant.CurrLen # 更新变量 temLen 的值
                    tmpTour = ant.TabuCityList # 更新变量 tmpTour 的值，即更新禁忌城市列表
            if tmpLen < self.Shortest: # 如果从蚂蚁列表中获取的最短路径小于初始化时定义的长度
                self.Shortest = tmpLen # 更新旅行路径最短长度
                BestTour = tmpTour # 更新初始化时定义的最佳旅行城市次序列表
            print (iter,":",self.Shortest,":",BestTour) # 打印当前迭代次数，最短旅行路径长度和最佳旅行城市次序列表
            self.UpdatePheromoneTrail()
            # 完成每次迭代需要使用 self.UpdatePheromoneTrail() 方法更新信息素

    def UpdatePheromoneTrail(self): # 定义更新信息素的方法，需要参考前文对于蚁群算法的阐述
        for ant in AntList: # 循环遍历蚂蚁列表
            for city in ant.TabuCityList[0:-1]: # 循环遍历蚂蚁的禁忌城市列表
                idx = ant.TabuCityList.index(city) # 获取当前循环禁忌城市的索引值
```

                nextCity = ant.TabuCityList[idx+1] # 获取当前循环禁忌城市紧邻的下一个禁忌城市

                PheromoneDeltaTrailList[city-1][nextCity-1] = self.Q/ant.CurrLen # 逐次更新释放信息素列表，注意矩阵行列所代表的意义，[city-1]为选取的子列表即当前城市与所有城市间路径的释放信息素值，初始值均为 0，[nextCity-1]为在子列表中对应紧邻的下一个城市，释放信息素为 Q，信息素增加强度系数与蚂蚁当前旅行路径长度 CurrLen 的比值，路径长度越小释放信息素越大，反之则越小

                PheromoneDeltaTrailList[nextCity-1][city-1] = self.Q/ant.CurrLen # 在二维矩阵中，每个城市路径均出现两次，分别为 [city-1] 对应的 [nextCity-1] 和 [nextCity-1] 对应的 [city-1]，因此都需要更新，注意城市序列因为从 1 开始，而列表索引值均从 0 开始，所以需要减 1

            lastCity = ant.TabuCityList[-1] # 获取禁忌城市列表的最后一个城市
            firstCity = ant.TabuCityList[0] # 获取禁忌城市列表的第一个城市
            PheromoneDeltaTrailList[lastCity-1][firstCity-1] = self.Q/ant.CurrLen # 因为蚂蚁旅行需要返回到开始的城市，因此需要更新禁忌城市列表最后一个城市到第一个城市旅行路径的释放信息素值，即最后一个城市对应第一个城市释放信息素值

            PheromoneDeltaTrailList[firstCity-1][lastCity-1] = self.Q/ant.CurrLen # 同理更新第一个城市对应最后一个城市释放信息素值

        for (city1,city1X,city1Y) in CityList: # 循环遍历城市列表，主要是提取 city1 即城市的序号
            for (city2,city2X,city2Y) in CityList: # 再次循环遍历城市列表，主要是提取 city2 即城市序号，循环两次的目的仍然是对应列表矩阵的数据结构
                PheromoneTrailList[city1-1][city2-1] = ((1-self.Rou)*PheromoneTrailList[city1-1][city2-1] +PheromoneDeltaTrailList[city1-1][city2-1]) # 更新信息素列表，值为每一旅行路径前次信息素蒸发后的值加本次循环释放的信息素，蒸发的信息素由 1-Rou 信息素蒸发系数 * 当前路径信息素确定

                PheromoneDeltaTrailList[city1-1][city2-1] = 0 # 将释放信息素列表值再次初始化为 0，用于下次循环

class ANT: # 定义蚂蚁类，使得蚂蚁具有相应的方法和属性
    def __init__(self, currCity = 0): # 蚂蚁类的初始化方法，默认传入当前城市序号为 0
        self.TabuCitySet = sets.Set()   # 定义禁忌城市集合，定义集合的目的是集合本身要素不重复并且之间可以做差集运算，例如 AddCity() 方法中 self.AllowedCitySet = CitySet - self.TabuCitySet，可以方便地从城市集合中去除禁忌城市列表的城市，获取允许的城市列表
        self.TabuCityList = [] # 定义禁忌城市空列表
        self.AllowedCitySet = sets.Set() # 定义允许城市集合

```python
        self.TransferProbabilityList = []  # 定义城市选择可能性列表
        self.CurrCity = 0  # 定义当前城市初始值为 0
        self.CurrLen = 0.0  # 定义当前旅行路径长度为 0
        self.AddCity(currCity)  # 执行 AddCity() 方法，获取每次迭代的当前城市 CurrCity、
禁忌城市列表 TabuCityList 和允许城市列表 AllowedCitySet 的值
        pass  # 空语句，此行为空，不运行任何操作


    def SelectNextCity(self, alpha, beta):  # 定义蚂蚁选择下一个城市的方法，需要参考前文
阐述的蚁群算法
        if len(self.AllowedCitySet) == 0:  # 如果允许城市集合为 0，则返回 0
            return (0)
        sumProbability = 0.0  # 定义概率，可能性初始值为 0
        for city in self.AllowedCitySet:  # 循环遍历允许城市集合
            sumProbability = sumProbability + (pow(PheromoneTrailList[self.CurrCity-1]
[city-1], alpha) * pow(1.0/CityDistanceList[self.CurrCity-1][city-1], beta))  # 蚂蚁选择
下一个城市的可能性为信息素与城市距离之间关系综合因素确定，其中 alpha 为表征信息素重
要程度的参数，beta 为表征启发式因子重要程度的参数，该语句为前文蚁群算法阐述的选择
下一个转移城市概率公式的分母部分
        self.TransferProbabilityList = []  # 建立选择下一个城市可能性空列表
        for city in self.AllowedCitySet:  # 循环遍历允许城市列表
            transferProbability = (pow(PheromoneTrailList[self.CurrCity-1][city-1],
alpha)* pow(1.0/CityDistanceList[self.CurrCity-1][city-1], beta))/sumProbability  # 根据选
择下一个转移城市概率公式获取蚂蚁选择下一个城市概率的列表
            self.TransferProbabilityList.append((city, transferProbability))  # 将城市
序号和对应的转移城市概率追加到转移概率列表中
        select = 0.0  # 设置初始选择值为 0
        for city,cityProb in self.TransferProbabilityList:  # 循环遍历转移概率列表
            if cityProb > select:  # 如果概率大于前一个选择值，则更新概率值
                select = cityProb
        threshold = select * random.random()  # 将概率值乘以一个 0-1 的随机数，获取阈值
        for (cityNum, cityProb) in self.TransferProbabilityList:  # 再次循环遍历概率列表
            if cityProb >= threshold:  # 如果概率大于阈值，则返回对应的城市序号
                return (cityNum)
        return (0)  # 否则返回 0


    def MoveToNextCity(self, alpha, beta):  # 定义转移城市方法
```

            nextCity = self.SelectNextCity(alpha, beta) # 执行 SelectNextCity()，选择下一个城市的方法，获取选择城市的序号，并赋值给新的变量 nextCity
            if nextCity > 0: # 如果选择的城市序号大于 0，则执行 self.AddCity() 方法，获取每次迭代的当前城市 CurrCity、禁忌城市列表 TabuCityList 和允许城市列表 AllowedCitySet 的值
                self.AddCity(nextCity) # 执行 self.AddCity() 方法

    def ClearTabu(self): # 定义清除禁忌城市方法，以用于下一次循环
        self.TabuCityList = [] # 初始化禁忌城市列表为空
        self.TabuCitySet.clear() # 初始化禁忌城市集合为空
        self.AllowedCitySet = CitySet - self.TabuCitySet # 初始化允许城市集合

    def UpdatePathLen(self): # 定义更新旅行路径长度方法
        for city in self.TabuCityList[0:-1]: # 循环遍历禁忌城市列表
            nextCity = self.TabuCityList[self.TabuCityList.index(city)+1] # 获取禁忌城市列表中的下一个城市序号
            self.CurrLen = self.CurrLen + CityDistanceList[city-1][nextCity-1] # 从城市间距离值中提取当前循环城市与下一个城市之间的距离，并逐次求和
        lastCity = self.TabuCityList[-1] # 提取禁忌列表中的最后一个城市
        firstCity = self.TabuCityList[0] # 提取禁忌列表中第一个城市
        self.CurrLen = self.CurrLen + CityDistanceList[lastCity-1][firstCity-1] # 将最后一个城市和第一个城市距离值加到当前旅行路径长度，获取循环全部城市的路径长度

    def AddCity(self,city): # 定义增加城市到禁忌城市列表中的方法
        if city <= 0: # 如果城市序号小于 0，则返回
            return
        self.CurrCity = city # 更新当前城市序号
        self.TabuCityList.append(city) # 将当前城市追加的禁忌城市列表中，因为已经旅行过的城市不应该再进入
        self.TabuCitySet.add(city) # 将当前城市追加到禁忌城市集合中，用于差集运送
        self.AllowedCitySet = CitySet - self.TabuCitySet # 使用集合差集的方法获取允许城市列表

if __name__ == "__main__": # 该语句说明之后的语句在该 .py 文件作为模块被调用时，语句之后的代码不执行；打开 .py 文件直接使用时，语句之后的代码则执行。通常该语句用于模块测试中
    theBaca = BACA() #BACA 类的实例化
```
```

theBaca.ReadCityInfo("acatsp.tsp") # 读入城市数据

theBaca.Search() # 执行 Search() 方法

os.system("pause") # 暂停控制台

将代码直接复制到 ArcGIS 的 Python 窗口中执行，需要注意增加部分语句，主要是定义当前路径空间，并将城市数据文件放置于该路径之下：

```
import arcpy,codecs,re
from arcpy import env
workpath="E:\caDesignResearch\ACA"
env.workspace=workpath
```

部分执行结果，结束时的 10 次迭代，旅行路径长度已经收敛：

...

(90, ':', 467.4998240064734, ':', [32, 1, 22, 2, 16, 50, 9, 49, 5, 38, 11, 46, 51, 6, 14, 25, 13, 41, 19, 40, 42, 44, 15, 37, 17, 4, 18, 47, 12, 45, 33, 10, 39, 30, 34, 21, 29, 20, 3, 35, 36, 28, 31, 8, 26, 7, 23, 24, 43, 48, 27])

(91, ':', 467.4998240064734, ':', [32, 1, 22, 2, 16, 50, 9, 49, 5, 38, 11, 46, 51, 6, 14, 25, 13, 41, 19, 40, 42, 44, 15, 37, 17, 4, 18, 47, 12, 45, 33, 10, 39, 30, 34, 21, 29, 20, 3, 35, 36, 28, 31, 8, 26, 7, 23, 24, 43, 48, 27])

(92, ':', 467.4998240064734, ':', [32, 1, 22, 2, 16, 50, 9, 49, 5, 38, 11, 46, 51, 6, 14, 25, 13, 41, 19, 40, 42, 44, 15, 37, 17, 4, 18, 47, 12, 45, 33, 10, 39, 30, 34, 21, 29, 20, 3, 35, 36, 28, 31, 8, 26, 7, 23, 24, 43, 48, 27])

(93, ':', 467.4998240064734, ':', [32, 1, 22, 2, 16, 50, 9, 49, 5, 38, 11, 46, 51, 6, 14, 25, 13, 41, 19, 40, 42, 44, 15, 37, 17, 4, 18, 47, 12, 45, 33, 10, 39, 30, 34, 21, 29, 20, 3, 35, 36, 28, 31, 8, 26, 7, 23, 24, 43, 48, 27])

(94, ':', 467.4998240064734, ':', [32, 1, 22, 2, 16, 50, 9, 49, 5, 38, 11, 46, 51, 6, 14, 25, 13, 41, 19, 40, 42, 44, 15, 37, 17, 4, 18, 47, 12, 45, 33, 10, 39, 30, 34, 21, 29, 20, 3, 35, 36, 28, 31, 8, 26, 7, 23, 24, 43, 48, 27])

(95, ':', 467.4998240064734, ':', [32, 1, 22, 2, 16, 50, 9, 49, 5, 38, 11, 46, 51, 6, 14, 25, 13, 41, 19, 40, 42, 44, 15, 37, 17, 4, 18, 47, 12, 45, 33, 10, 39, 30, 34, 21, 29, 20, 3, 35, 36, 28, 31, 8, 26, 7, 23, 24, 43, 48, 27])

(96, ':', 467.4998240064734, ':', [32, 1, 22, 2, 16, 50, 9, 49, 5, 38, 11, 46, 51, 6, 14, 25, 13, 41, 19, 40, 42, 44, 15, 37, 17, 4, 18, 47, 12, 45, 33, 10, 39, 30, 34, 21, 29, 20, 3, 35, 36, 28, 31, 8, 26, 7, 23, 24, 43, 48, 27])

(97, ':', 467.4998240064734, ':', [32, 1, 22, 2, 16, 50, 9, 49, 5, 38, 11, 46, 51, 6, 14, 25, 13, 41, 19, 40, 42, 44, 15, 37, 17, 4, 18, 47, 12, 45, 33, 10, 39, 30, 34, 21, 29, 20, 3, 35, 36, 28, 31, 8, 26, 7, 23, 24, 43, 48, 27])

(98, ':', 467.4998240064734, ':', [32, 1, 22, 2, 16, 50, 9, 49, 5, 38, 11, 46, 51, 6, 14, 25,

13, 41, 19, 40, 42, 44, 15, 37, 17, 4, 18, 47, 12, 45, 33, 10, 39, 30, 34, 21, 29, 20, 3, 35, 36, 28, 31, 8, 26, 7, 23, 24, 43, 48, 27])
    (99, ':', 467.4998240064734, ':', [32, 1, 22, 2, 16, 50, 9, 49, 5, 38, 11, 46, 51, 6, 14, 25, 13, 41, 19, 40, 42, 44, 15, 37, 17, 4, 18, 47, 12, 45, 33, 10, 39, 30, 34, 21, 29, 20, 3, 35, 36, 28, 31, 8, 26, 7, 23, 24, 43, 48, 27])

3.3 蚁群算法在 ArcGIS 下的应用

已经对蚁群算法有了深入了解，那么可以将算法在 ArcGIS 中结合具体的地理信息数据，从专业应用的角度加以使用。案例中没有选择城市，仅是提取了北京地区的部分公园作为"城市数据"，如果需要根据实际道路情况计算最佳路径，可以使用 ArcGIS 中网络分析，具体内容可以参考"创建类与网络分析"部分。

首先从 Google Earth 中建立多个地标文件，根据前文阐述的 .kml 调入的程序加载地标文件，并将所有地标按照城市数据的格式写入 .txt 文件中，执行蚁群算法程序获取最佳城市序列，并将所有城市按照城市序列连为路径 polyline。调入 .kml 程序可以参考前文，此处不再赘述，加载后的文件名为 "citysprj"，已经设置坐标与投影系统。

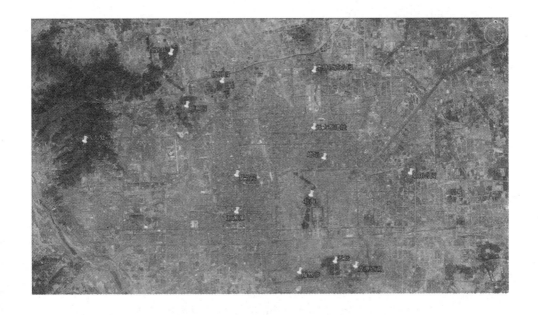

Google Earth 中的地标

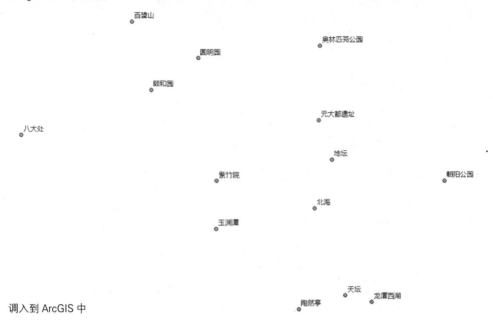

调入到 ArcGIS 中

cityprj=arcpy.Project_management(inputname,workpath+"\\cityspri.shp",basicdem) # 设置地标文件投影，basicdem 可以为该区域具有投影系统的任何文件，一般选择该区域 DEM 高程下载文件，inputname 为调入的地标文件
cityinfo=[] # 定义空的列表用于放置城市数据信息
cursor=arcpy.da.SearchCursor(cityprj,["FID","SHAPE@X","SHAPE@Y"]) # 搜索游标逐行读取属性表数据
for row in cursor: # 逐行读取属性表数据
　　　cityinfo.append((row[0]+1,row[1],row[2])) # 提取地标编号、X 坐标值和 Y 坐标值为一个元组追加到列表中，注意城市序号从 1 开始，因此加 1
del row,cursor # 移出游标

cityinfostr=[[str(i[0]),str(i[1]),str(i[2])] for i in cityinfo] # 使用列表推导式将数字转换为字符串，以便写入文本文件
f=open("acatsp.tsp",'w') # 已写入形式打开建立的空文本文件
for i in cityinfostr: # 循环城市数据列表，向 .txt 文件中逐行写入数据
　　f.write(i[0]) # 写入城市序号
　　f.write(" "+i[1]+" ") # 写入城市 X 坐标值，注意前后之间需要有空格
　　f.write(i[2]+'\n') # 写入城市 Y 坐标值，注意使用 '\n' 换行
f.close # 关闭打开的文本文件

theBaca = BACA() # 将 BACA 类实例化

theBaca.ReadCityInfo("acatsp.tsp") # 读取地标数据文件

theBaca.Search() # 执行 BACA.Search() 方法

注，因为地标数量只有 14 个，因此可以减小 nMax 迭代次数到 10~20 次，一般就能够收敛获取最佳城市旅行序列，如果没有达到想要的结果可以增加迭代次数，同时需要修改 BACA 初始值为 def __init__(self, cityCount=14, antCount=50, q=80,alpha=2, beta=5, rou=0.3, nMax=20)：执行程序，部分迭代结果如下：

...

(5, ':', 79174.66669942331, ':', [4, 9, 11, 3, 2, 1, 12, 10, 7, 14, 8, 5, 6, 13])
(6, ':', 79174.66669942331, ':', [4, 9, 11, 3, 2, 1, 12, 10, 7, 14, 8, 5, 6, 13])
(7, ':', 79174.66669942331, ':', [4, 9, 11, 3, 2, 1, 12, 10, 7, 14, 8, 5, 6, 13])
(8, ':', 79174.66669942331, ':', [4, 9, 11, 3, 2, 1, 12, 10, 7, 14, 8, 5, 6, 13])
(9, ':', 79174.66669942331, ':', [4, 9, 11, 3, 2, 1, 12, 10, 7, 14, 8, 5, 6, 13])
(10, ':', 79174.66669942331, ':', [4, 9, 11, 3, 2, 1, 12, 10, 7, 14, 8, 5, 6, 13])
(11, ':', 79174.66669942331, ':', [4, 9, 11, 3, 2, 1, 12, 10, 7, 14, 8, 5, 6, 13])
(12, ':', 79174.66669942331, ':', [4, 9, 11, 3, 2, 1, 12, 10, 7, 14, 8, 5, 6, 13])
(13, ':', 79174.66669942331, ':', [4, 9, 11, 3, 2, 1, 12, 10, 7, 14, 8, 5, 6, 13])
(14, ':', 79174.66669942331, ':', [4, 9, 11, 3, 2, 1, 12, 10, 7, 14, 8, 5, 6, 13])
(15, ':', 79174.66669942331, ':', [4, 9, 11, 3, 2, 1, 12, 10, 7, 14, 8, 5, 6, 13])
(16, ':', 79174.66669942331, ':', [4, 9, 11, 3, 2, 1, 12, 10, 7, 14, 8, 5, 6, 13])
(17, ':', 79174.66669942331, ':', [4, 9, 11, 3, 2, 1, 12, 10, 7, 14, 8, 5, 6, 13])
(18, ':', 79174.66669942331, ':', [4, 9, 11, 3, 2, 1, 12, 10, 7, 14, 8, 5, 6, 13])
(19, ':', 79174.66669942331, ':', [4, 9, 11, 3, 2, 1, 12, 10, 7, 14, 8, 5, 6, 13])

import arcpy,codecs,re

from arcpy import env

workpath="E:\caDesignResearch\ACA"

env.workspace=workpath

env.overwriteOutput=True

prjfile="WGS 1984.prj"

basicdem="ASTGTM_N36E117N.img"

routepl=arcpy.CreateFeatureclass_management(workpath,"routepl",'Polyline','','',prjfile) # 建立 Polyline 要素类

idx=[4, 9, 11, 3, 2, 1, 12, 10, 7, 14, 8, 5, 6, 13] # 使用蚁群算法的结果，可以修改蚁群算法直接提取最佳城市列表

idxse=idx[:] # 复制城市列表

```
idxse.append(idx[0]) # 在城市列表末尾追加第一个城市,形成闭路,即旅行完全部城市再回
到起点
CityListorder=[CityList[i-1] for i in idxse] # 从城市列表中按照最佳旅行城市序列排序城
市列表
coordilsta=[(i[1],i[2]) for i in CityListorder] # 提取城市的 X、Y 值,构建元组列表
cursor=arcpy.da.InsertCursor(routepl,['SHAPE@']) # 插入游标
pointA=arcpy.Array([arcpy.Point(*coords) for coords in coordilsta]) # 建立所有地表点的数组
pl=arcpy.Polyline(pointA) # 建立 Polyline 折线类
cursor.insertRow([pl]) # 插入定义的折线类
del cursor # 移除游标
arcpy.CopyFeatures_management(pl, workpath+"\\polylines.shp") # 复制最佳路径到文件
```

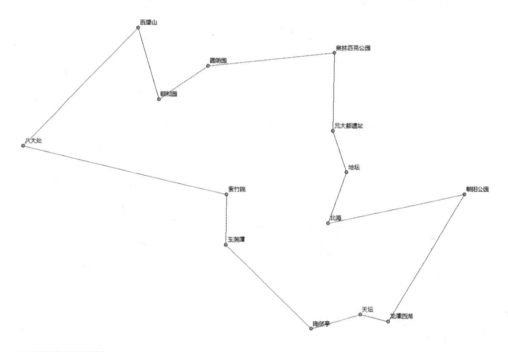

4 分享程序

　　如果直接将编写的 Python 程序分享出去,对于读者而言并不能够轻易地使用该程序,需要阅读代码理解作者的逻辑构建思路,再调整部分程序参数才能够正常使用。而对于部分设计者希望能够直接使用,而不必知道程序内部的情况,因此有必要建立完善的分享文件系统,在分享工具时使用 Catalog 建立父文件夹,并在父文件下建立 Doc 文件夹,放置 word 或者 pdf 的说明文件,Script 下放置原始的 Python 程序,ToolData 数据子文件夹下再建立 SAMPLE 文件夹放置案例文件,能够帮助读者快速实践,以及 .tbx 工具箱放置建立的脚本文件,该脚本文件通过对程序的局部调整,尤其输入和输出参数的设置,可以直接在 ArcGIS 下双击运行。

为了能够直接读取最优旅行城市次序列表，在类外部增加了 BTC=[] 列表，用于放置所有迭代过程中产生的最佳旅行路径城市次序。对 BACA 类 Search() 方法作局部调整：

```
print (iter,":",self.Shortest,":",BestTour)
BTC.append(BestTour)
self.UpdatePheromoneTrail()
```

对程序的调整主要集中在输入输出参数上，具体解释可以参考前文 Python 与 ArcGIS 部分。程序如下：

```
citydata=arcpy.GetParameterAsText(0) # 输入参数_城市数据
cityCount=arcpy.GetParameterAsText(1) # 输入参数_城市数量
antCount=arcpy.GetParameterAsText(2) # 输入参数_蚁群规模
nMax=arcpy.GetParameterAsText(3) # 输入参数_迭代次数
prjfile=arcpy.GetParameterAsText(4) # 输入参数_投影文件
workpath=arcpy.GetParameterAsText(5) # 输入参数_工作空间


theBaca = BACA(cityCount=int(cityCount), antCount=int(antCount),nMax=int(nMax))
print(cityCount)
theBaca.ReadCityInfo(citydata)
theBaca.Search()
BTCO=BTC[-1]
routepl=arcpy.CreateFeatureclass_management(workpath,"routepl",'Polyline',",",",prjfile)
idx=BTCO[:]
idx.append(BTCO[0])
CityListorder=[CityList[i-1] for i in idx]
coordilsta=[(i[1],i[2]) for i in CityListorder]
cursor=arcpy.da.InsertCursor(routepl,['SHAPE@'])
pointA=arcpy.Array([arcpy.Point(*coords) for coords in coordilsta])
pl=arcpy.Polyline(pointA)
cursor.insertRow([pl])
del cursor
routo=arcpy.CopyFeatures_management(pl, workpath+"\\routo.shp")
workpath=arcpy.SetParameterAsText(6,routo) # 输出参数_最佳旅行路径
```

输入输出参数对话框设置

工具说明

为了能够给读者一个详细的说明，可以在 ACOTSP 父文件夹下或者任意文件下右键打开 Item Description 对话框，点击 Edit 按钮编辑文件，默认编辑的部分包括标题、缩略图、Summary、Description、Credits、Use limitations、Extent 以及 Scale Range 等项目。

有些时候出于对作者版权的保护，可以在建立的 Python 脚本图标上右键设置 Set Password。

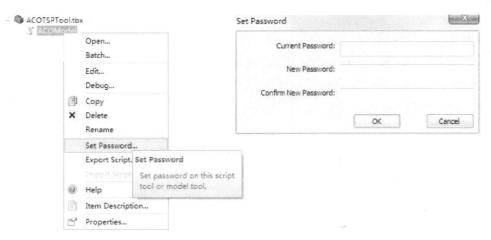

设置程序密码

同时可以在 Properties 对话框 /General 中设置工具的名称、别名和描述文字，可以在工具打开时显示，提示说明程序使用的方法。双击打开由 Python 编写的工具，可以看到参数输入对话框，根据输入和输出参数的设置，选择相应的数据，以及输入常数，点击 OK 执行操作，完成蚁群算法解算 TSP 问题的操作。 这个过程与地理处理工具一样，而且部分地理处理工具就是本例说明中的 Python 程序，同样可以打开程序研究具体的程序编写方法，对于提升程序编写的能力不无裨益。

Afterword 后记

在早些时候编写了《地理信息系统（GIS）在风景园林和城市规划中的应用》，初步探索了地理信息系统在规划设计行业中的价值和基础的应用方式。当熟悉基于ArcGIS的基础处理方法后，需要借助Python脚本语言提升和强化从地理信息角度辅助规划设计的方式。

规划设计者往往需要具备规划的能力和设计的能力，如果地理信息系统是从区域角度切入的规划方法或者技术，那么三维模型的构建能力更偏向于具体的设计，而Python语言可以横跨规划和设计领域，在《学习Python——做个有编程能力的设计师》一书中，则阐述了借助于Python语言结合节点式编程Grasshopper构建参数化设计和分析问题的方法。

Python已经成为规划设计者应该具备的编程语言，人人都应该学会编程，这也是caDesign设计的信念"编程让设计更具有创造力！"。但并不是让规划设计者成为程序员解决软件开发的问题，而是能够借助于编程，从程序编写的逻辑思维角度解决规划设计过程中的问题。规划设计者可以不具备非常精湛的编程水准，程序也许因为算法的繁琐而运行缓慢，但是能够实际地解决规划设计问题才是规划设计专业的核心，因此没有必要成为专业的程序员。同样也不应该认为规划设计者可以不具备编程的能力，实际上编程课程目前在小学阶段就已经渗入，不难想像下一代规划设计者将具有更扎实使用程序语言解决问题的能力，编程必然甚至目前已经成为人类生活、生产需要具备的基本能力。

（建筑+风景园林+城乡规划）
面向设计师的编程设计知识系统
Programming Aided Design Knowledge System(PADKS)

计算机技术的发展以及编程语言的发展和趋于成熟，各种新思想不断涌现，从传统的计算机辅助制图到参数化、建筑信息模型、设计相关的大数据分析和地理信息系统、复杂系统，都从跨学科的角度，借助相关学科的研究渗入规划设计领域。大部分新思想都是依托于计算机编程语言，或由编程语言衍生，或者诉诸于编程语言。面对如此复杂的一个知识体系，在传统的设计行业教育中，没有系统阐述的相关课程，一般只是教授一门编程语言，或者一门地理信息系统，往往没有与规划设计相结合，未达到实际应用的目的。

我们力图梳理目前相关学科在规划设计领域中应用的方式，通过编程语言Python、NetLogo、R、C#、Grasshopper等，构建计算机科学、地理信息系统、复杂系统、统计学、数据分析等与建筑、风景园林和城乡规划跨学科联系的途径，建立面向设计师(建筑+风景园林+城乡规划)的编程设计知识系统(Programming Aided Design Knowledge System，PADKS)。一方面通过跨学科的研究建立适用于规划设计领域的课程体系；另外建立具有广度扩展和深度挖掘的研究内容，寻找跨学科应用的价值。编程设计知识系统建立的工程量远比想像的要庞大，从设计师角度探索跨学科的研究，需要补充统计学以及学习R语言，需要补充地理信息系统以及学习Python语言，需要补充复杂系统以及学习NetLogo语言，需要补充数据分析、数据库等知识，而且远远不止这些，还涉及程序控制的机器人技术和三维打印工程建造技术，都在拓展着以编程语言为核心的编程设计知识体系。

受过传统设计教育的设计师，已经建立了系统的设计知识结构，在既有的知识体系上，拓展编程设计知识体系，与传统设计思维相碰撞，获取意想不到的收获，构建新的设计思维方法和拓展无限的创造力。编程设计知识体系的建立，不能一蹴而就，这个过程也许是5年、10年甚至20年，并随着计算机技术的发展，知识体系将不断更新，是一个没有终点、需要不断探索的过程。

进入并拓展编程设计的领域，建立并梳理编程设计知识系统，只有抱有极大的兴趣才能够不断地学习新领域的知识，思考应用到设计领域中的途径和方法。不能不感谢将我带入参数化设计领域的朱育帆教授，支持并肯定在博士阶段研究编程设计的赵鸣教授，依托西北城市生境营建实验室、发展设计专业领域数据分析技术并研究如何应用到教学中的刘晖教授，以及caDesign设计团队和给予支持的伙伴们。

编程设计知识系统的梳理，面临大量跨学科新知识学习的过程，需要思考在设计领域应用的价值。每一次重新翻阅稿件时，都会再次审视编写的内容，总是希望调整、再调整，永无止境。从更加合适的案例、阐述问题新的角度、找到更优化的算法，到要不要重新梳理整个架构，却只能适可而止，待逐渐成熟与完善。诸多模糊的论述和阐述，欠妥之处敬请读者谅解，我们十分感谢您的支持，并希冀您能够把宝贵的意见反馈到cadesign@cadesign.cn邮箱，敦促我们不断修正、完善和持续地探索。